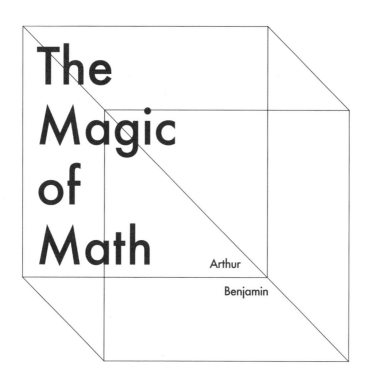

The Magic of Math

Arthur

Benjamin

12堂魔力
数学课

U0198807

[美] 阿瑟·本杰明——

胡小锐———译

中信出版集团·北京

图书在版编目（CIP）数据

12 堂魔力数学课 /（美）阿瑟·本杰明著；胡小锐译 . -- 北京：中信出版社，2017.6（2024.8 重印）
  书名原文：The Magic of Math
  ISBN 978-7-5086-7448-3

Ⅰ. ① 1… Ⅱ. ①阿…②胡… Ⅲ. ①数学—普及读物
Ⅳ. ① O1-49

中国版本图书馆 CIP 数据核字（2017）第 081491 号

12 堂魔力数学课
著者：   ［美］阿瑟·本杰明
译者：   胡小锐
出版发行：中信出版集团股份有限公司
    （北京市朝阳区东三环北路 27 号嘉铭中心　邮编　100020）
承印者： 三河市中晟雅豪印务有限公司

开本：880mm×1230mm 1/32   印张：12.25   字数：200 千字
版次：2017 年 6 月第 1 版   印次：2024 年 8 月第 16 次印刷
京权图字：01-2015-5768   书号：ISBN 978-7-5086-7448-3
              定价：49.00 元

谨以此书献给我的妻子迪娜，
还有我的女儿劳瑞尔和爱丽尔

目 录

引 言 V

第 1 章 数字之舞 001

数字的美妙规律 003

又快又准的心算法 011

第 2 章 有魔法的代数学 027

一个与代数有关的魔术 029

代数的黄金法则 030

奇妙的 FOIL 法则 036

求解未知数 x 043

方程式的图像 048

魔术背后的代数定理 056

第 3 章 神奇的数字"9" 059

世界上最神奇的数字 061

弃九法与加减乘除运算 064

书号、互联网金融与模运算 071

你出生那天是星期几？ 076

第4章 好吃又好玩的排列组合 085

数学中的感叹号 087

加法法则和乘法法则 090

冰激凌、彩票与扑克牌游戏 093

帕斯卡三角形和圣诞节礼物 103

第5章 超酷的斐波那契数列 117

大自然中随处可见的数字 119

兔子、音乐与拼图 125

质数、黄金比例与《达·芬奇密码》 134

第6章 永恒的数学定理 147

紫牛、俄罗斯方块与数学定理的证明 149

有理数和无理数 156

棋盘覆盖问题与归纳性证明 161

谜一般的质数 171

第7章 开脑洞的几何学 181

答案出人意料的小测试 183

你不可不知的几何学经典定理 188

多边形的周长和面积 205

勾股定理与想象力 209

魔术时间到了! 215

第8章 永不止步的 π 217

一条能绕地球一周的绳子 219

冰激凌和比萨饼中的 π 221

π 的身影随处可见 233

π 的近似值 235

关于圆周率的超级记忆法 238

第9章 用途多多的三角学 247

如何测量一座山的高度 249

三角学、三角形和三角函数 250

单位圆、正弦定理与余弦定理 257

妙趣横生的三角恒等式 268

弧度、三角函数图像与经济周期 275

第10章 盒子外面的 i 和 e 281

最美数学公式 283

虚数 i 是 -1 的平方根 284

复数的加减乘除运算 287

e、复利与里氏震级 293

e 与彩票的中奖概率 300

完美至极的欧拉公式 305

第 11 章　快思慢想的微积分　309

"切"出一个体积最大的纸盒　311

最大值、最小值与临界点　321

一个关于奶牛的微积分问题　322

泰勒级数与你的银行存款　334

第 12 章　比宇宙还大的无穷大　339

神秘莫测的无穷大　341

等比数列和喝啤酒的数学家　343

调和级数奏出的优美乐曲　355

不可思议的无穷和　360

一玩就停不下来的幻方游戏！　369

后　记　375

致　谢　377

引　言

　　一直以来，我都对魔术情有独钟。无论是观看魔术师的表演，还是我自己动手变魔术，当看到观众目瞪口呆的神情时，我都会因为魔术的神奇而心折不已。此外，我还热衷于探索魔术的奥秘。在掌握了几条简单的秘诀之后，我甚至还设计出了一些属于我自己的魔术。

　　我在数学方面也有类似的经历。很小的时候，我就发现数字本身具有神奇的魔力。举一个你或许会感兴趣的例子。请在心中默想一个在 20 和 100 之间的数字，想好了吗？现在，将这个数字的十位和个位相加，再用这个数字减去得到的和。然后，将得到的差的十位与个位数字相加，你得到的和是数字 9 吗？（如果不是 9，请检查前面的运算是否出错了。）有意思吧！数学中有无数类似的神奇现象，但是我们大多数人在学校里却无缘接触它们。本书将告诉读者，数字、图形和纯逻辑可以产生令人惊喜的效果。此外，只需掌握一点儿代数或几何学知识，你就会发现这些神奇现象背后的奥秘并非那么复杂，你自己甚至也有可能发现一些数学之美。

　　本书涉及数学领域中的数字、代数、几何学、三角学、微积分等基础科目，还涉及某些我们不常接触的内容，包括帕斯卡三角形，无穷大，9、π、e、i 等数字的神秘属性，斐波纳契数列和黄金分割等。由于受篇幅限制，本书不可能帮助你全面了解任何一个主要数学科目，但我仍希望你在读完本书之后可以掌握主要的数学概念的含义及其作用原理，能够领略各个科目赏心悦目的雅致美感，了解它们相互之间的关联性。即使某些内容对你而言可能并不陌生，我也希望你可以换一个角度去思考、欣赏它们。随着你的数学知识不断增多，这些神奇现象将变得越发迷人。我以下面这个方程式为例：

$$e^{i\pi} + 1 = 0$$

这是我最喜爱的方程式之一。有人称它为"上帝的方程式"，因为这个神奇的方程式使用了数学中最重要的一些数字。具体来说，方程式中的 0 和 1 是算术的基础，$\pi = 3.141\,59\cdots$ 是几何学中最重要的数字，$e = 2.718\,28\cdots$ 是微积分中最重要的数字，i 是 -1 的一个平方根。我们将在本书第 8 章中详细介绍数字 π，在第 10 章中详细介绍数字 i 和 e，在第 11 章中我们将解释这个神奇方程式的数学含义。

本书适用的阅读对象是将要或正在学习或已经学完某种数学课程的人。换言之，我希望所有人（包括有数学恐惧症的人和热爱数学的人）都能读读这本书。为方便大家阅读本书，我特意制定了若干规则。

规则 1：灰色方框里的内容可以跳过不读（本段文字除外）！

每个章节都有一些"延伸阅读"，涉及与当前阐述主题关系不大却值得关注的内容。在每个方框中，我可能会针对当前内容再举一例，或者给出某个证明过程，或者稍加深入讲解，以满足求知欲较强的读者。第一次阅读本书时，你可能希望略过这些内容（在第二次、第三次阅读时，你可能仍然希望略过）。我希望你不要只读一遍就把这本书扔到一边，毕竟，数学知识值得我们反复咀嚼。

规则 2：阅读本书的过程中你尽可以略过某些段落、章节。除了可以不读灰色方框里的内容，在阅读过程中当你遇到"拦路虎"时，也尽可以略过。对于有的内容而言，你必须形成自己的认识，才能全面地掌握。有的难题则可以暂时放下，一段时间之后，当你重新考虑这个问题时，也许会惊奇地发现难题已经迎刃而解了。因此，你一定要坚持读完这本书，如果半途而废，就会遗憾地错过大量精彩的内容。

规则 3：本书最后一章你非读不可。最后一章介绍的是数学中的无穷大，其中有许多你在学校里可能学不到的精彩内容，而且不要求你必须先阅读前面的章节。不过，我在这一章里提到的很多观点与概念在前面的章节里都出现过，因此阅读第 12 章可能会激励你回顾前面章节的内容。

规则 π：做好迎接惊喜的心理准备。尽管数学是一门严肃的重要学科，但这并不意味着数学教学工作必须一本正经、枯燥无味。作为美国哈维穆德学院的一名数学老师，为了活跃课堂气氛，我在上课时偶尔会讲笑话、朗诵诗歌、唱歌或者表演魔术。我在创作本书的过程中，也经常使用这些手段。不过，这不是在我的课堂上，因此我就不唱歌了。(恭喜你的耳朵逃过一劫！)

请记住这些规则，然后跟我一起去领略数学的神奇！

第 1 章

数字之舞

$$1+2+3+4+\cdots+100=5\ 050$$

数字的美妙规律

数学学习始于数字。在我们学会数数，以及利用文字、数字和实物来表示数的概念之后，学校老师就会教我们通过加、减、乘、除等运算程序摆弄这些数字，而且这个过程会持续多年。但是，我们往往不会注意到这些数字本身就具有某些神奇的魔力，稍加研究，便会给我们带来无穷的乐趣。

以数学家卡尔·弗里德里希·高斯（Karl Friedrich Gauss）小时候遇到的一个问题为例。一天，为了在自己处理其他事务时也让学生们有事可做，高斯的老师给全班同学布置了一个繁重的计算任务，要求他们求出从 1 至 100 的所有数字的和。结果，高斯很快就写出了答案——5 050，让老师和其他同学大为震惊。他是怎么得出这个答案的呢？高斯默想着把从 1 至 100 的所有数字分成两行，1 至 50 按从小到大的顺序位于第一行，51 至 100 按从大到小的顺序位于下面一行，如下图所示。高斯发现，每一列的两个数字的和都等于 101，因此所有数字的总和就是 50×101，等于 5 050。

$$
\begin{array}{cccccccccc}
1 & 2 & 3 & 4 & \cdots & 47 & 48 & 49 & 50 \\
+\ 100 & +\ 99 & +\ 98 & +\ 97 & \cdots & +\ 54 & +\ 53 & +\ 52 & +\ 51 \\
\hline
101 & 101 & 101 & 101 & \cdots & 101 & 101 & 101 & 101
\end{array}
$$

将 1~100 的数字分为两行，每一列的两个数字的和都为 101

后来，高斯成了 19 世纪最伟大的数学家，这并不是因为他善于心算，而是因为他可以让数字展现出优美的舞姿。我们将在本章探讨很多有趣的数字规律，以了解数字是如何跳出美丽的舞蹈的。其中，有的规律可以帮助我们提高心算的速度，有的则会给我们带来美的享受。

我们在前文中用高斯的方法计算了前 100 个数字的和，如果我们需要计算前 17 个、1 000 个或者 100 万个数字的和，该怎么办呢？事实上，我们可以利用高斯的方法，计算前 n 个数字的和，n 可以取任意值。有人可能会觉得数字过于抽象，那么我们可以结合图形来表示这个过程。如下图所示，由于 1、3、6、10 和 15 等数字可以用相应个数的小圆圈表示，这些小圆圈又可以排列成三角形，因此我们把这些数字称作"三角形数"（triangular number）。（也许你认为一个圆圈无法构成一个三角形，但 1 还是被视为三角形数。）根据三角形数的定义，第 n 个三角形数为 $1 + 2 + 3 + \cdots + n$。

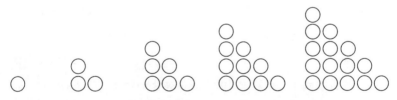

前 5 个三角形数是 1、3、6、10 和 15

请注意观察，如果把两个三角形并排放置，如下图所示，会出现什么样的结果呢？

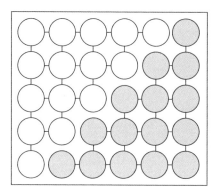

在这个矩形中，一共有多少个小圆圈？

这个由两个三角形构成的矩形共包含 5 行和 6 列小圆圈，总数为 30 个。因此，每个三角形所包含的小圆圈数应该是矩形的 1/2，也就是 15 个。当然，这个结果我们早已知道。但是，上述方法表明，如果我们把包含 n 行小圆圈的两个三角形放到一起，那么所得到的矩形包含 n 行和 $n + 1$ 列小圆圈，也就是 $n \times (n+1)$ 个〔通常简写为 $n(n+1)$ 个〕。于是，前 n 个数字的求和公式就这样被推导出来了：

$$1+2+3+\cdots+n = \frac{n(n+1)}{2}$$

请大家回想一下这个推导过程。通过求前 100 个数字的和，我们找出一个规律，然后加以推广，就可以处理同一类型的所有问题。如果要求从 1 至 100 万的所有数字的和，只需两步就可完成：1 000 000 乘以 1 000 001，再除以 2！

一旦你找到了一个数学公式，其他公式常常会自动地出现在你的眼前。例如，如果我们把上述方程式的两边同时乘以 2，就会得出前 n 个偶数的求和公式：

$$2+4+6+\cdots+2n = n(n+1)$$

那么，前 n 个奇数的和是多少呢？让我们看看数字会给我们哪些提示。

$$1 = 1$$
$$1 + 3 = 4$$
$$1 + 3 + 5 = 9$$
$$1 + 3 + 5 + 7 = 16$$
$$1 + 3 + 5 + 7 + 9 = 25$$
…

前 n 个奇数的和是多少？

等号右边的数字都是"完全平方数"（perfect squares）：1×1，2×2，3×3，等等。不难看出，前 n 个奇数的和似乎是 $n \times n$，记作 n^2。但是，如何确定这个结果不是一种暂时性的巧合呢？我们将在第 6 章通过几种方法来推导出这个公式。不过，我们应该可以找到一个非常简单的方法，解释这个并不复杂的规律。我最喜欢使用的证明方法仍然是计算小圆圈的个数，这个方法还会告诉我们像 25 这样的数字为什么又叫完全平方数。前 5 个奇数的和为什么是 5^2 呢？看看下图中边长为 5 的正方形，你就知道了。

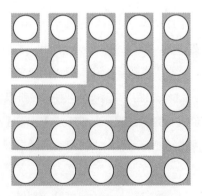

正方形中共包含多少个小圆圈？

这个正方形共包含 5×5=25 个小圆圈。接下来，我们换一种方法来数上图中的小圆圈的个数。我们从左上角的第一个小圆圈开始数，它依次被 3 个、5 个、7 个和 9 个小圆圈包围，即：

$$1 + 3 + 5 + 7 + 9 = 5^2$$

如果正方形的边长是 n，我们就可以把它分成 n 个大小分别是 1，3，5，…，$(2n - 1)$ 的 L 形区域（开口朝向左上角）。于是，我们得出前 n 个奇数的求和公式：

$$1 + 3 + 5 + \cdots + (2n{-}1) = n^2$$

延伸阅读

我们将在本书后面的章节中看到，高等数学可以利用这种统计小圆圈个数的方法（以及通过两种不同方法回答一个问题的常规做法），得出一些非常有意思的结果。不过，我们也可以借助这种方法去理解初等数学，例如，为什么 3 × 5 = 5 × 3。小时候，老师告诉我们，因数的先后次序不会影响乘积的大小（这在数学领域被称为乘法交换律）。我相信，你们当时根本没有怀疑它的准确性。但是，每袋装 5 枚弹珠、共 3 袋，和每袋装 3 枚弹珠、共 5 袋，弹珠的总数为什么一样多呢？数一数 3 × 5 的矩形中小圆圈的个数，就能理解其中的道理了。按行统计，我们看到一共有 3 行，每行有 5 个小圆圈，所以小圆圈的个数是 3 × 5。但是，如果按列计算，那么一共有 5 列，每列 3 个小圆圈，因此小圆圈的个数是 5 × 3。

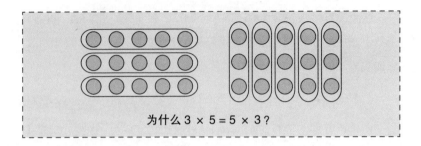

为什么 3 × 5 = 5 × 3?

利用奇数和的规律，我们还可以发现一个更加优美的规律。如果我们的目标是让这些数字跳舞，那么它们应该跳的是"方块舞"（square dancing）。

$$1 + 2 = 3$$
$$4 + 5 + 6 = 7 + 8$$
$$9 + 10 + 11 + 12 = 13 + 14 + 15$$
$$16 + 17 + 18 + 19 + 20 = 21 + 22 + 23 + 24$$
$$25 + 26 + 27 + 28 + 29 + 30 = 31 + 32 + 33 + 34 + 35$$
$$\cdots$$

你发现其中的规律了吗？每行数字的个数很容易数清楚，分别是3、5、7、9、11，等等。然而，下面这个规律却可能是大家想不到的。每行的第一个数字是多少？从前5行看，分别是1、4、9、16、25，它们都是完全平方数。为什么呢？我们以第5行为例。在第5行之前，一共出现了多少个数字？数一数前4行的数字，共有 3 + 5 + 7 + 9 个。在这个和的基础上加1，就可以得到第5行的第一个数字，所以，这个数字就是前5个奇数的和，即 5^2。

接下来，我们不用求和的方法，证明第5个等式成立。如果高斯遇到这种情况，他会怎么做呢？我们先不看这行的第一个数，也就是25，那么等号左边只剩下5个数，而且它们分别比等号右边的5个数小5。

25	26	27	28	29	30
	− 31	− 32	− 33	− 34	− 35
	−5	−5	−5	−5	−5

第 5 个等式左右两边数字的比较

因此，等式右边 5 个数的和比等式左边除 25 之外的 5 个数的和大 25。但是，两者之间的差正好被等式左边的第一个数字 25 弥补了，因此等式成立。利用同样的方法完成一些代数运算就可以证明，即使行数无限增加，这个规律也依然存在。

延伸阅读

下面，我把这些代数运算介绍给大家，如果你不感兴趣，可以略过不看。在第 n 行之前，有 $3 + 5 + 7 + \cdots + (2n - 1) = n^2 - 1$ 个数字，因此第 n 行的第一个数字是 n^2，后面有 n 个连续的数字，从 $n^2 + 1$ 至 $n^2 + n$。等式右边有 n 个连续的数字，从 $n^2 + n + 1$ 至 $n^2 + 2n$。如果先不考虑等式左边的第一个数字 n^2，就会发现等式右边的 n 个数字分别比等式左边对应的 n 个数字大 n，因此两者的差是 $n \times n$，即 n^2。如果加上左边第一个数字 n^2，等式就成立了。

我们再讨论另外一个规律。我们已经知道，可以利用奇数得到平方数。现在，我们把下图大三角形中的所有奇数相加，看看得数有什么规律。

$$
\begin{array}{rcll}
1 & = & 1 & = & 1^3 \\
3 + 5 & = & 8 & = & 2^3 \\
7 + 9 + 11 & = & 27 & = & 3^3 \\
13 + 15 + 17 + 19 & = & 64 & = & 4^3 \\
21 + 23 + 25 + 27 + 29 & = & 125 & = & 5^3 \\
\cdots & & \cdots & & \cdots
\end{array}
$$

奇数三角形

我们发现 3 + 5 = 8，7 + 9 + 11 = 27，13 + 15 + 17 + 19 = 64。数字 1、8、27 和 64 有什么共同点呢？它们都是"完全立方数"（perfect cubes）！例如，将第 5 行的 5 个数字相加，就会得到

$$21 + 23 + 25 + 27 + 29 = 125 = 5 \times 5 \times 5 = 5^3$$

这个规律似乎表明，第 n 行所有数字的和是 n^3。这是一个永恒的规律，还是一个奇特的巧合呢？为了理解这个规律，我们观察第 1、3、5 行，看看每行正中间的那个数字有什么特点。可以看到，这三个数字分别是完全平方数 1、9 和 25。第 2 行和第 4 行的正中间不是数字，但是加号左右两边的两个数字分别是 3、5 和 15、17，它们的平均数分别是 4 和 16。这个规律如何加以利用呢？

查看第 5 行我们就会发现，这 5 个数字关于 25 左右对称。因此无须相加，我们就可以知道它们的和是 5^3。这是因为这 5 个数的平均值是 5^2，它们的和是 $5^2 + 5^2 + 5^2 + 5^2 + 5^2 = 5 \times 5^2$，即 5^3。同理，第 4 行中 4 个数字的平均值是 4^2，因此它们的和必然是 4^3。通过一些代数运算（这里不再赘述），我们就能证明第 n 行中 n 个数字的平均值是 n^2，它们的和是我们预期的 n^3。

关于立方数和平方数，我再给大家介绍一个规律吧。从 1^3 开始，将所有数字的立方数相加，这个和有什么特点呢？

$$1^3 = 1 = 1^2$$

$$1^3 + 2^3 = 9 = 3^2$$

$$1^3 + 2^3 + 3^3 = 36 = 6^2$$

$$1^3 + 2^3 + 3^3 + 4^3 = 100 = 10^2$$

$$1^3 + 2^3 + 3^3 + 4^3 + 5^3 = 225 = 15^2$$

$$\cdots$$

自然数的立方和肯定是一个完全平方数

自然数的立方和分别是 1、9、36、100、225，等等，它们都是完全平方数。而且，这些完全平方数还具有某种特点：它们是 1、3、6、10、15…的平方数，而这些数字又都是三角形数！前文中已经讨论过，这些三角形数都是整数的和，因此

$$1^3 + 2^3 + 3^3 + 4^3 + 5^3 = 225 = 15^2 = (1 + 2 + 3 + 4 + 5)^2$$

换句话说，前 n 个自然数的立方和等于前 n 个自然数的和的平方。现在，我们还不能证明这个结论是正确的，在第 6 章中我将为大家介绍两种相关的证明方法。

又快又准的心算法

看着数字的这些规律，有人禁不住会问："这些规律确实很有意思，但是它们有什么用处呢？"对于这样的问题，任何艺术家都会嗤之以鼻，因为在他们眼中，这些优美的规律本身就是一种美！大多数数学家也会有同样的反应。而且，对这些规律的理解越深入，就越能体会其中蕴藏的美。有的规律不仅优美，还可以用来解决某些实际问题。

下面以一个我年轻时发现的简单规律为例。这个发现让我非常开

心，尽管我并不是发现这个规律的第一人。当时，我正在求解和为 20 的两个数字（例如 10 和 10，9 和 11）的最大乘积。我发现，当这两个数字都是 10 时，它们的乘积可能是最大的。结果，下图揭示的规律证实了我的猜想。

				与100的差
10	× 10	=	100	
9	× 11	=	99	1
8	× 12	=	96	4
7	× 13	=	91	9
6	× 14	=	84	16
5	× 15	=	75	25
			…	…

和为 20 的两个数字的乘积

这个规律没有任何错误。随着两个数字之间的差不断增大，它们的乘积却越来越小。这些乘积与 100 的差是多少呢？答案是 1、4、9、16、25，也就是 1^2、2^2、3^2、4^2、5^2，以此类推。这个规律是不是始终有效呢？我决定验证一下和为 26 的两个数字是否也符合这个规律。

				与169的差
13	× 13	=	169	
12	× 14	=	168	1
11	× 15	=	165	4
10	× 16	=	160	9
9	× 17	=	153	16
8	× 18	=	144	25
			…	…

和为 26 的两个数字的乘积

同样，当这两个数字相等时，它们的乘积最大，而且这些乘积与 169 的差依次为 1、4、9，等等。在验证了几次之后，我确信这个规律是正确的。（我会在下文中用代数方法证明它。）然后我发现，我可以用这个规律快速地完成平方运算。

假设要计算 13 的平方数。我们无须直接计算 13 × 13，而可以进行更简单的计算：10×16 = 160。这个得数与正确答案已经非常接近了。由于这两个因数与 13 分别相差 3，因此还需要在它们乘积的基础上加上 3^2。即

$$13^2 = (10 \times 16) + 3^2 = 160 + 9 = 169$$

再试一次，利用这个方法计算 98 × 98。一个因数加上 2 等于 100，另一个因数减去 2 等于 96，在 100×96 的乘积基础上加上 2^2。即

$$98^2 = (100 \times 96) + 2^2 = 9\,600 + 4 = 9\,604$$

如果某个数的个位数是 5，进行平方运算时就会特别简单，因为该数字分别加、减 5 之后，两个因数的个位数都是 0。例如：

$$35^2 = (30 \times 40) + 5^2 = 1\,200 + 25 = 1\,225$$
$$55^2 = (50 \times 60) + 5^2 = 3\,000 + 25 = 3\,025$$
$$85^2 = (80 \times 90) + 5^2 = 7\,200 + 25 = 7\,225$$

现在，试试看如何计算 59^2。因数 59 分别加、减 1 之后，算式就变为：$59^2 = (60 \times 58) + 1^2$。但是，60 × 58 怎么心算呢？答案是：由左至右。先忽略 60 后面的那个 0，用从左至右的方法计算 6 × 58：6 × 50 = 300，6 × 8 = 48。然后，把这两个数字（从左至右）相加，得到 348。因此，60 × 58 = 3 480。那么

$$59^2 = (60 \times 58) + 1^2 = 3\,480 + 1 = 3\,481$$

延伸阅读

下面，我们通过代数运算来解释其中的道理。(在你读完第 2 章关于平方差的内容之后，再回过头来看这部分内容，效果可能会更好。)

$$A^2 = (A + d)(A-d) + d^2$$

其中 A 是平方运算的底数，d 是 A 与离其最近的简便数字的差(当然，d 取任意值时，上述公式都成立)。例如，计算 59 的平方数时，$A = 59$，$d = 1$。根据公式，计算 $(59 + 1) \times (59-1) + 1^2$ 就可以得出答案。

在你对两位数的平方运算感到得心应手之后，还可以利用这个方法完成三位数的平方运算。例如，如果我们知道 $12^2 = 144$，那么

$$112^2 = (100 \times 124) + 12^2 = 12\,400 + 144 = 12\,544$$

如果乘法运算中的两个因数都与 100 接近，就可以利用类似方法完成计算。第一次看到这个方法时，大家都会觉得它很神奇。以 104×109 为例。如下图所示，我们在每个数字旁边写上该数字与 100 的差。然后，将第一个数字与第二个差相加，即 $104 + 9 = 113$。再将两个差相乘，即 $4 \times 9 = 36$。最后，将这两个运算步骤的得数写到一起，答案就会神奇地出现在你的眼前。

$$
\begin{array}{r}
104 \quad (4) \\
\times \quad 109 \quad (9) \\
\hline
113 \quad 36
\end{array}
$$

计算两个接近 100 的数字乘积的神奇算法(以 $104 \times 109 = 11\,336$ 为例)

第 2 章将进一步介绍类似的例子，并利用代数方法讨论其中的道

理。不过，既然提到心算，我就多说几句。我们花了大量时间学习纸笔计算，但在心算方面投入的时间却很少。然而，在大多数现实情况下，我们需要的可能不是纸笔运算能力，而是心算能力。对于数额较大的运算，我们大多会用计算器得到确切答案，但在看营养成分表或者听演讲、销售报告时，我们通常不会掏出计算器，而是在心里对某些重要数字进行大致的估算。学校教给我们的那些方法往往只适用于纸笔运算，而心算效果通常不是很好。

　　各种快速心算的方法可以写成一本书，但我在这里仅介绍一些最基本的策略。我觉得需要再三强调的一个做法是从左至右计算。心算是一个不断追求简便化的运算过程。遇到一个难题时，我们应该把它转化成多个比较简单的问题，直到最后得出答案。

加法心算

　　请思考下面这道题：

$$314 + 159$$

　　（我用横式给出这道题，目的是不让你进入纸笔运算模式。）先在 314 的基础上加上 100，以降低题目的难度：

$$414 + 59$$

　　在 414 的基础上加上 50，以进一步降低难度，使它变成我们可以轻松解决的问题：

$$464 + 9 = 473$$

　　以上就是加法心算的本质所在。除此之外，我们偶尔还会采用的一个有效方法，就是把较难的加法问题变成较简单的减法问题。在计算零售商品的价格时，我们经常需要采用这个方法。例如，请计算：

$$23.58 \text{ 美元} + 8.95 \text{ 美元}$$

8.95 美元比 9 美元少 5 美分，因此我们可以先在 23.58 美元的基础上加上 9 美元，再减去 5 美分。通过这个方法，这道难题就变简单了：

$$32.58 \text{ 美元} - 0.05 \text{ 美元} = 32.53 \text{ 美元}$$

减法心算

做减法心算时，最常用的重要策略是增大减数。例如，当减数是 9 时，更简单的方法是先减去 10，再加上 1。例如：

$$83 - 9 = 73 + 1 = 74$$

再例如，当减数是 39 时，先减去 40，再加上 1 的计算方法可能会更简便。

$$83 - 39 = 43 + 1 = 44$$

如果减数是两位以上的多位数，心算时就需要使用一个非常重要的概念——"补数"（complements）。某个数的补数是这个数与它最近的"约整数"（round number）之间的差。一位数的补数就是该数与 10 之间的差，例如，9 的补数是 1。两位数的补数是该数与 100 的差。下面是几组和为 100 的数字，能看出其中有什么特点吗？

87	75	56	92	80
+ 13	+ 25	+ 44	+ 08	+ 20
100	100	100	100	100

互补的两位数相加，和为 100

我们说 87 的补数是 13，75 的补数是 25，以此类推。反之，13 的补数是 87，25 的补数是 75。从左至右仔细研究这 5 道题，就会发现所有题目（最后一道题除外）中最左边的数字相加等于 9，最右边的数字相加等于 10。只在两个数字的个位数都是 0（例如，最后一道题）时，才会出现例外结果。例如，80 的补数是 20。

请利用上述方法计算 1 234 – 567 的得数。在进行纸笔运算时，这道题不会让人觉得多有意思。但是，如果利用补数来计算，就会把比较难的减法问题变成比较容易的加法问题！当减数是 567 时，我们先减去 600。这个运算不难，如果从左至右思考，就更简单了：1 234 – 600 = 634。但是，你把减数变大了，大了多少呢？想一想，567 与 600 相差多少？这与 67 和 100 的差是一样的，都是 33。

$$1\ 234 – 567 = 634 + 33 = 667$$

请注意，这道加法题特别简单，因为它不涉及"进位"（carries）。利用补数做减法计算时，通常都不需要进位。

三位数的补数也有类似特点。

$$
\begin{array}{r}
789 \\
+\quad 211 \\
\hline
1\ 000
\end{array}
\qquad
\begin{array}{r}
555 \\
+\quad 445 \\
\hline
1\ 000
\end{array}
\qquad
\begin{array}{r}
870 \\
+\quad 130 \\
\hline
1\ 000
\end{array}
$$

互补的三位数相加，和为 1 000

在大多数情况下（个位数不是 0），两个互补的三位数对应数位上的数相加之和是 9，但最后一位数字相加之和是 10。以 789 和 211 为例，7 + 2 = 9，8 + 1 = 9，9 + 1 = 10。在找零钱时，运用这个方法就会非常方便。例如，我从附近熟食店买的三明治价格是 6.76 美元。如果我付给收银员 10.00 美元，他应该找给我多少钱呢？计算过程十分简单，就是找到 676 的补数，即 324。因此，熟食店应该找给我 3.24 美元。

延伸阅读

我每次买这种三明治时，都会情不自禁地想到它的价格与找零竟然都是完全平方数（$26^2 = 676$，$18^2 = 324$）。（给大家出一道附加题：还有两个数字的完全平方数之和也正好是 1 000，你能找到它们吗？）

乘法心算

记住 10 以内的乘法表之后，就可以利用心算得出所有乘法问题的答案，至少是一个近似答案。接下来，我们需要掌握（无须死记硬背）一位数与两位数乘法问题的解法，其中的关键是从左至右计算。例如，求 8×24 的得数时，应该先计算 8×20，然后再加上 8×4 的乘积：

$$8 \times 24 = (8 \times 20) + (8 \times 4) = 160 + 32 = 192$$

熟练掌握这个方法之后，就可以用心算解决一位数与三位数的乘法问题了。这类问题的难度有所增加，因为需要记忆的信息增加了。其关键是在计算过程中一步一步地完成加法运算，以免需要记忆太多的数字。例如，在求 456×7 的积时，如下图所示，先求 $2\,800 + 350$ 的和，再加上 42。

$$
\begin{array}{r}
456 \\
\times \quad 7 \\
\hline
\end{array}
$$

$$
\begin{array}{rr}
400 \times 7 = & 2\,800 \\
50 \times 7 = + & 350 \\
\hline
& 3\,150 \\
6 \times 7 = + & 42 \\
\hline
& 3\,192
\end{array}
$$

掌握了一位数与三位数的乘法心算之后，就可以着手解决两位数与两位数的乘法问题了。在我看来，这样的题目才有点儿意思，因为通常来说，你可以用不同的方法解决这些问题，检验答案是否正确，还可以享受快速找到答案的喜悦之情！下面，我通过计算 32×38，向大家介绍这些方法。

大家最熟悉的方法（与纸笔运算最接近的一种方法）是加法，该方法适用于解决所有乘法问题。首先，把其中一个因数（通常是位数较少的那个因数）分成两个部分，然后这两个部分分别与另一个因数相乘，最后将乘积相加。例如：

$$32 \times 38 = (30 + 2) \times 38 = (30 \times 38) + (2 \times 38) = \cdots$$

那么，如何计算 30×38 呢？先计算 3×38，然后在乘积的后面添加一个 0。由于 $3 \times 38 = 90 + 24 = 114$，因此 $30 \times 38 = 1\ 140$。再计算 $2 \times 38 = 60 + 16 = 76$，因此：

$$32 \times 38 = (30 \times 38) + (2 \times 38) = 1\ 140 + 76 = 1\ 216$$

计算这类问题（尤其当其中一个因数的末位是 7、8 或者 9 时）的另一种方法是减法。在这个例子中，我们要用到 $38 = 40 - 2$，那么：

$$38 \times 32 = (40 \times 32) - (2 \times 32) = 1\ 280 - 64 = 1\ 216$$

用加法和减法求两位数与两位数的乘积时，我们需要记住一个较大的数字（例如，这个例子中的 $1\ 140$ 和 $1\ 280$），还要进行其他运算。这对我们来说是一个比较难的挑战。通常，我喜欢用"因数分解法"（factoring method）来计算两位数与两位数的乘积。只要其中一个因数可以表示成两个一位数乘积的形式，就可以采用这种方法。例如，我们发现 32 可以分解成 8×4，因此：

$$38 \times 32 = 38 \times 8 \times 4 = 304 \times 4 = 1\ 216$$

如果我们把32分解成4×8，上述运算就会变成38×4×8 = 152×8 = 1 216。不过，我喜欢先用较大的因数去乘以剩下的那个两位数，这样一来，最后与这个乘积（常常是一个三位数）相乘的就是那个较小的因数了。

延伸阅读

在一个因数是11的倍数时，因数分解法可以起到很好的效果。在这种情况下，有一个特别简单的巧妙算法：在另一个因数的两个数位中间插入这两个数位上的数字之和，就可以得到你所求的乘积。例如，计算53×11时，因为5 + 3 = 8，因此最终的乘积就是583。27×11呢？因为2 + 7 = 9，因此答案是297。如果两个数字之和大于9，怎么办？在这种情况下，我们插入和的个位数，然后在第一个位数上加1。例如，由于4 + 8 = 12，因此48×11的答案是528。同理，74×11 = 814。如果一个因数是11的倍数，就可以利用上面这个巧妙的办法。例如：

$$74 \times 33 = 74 \times 11 \times 3 = 814 \times 3 = 2\ 442$$

两位数乘法问题的另外一个有趣的解法叫作"就近取整法"（close together method）。当相乘的两个数字的首位数相同时，就可以使用这个方法。第一次接触它时，你会觉得它十分神奇。比如，下面这个例子会不会让你难以置信？

$$38 \times 32 = (40 \times 30) + (8 \times 2) = 1\ 200 + 16 = 1\ 216$$

当两个数字个位数的和为10时（例如38×32），计算起来尤为简单。（在38×32中，两个数的十位数都是3，个位数的和为8 + 2 = 10。）再举一例：

$$83 \times 87 = (80 \times 90) + (3 \times 7) = 7\,200 + 21 = 7\,221$$

即使个位数的和不等于 10，计算起来也不难。例如，在计算 41×44 时，可以将较小的那个数减去 1（得到约整数 40），然后将较大的那个数加上 1，于是：

$$41 \times 44 = (40 \times 45) + (1 \times 4) = 1\,800 + 4 = 1\,804$$

计算 34×37 时，如果把 34 减去 4（得到约整数 30），与它相乘的数就会变成 37 + 4 = 41，再加上 4×7：

$$34 \times 37 = (30 \times 41) + (4 \times 7) = 1\,230 + 28 = 1\,258$$

顺便告诉大家，前面介绍的 104×109 这道题的神秘算法只是本方法的一个应用而已。

$$104 \times 109 = (100 \times 113) + (4 \times 9) = 11\,300 + 36 = 11\,336$$

有的学校要求学生背诵 20 以内的乘法表。使用上述方法，无须背乘法表，也可以快速算出答案。例如：

$$17 \times 18 = (10 \times 25) + (7 \times 8) = 250 + 56 = 306$$

这个神奇的方法为什么有效呢？要回答这个问题，需要进行一些代数运算，我将在第 2 章做介绍。一旦学习了代数运算之后，我们就能找出新的计算方法。例如，17×18 还可以这样解答：

$$18 \times 17 = (20 \times 15) + [(-2) \times (-3)] = 300 + 6 = 306$$

说到乘法表，请仔细研究下面列出的一位数乘法表。高斯年少时应该会对这个问题感兴趣：这张乘法表中所有数的和是多少？请认真思考，看能不能找出一个简便的计算方法，我将在本章结尾揭晓答案。

×	1	2	3	4	5	6	7	8	9	10
1	1	2	3	4	5	6	7	8	9	10
2	2	4	6	8	10	12	14	16	18	20
3	3	6	9	12	15	18	21	24	27	30
4	4	8	12	16	20	24	28	32	36	40
5	5	10	15	20	25	30	35	40	45	50
6	6	12	18	24	30	36	42	48	54	60
7	7	14	21	28	35	42	49	56	63	70
8	8	16	24	32	40	48	56	64	72	80
9	9	18	27	36	45	54	63	72	81	90
10	10	20	30	40	50	60	70	80	90	100

该乘法表中全部 100 个数字的和是多少?

除法心算

首先,我们看一个答案非常简单但在学校里不大可能学到的问题:

(1)如果两个三位数相乘,你能立刻说出乘积是几位数吗?

以及相关问题:

(2)一个四位数与一个五位数相乘,乘积可能是几位数?

我们花费了大量时间学习多位数的乘法和除法问题,但几乎没有考虑过答案有哪些重要特点。而且,了解答案的大致范围,比知道答案的最后一位数甚至首位数都重要得多。(知道答案的首位数是3,这毫无意义,除非你还知道这个答案更接近于 30 000、300 000 或 3 000 000。)问题(1)的答案是五位数或六位数。为什么?因为符合

条件的最小乘积是 $100 \times 100 = 10\,000$，它是一个五位数。最大乘积 999×999 的答案肯定比 $1\,000 \times 1\,000 = 1\,000\,000$ 小，但只小一点儿。$1\,000\,000$ 是最小的七位数，因此 999×999 肯定是六位数。[当然，你也可以通过心算，很便利地算出最终得数：$999^2 = (1\,000 \times 998) + 1 = 998\,001$。] 也就是说，两个三位数的乘积肯定是五位数或六位数。

问题（2）的答案是八位数或九位数。为什么？最小的四位数是 $1\,000$，也可以记作 10^3（1 后面有 3 个 0）；最小的五位数是 $10\,000 = 10^4$。因此，一个四位数与一个五位数的最小乘积是 $10^3 \times 10^4 = 10^7$，它是一个八位数。[10^7 是怎么得到的？$10^3 \times 10^4 = (10 \times 10 \times 10) \times (10 \times 10 \times 10 \times 10) = 10^7$。] 而一个四位数与一个五位数的最大乘积只比 $10^4 \times 10^5 = 10^9$ 这个十位数小一点儿，因此最后得数最多是九位数。

根据上述分析，我们得出一个非常简单的规则：一个 m 位数与一个 n 位数相乘，乘积的位数为 $m + n$ 或者 $m + n - 1$。

通常，只需要看每个数字的首位数（最左边的那个数），就可以判断出乘积的位数。如果两个数字首位数的乘积是 10 或者大于 10，那么它们的乘积肯定为 $m + n$ 位。（以 271×828 为例，它们首位数的乘积是 $2 \times 8 = 16$，因此答案是六位数。）如果首位数的乘积是 4 或者小于 4，答案就是 $m + n - 1$ 位数。（例如，314×159 的乘积为五位数。）如果首位数的乘积是 5、6、7、8 或 9，则需要仔细思考。（例如，222×444 的乘积是五位数，但 234×456 的乘积是六位数。这两个得数都非常接近 $100\,000$，这是其位数不易确定的一个重要原因。）

把上述规则反过来，可以得到一个更简单的除法规则：一个 m 位数被一个 n 位数除，商的位数是 $m - n$ 或者 $m - n + 1$。

例如，一个九位数被一个五位数除，得数肯定是四位数或者五位数。判断到底哪个答案正确的规则，甚至比乘法问题的相关规则还要简单。在这里，我们无须对首位数进行乘法或者除法运算，而是对两个首位数进行比较即可。如果第一个数字（被除数）的首位数比第二个数字的首位数小，答案就是小的那个选项（$m-n$）。如果第一个数字的首位数大于第二个数字的首位数，答案就是大的那个选项（$m-n+1$）。如果两个数字的首位数相同，就需要比较第二个数位上的数字，具体过程同上。例如，314 159 265 被 12 358 除时，商是五位数；但它被 62 831 除时，商则是四位数。161 803 398 被 14 142 除时，商是五位数，因为 16 大于 14。

除法的心算过程与纸笔运算比较相似，我在这里就不赘述了。（利用纸笔做除法运算时，计算次序一定是从左至右，直到最后得出答案！）但是有时候，一些捷径可以为我们提供便利。

除数是 5（或者个位数是 5 的任何数字）时，将分子、分母同时乘以 2，通常会降低计算的难度。例如：

$$34 \div 5 = 68 \div 10 = 6.8$$
$$123 \div 4.5 = 246 \div 9 = 82 \div 3 = 27\frac{1}{3}$$

在分子、分母同时乘以 2 之后，你也许会发现 246 和 9 都可以被 3 整除（我们将在第 3 章详细讨论这方面的内容），于是，将分子、分母同时除以 3，可以进一步简化计算。

延伸阅读

看一下从 1 到 10 的数字的倒数：

$$1/2 = 0.5, \quad 1/3 = 0.333\cdots, \quad 1/4 = 0.25, \quad 1/5 = 0.2,$$
$$1/6 = 0.166\,6\cdots, \quad 1/8 = 0.125, \quad 1/9 = 0.111\cdots, \quad 1/10 = 0.1$$

我们发现，以上小数要么在小数点后两位处结束，要么无限循环下去，只有 1/7 例外，它是在小数点后第 7 位处开始循环的：

$$1 / 7 = 0.142\ 857\ 142\ 857\cdots$$

（除了 7 以外，从 2 到 11 的所有数字的倒数都不长，这是因为这些数可以整除 10、100、1 000、9、90 或者 99，而可以被 7 整除且具有这种特点的最小数字是 999 999。）把 1 / 7 的各个小数项填到圆里，神奇的一幕就会出现在我们眼前：

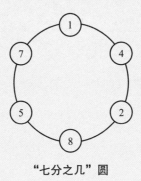

"七分之几"圆

令人吃惊的是，从圆上的某个点开始，顺时针循环下去，就可以得到分母是 7 的所有分数的数值，具体如下：

$$1 / 7 = 0.142\ 857\ 142\ 857\cdots,\quad 2 / 7 = 0.285\ 714\ 285\ 714\cdots,$$
$$3 / 7 = 0.428\ 571\ 428\ 571\cdots,\quad 4 / 7 = 0.571\ 428\ 571\ 428\cdots,$$
$$5 / 7 = 0.714\ 285\ 714\ 285\cdots,\quad 6 / 7 = 0.857\ 142\ 857\ 142\cdots。$$

在结束本章之前，我来回答一下前文提出的那个问题：把乘法表中所有的数字加到一起，和是多少？同计算前 100 个数的和一样，这个问题乍一看也非常难。但是，只要我们熟悉了数字之舞呈现出来的令人惊叹的规律，就可以完美地解答这个问题。

我们先将乘法表中第一行的所有数字相加。高斯（或者我们前面见过的三角形数公式，甚至直接相加的方法）肯定会告诉我们：

$$1 + 2 + 3 + 4 + 5 + 6 + 7 + 8 + 9 + 10 = 55$$

第二行所有数字的和呢？算起来也非常简单：

$$2 + 4 + 6 + \cdots + 20 = 2 \times (1 + 2 + 3 + \cdots + 10) = 2 \times 55$$

同理，第三行的和是 3×55。因此，我们知道乘法表中所有数字的和是：

$$(1 + 2 + 3 + \cdots + 10) \times 55 = 55 \times 55 = 55^2$$

通过心算，我们知道答案是 3 025！

有魔法的代数学

$$\frac{2n+4}{2}-n=2$$

一个与代数有关的魔术

小时候，我第一次接触代数是通过我父亲。他说："孩子，代数与算术没有多大区别，不过是用字母来代替数字。例如，$2x + 3x = 5x$，$3y + 6y = 9y$。明白了吗？"我回答说："好像明白了。"他接着说："好的，那么 $5Q + 5Q$ 是多少？"我信心满满地答道："$10Q$。"他说："声音太小了，大点儿声！"于是，我高声答道："$10Q$！"结果，父亲回说："不用谢！"[①]（父亲对双关语、开玩笑和讲故事的兴趣一直都比对数学教学的兴趣大，因此我从一开始就不应该完全相信他说的话！）

我第二次接触代数，是因为我想弄明白下面这个魔术的原理：

第一步：在 1 到 10 中选择一个数字（你也可以选择一个大于 10 的数字）。

第二步：把这个数字加倍。

第三步：加上 10。

第四步：除以 2。

第五步：减去你一开始选择的那个数字。

---

① "$10Q$"（ten Q）与"谢谢"（thank you）的发音比较接近。——译者注

我猜你得到的数字一定是 5，对吗？

这个魔术背后的奥秘是什么？是代数。我们从第一步开始，把这个魔术再回想一遍。我不知道你一开始时选择的是哪个数字，因此我们用 N 来表示它。当我们用一个字母来表示未知数时，这个字母就被称为"变量"（variable）。

第二步，你把这个数字加倍，它就变成了 2N。（由于字母 x 经常被用作变量，因此我们通常会省略乘号，以免混淆。）第三步，这个数字变成了 2N + 10。第四步，在除以 2 之后，这个数字变成了 N + 5。第五步，减去你一开始选择的那个数字，也就是 N。从 N + 5 中减去 N，得数是 5。我们可以如下简要地表示这个魔术：

第一步：	N
第二步：	$2N$
第三步：	$2N+10$
第四步：	$N+5$
第五步：	$N+5-N$
答案：	5

代数的黄金法则

我们先思考一个问题：某个数字加上 5 之后，和是这个数字的 3 倍，请找出这个数字。

为了解答这道题，我们把这个未知数设为 x。它加上 5 之后，就是 x + 5；最初的 3 倍，就是 3x。这两个量相等，因此我们需要解下面这个方程式：

$$3x = x + 5$$

从左右两边各减去 x，方程式就变成：

$$2x = 5$$

左右两边同时除以 2：

$$x = 5 / 2 = 2.5$$

由于 $2.5 + 5 = 7.5$，与 2.5 的 3 倍正好相等，因此可以证明这个答案是正确的。

延伸阅读

　　再为大家介绍一个可以利用代数知识来解释个中道理的魔术。写下一个三位数，要求三个数位上的数字逐步减小，例如 842 或 951。然后，彻底颠倒这个三位数的数位次序，并用最初的三位数减去颠倒顺序后得到的三位数。之后，彻底颠倒得数的数位顺序，并与得数相加。我们以 853 这个数字为例，通过下列算式描述上述步骤：

$$
\begin{array}{r}
853 \\
-\ 358 \\
\hline
495
\end{array}
\qquad
\begin{array}{r}
495 \\
+\ 594 \\
\hline
1\,089
\end{array}
$$

　　现在，大家重新选择一个三位数。想好了吗？神奇的事情就要发生了。只要你严格按照上述步骤做，最后的得数一定是 1 089！为什么？

　　代数可以揭开其中的秘密！假设我们选择的三位数是 abc，其中 $a > b > c$。我们知道，$853 = (8 \times 100) + (5 \times 10) + 3$。同理，数字 $abc = 100a + 10b + c$。数位完全颠倒之后，数字变成 cba，可表示为 $100c + 10b + a$。两个三位数相减之后，就会得到：

$$(100a + 10b + c) - (100c + 10b + a)$$
$$= (100a - a) + (10b - 10b) + (c - 100c)$$
$$= 99a - 99c = 99 (a - c)$$

换句话说，两个三位数的差必然是 99 的倍数。由于三个数位上的数字最初是逐步减小的，因此 $a - c$ 至少等于 2，或者说可能是 2、3、4、5、6、7、8 或 9。那么，两个三位数之差只能是下面这些数字中的一个：

198、297、396、495、594、693、792 或 891

无论这个差到底是哪个数字，与数位颠倒之后的数字之和都是：

$$198 + 891 = 297 + 792 = 396 + 693 = 495 + 594 = 1\,089$$

由此可以看出，最后的结果必然是 1 089。

通过这个例子，我们可以看出代数的一个特点：进行代数运算时，必须对等式左右两边一视同仁。我把这条规则称为代数黄金法则。

例如，假设我们想求解下列方程式：

$$3 (2x + 10) = 90$$

我们的目标是解出 x。先将方程式两边同时除以 3，把方程式简化成：

$$2x + 10 = 30$$

再在两边同时减去 10，把左边的 10 消掉。这样，方程式就会变成：

$$2x = 20$$

接下来两边同时除以 2，结果就一目了然了：

$$x = 10$$

每次解完方程式，都要验证答案的准确性。在这个例子中，我们发现当 $x = 10$ 时，$3(2x + 10) = 3 \times 30 = 90$，方程式成立。这个方程式还有其他解吗？没有了。如果还有其他解，这个 x 也需要满足方程式，因此我们可以确定 $x = 10$ 是唯一解。

下面是一个与现实生活密切相关的代数问题，来自 2014 年某一期的《纽约时报》。该报称，索尼影视娱乐有限公司出品的一部电影投入市场之后，前 4 天的在线销售与出租的总金额是 1 500 万美元。索尼没有说明在线销售（单价 15 美元）与出租（单价 6 美元）分别贡献了多少销售额，但该公司宣布他们一共完成了 200 万单交易。为了帮助记者解决这个难题，我们用 S 代表在线销售交易量，用 R 代表在线出租交易量。由于总交易量是 200 万单，因此：

$$S + R = 2\ 000\ 000$$

我们还知道在线销售的单价是 15 美元，在线出租的单价是 6 美元，因此总销售额满足下列方程式：

$$15S + 6R = 15\ 000\ 000$$

根据第一个方程式，我们知道 $R = 2\ 000\ 000 - S$。因此，第二个方程式可以改写成：

$$15S + 6(2\ 000\ 000 - S) = 15\ 000\ 000$$

现在，方程式中只包含一个变量 S，整理后就会得到：

$$9S + 12\ 000\ 000 = 15\ 000\ 000$$

两边同时减去 12 000 000：

$$9S = 3\ 000\ 000$$

因此，S大约是 100 万的 1/3，即 $S \approx 333\ 333$；$R = 2\ 000\ 000 - S \approx$ 1 666 667。（验证答案：总销售额为 15 × 333 333+ 6 × 1 666 667≈ 15 000 000 美元。）

本书一直在利用某个规则，它被称为"分配律"（the distributive law）。现在，我们需要对这个规则加以讨论。因为有了分配律之后，乘法和加法就可以密切合作了。分配律指出，对于任意数字 a、b、c，都有：

$$a\,(b + c) = ab + ac$$

我们在计算一个两位数与一个一位数的乘积时，就会用到分配律。例如：

$$7 \times 28 = 7 \times (20 + 8) = 7 \times 20 + 7 \times 8 = 140 + 56 = 196$$

用统计学方法来思考，我们就会明白其中的道理。假设我有 7 袋硬币，每袋分别装有 20 枚金币和 8 枚银币，那么硬币的总数量是多少呢？从一个方面看，每袋装有 28 枚硬币，因此硬币总是 7 × 28。从另一个方面看，我们有 7 × 20 枚金币和 7 × 8 枚银币，因此共有 7 × 20 + 7 × 8 枚硬币。也就是说，7 × 28 = 7 × 20 + 7 × 8。

我们也可以利用几何图形来理解分配律。如下图所示，请从两个不同的角度观察长方形的面积。

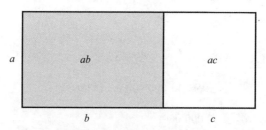

用长方形面积证明分配律：$a\,(b + c) = ab + ac$

从一个角度看，长方形的面积是 $a(b+c)$。从另一个角度看，长方形左边部分的面积是 ab，右边部分的面积是 ac，总面积是 $ab+ac$。这可以证明，只要 a、b、c 是正数，分配律就是成立的。

顺便告诉大家，我们有时候会在数字与字母并存的情况下应用分配律。例如：

$$3(2x+7)=6x+21$$

从左至右看，这个方程式可以看作 $2x+7$ 的 3 倍。从右至左看，它又可以看作通过从 $6x$ 和 21 中提取 3 的方式对 $6x+21$ 进行因式分解。

延伸阅读

负数与负数的乘积是正数，这是为什么？例如，为什么 $(-5)\times(-7)=35$？针对这个问题，老师们给出了各种各样的解释。有的以抵销债务打比方，有的干脆说"就是这样的，没有什么道理可讲"。但是，真正的原因在于，我们希望分配律不仅适用于正数，而且适用于所有的数字。如果分配律对负数（和零）同样有效，就必须符合上述规则。下面，我来解释其中的道理。

假设我们承认 $-5\times0=0$，$-5\times7=-35$。（我们也可以证明这两个等式是成立的，但是大多数人宁愿把它们作为一种事实来接受。）现在，观察下面这个算式：

$$-5\times(-7+7)$$

它的得数是多少呢？从一个方面看，它等于 -5×0，而且我们已经知道 $-5\times0=0$。从另一个方面看，我们可以利用分配律将它变形为 $[(-5)\times(-7)]+(-5\times7)$。因此：

$$[(-5)\times(-7)]+(-5\times7)=[(-5)\times(-7)]-35=0$$

而且，由于 $[(-5)\times(-7)]-35=0$，由此可推导出 $(-5)\times(-7)=35$。总之，无论 a、b 的值是多少，分配律都可以确保 $(-a)\times(-b)=ab$ 成立。

奇妙的 FOIL 法则

代数中的 FOIL 法则是分配律产生的一个重要结果。对于任意变量 a、b、c、d，都有：

$$(a+b)(c+d)=ac+ad+bc+bd$$

FOIL 是 "First–Outer–Inner–Last"（首—外—内—末）的英文首字母缩写。在上式中，ac 是 $(a+b)(c+d)$ 的两个首项的乘积，ad 是外侧的两项乘积，bc 是内部的两项乘积，bd 是两个末项的乘积。

下面，我们利用 FOIL 法则来求两个数字的乘积：

$$23\times45=(20+3)\times(40+5)$$
$$=20\times40+20\times5+3\times40+3\times5$$
$$=800+100+120+15$$
$$=1\,035$$

延伸阅读

FOIL 法则为什么成立呢？根据分配律（我们把求和的部分写到前面），可以得到：

$$(a+b)e=ae+be$$

如果用 $c + d$ 代替 e，上式就会变成：

$$(a + b)(c + d) = a(c + d) + b(c + d) = ac + ad + bc + bd$$

而且，在最后一步运算中再次应用了分配律。如果大家愿意，也可以利用几何证明法（在 a、b、c 都是整数时）。请利用两种不同的方法计算如下长方形的面积。

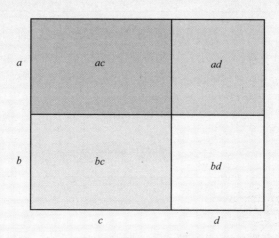

一方面，长方形的面积是 $(a + b)(c + d)$。另一方面，我们可以将大长方形分成 4 个小长方形，它们的面积分别是 ac、ad、bc 和 bd。因此，大长方形的面积又等于 $ac + ad + bc + bd$。把这两个面积的表达式放在一起，就得到了 FOIL 法则。

下面，我向大家介绍 FOIL 法则的一个奇妙应用。按照下列指示，抛掷两个色子。假设你抛出这两个色子之后，一个色子朝上的一面是 6 个点，另一个是 3 个点。它们朝下的一面分别是 1 个点和 4 个点。

抛出两个色子（假设得到 6 和 3）	
把两个色子朝上一面的点数相乘：	$6 \times 3 = 18$
把两个色子朝下一面的点数相乘：	$1 \times 4 = 4$
把第一个色子朝上一面的点数与第二个朝下一面的点数相乘：	$6 \times 4 = 24$
把第一个色子朝下一面的点数与第二个朝上一面的点数相乘：	$1 \times 3 = 3$
求和：	49

在这个例子中，最终得数是 49。大家随便找两个普通的六面体色子，重复上述步骤，最后的得数都是一样的。这是因为，每个普通色子相对两面的点数之和都等于 7。因此，当色子朝上一面的点数是 x 和 y 时，那么朝下一面的点数就必然是 $7 - x$ 和 $7 - y$。利用代数知识，上述步骤就会变成：

抛出两个色子（假设得到 x 和 y）	
把两个色子朝上一面的点数相乘：	$xy = xy$
把两个色子朝下一面的点数相乘：	$(7 - x)(7 - y) = 49 - 7y - 7x + xy$
把第一个色子朝上一面的点数与第二个朝下一面的点数相乘：	$x(7 - y) = 7x - xy$
把第一个色子朝下一面的点数与第二个朝上一面的点数相乘：	$(7 - x)y = 7y - xy$
求和：	49

请注意，在第三步我们应用了 FOIL 法则（还请注意，$-x$ 乘以 $-y$ 得到正的 xy）。换一个代数运算较少的方法，最终也能得出 49。观察每一步，就会发现上述各个等式的左边正好是利用 FOIL 法则展开 $[x + (7 - x)][y + (7 - y)]$ 后得到的 4 项。

在课堂上学习代数时，FOIL 法则在大多数情况下都被用来计算下面这种乘法算式：

$$(x + 3)(x + 4) = x^2 + 4x + 3x + 12 = x^2 + 7x + 12$$

我们注意到，在最终的算式中，7［被称作 x 项的"系数"（coefficient）］正好是数字 3 和 4 的和，12［被称作"常数项"（constant term）］则是 3 和 4 的乘积。例如，由于 5 + 7 = 12，5 × 7 = 35，因此我们立刻就可以得出：

$$(x + 5)(x + 7) = x^2 + 12x + 35$$

这个规律对于负数同样有效，下面我列举几例。在第一个例子中，我们使用的是 6 + (–2) = 4 和 6 × (–2) = –12 这个事实。

$$(x + 6)(x - 2) = x^2 + 4x - 12$$
$$(x + 1)(x - 8) = x^2 - 7x - 8$$
$$(x - 5)(x - 7) = x^2 - 12x + 35$$

以下是数字相同时的乘法算式实例。

$$(x + 5)^2 = (x + 5)(x + 5) = x^2 + 10x + 25$$
$$(x - 5)^2 = (x - 5)(x - 5) = x^2 - 10x + 25$$

请注意，$(x + 5)^2 \neq x^2 + 25$！代数初学者经常误认为两者是一回事。与此同时，当这些相同数字前面的正负号正好相反时，就会出现一个有趣的现象。例如，由于 5 + (– 5) = 0，因此：

$$(x + 5)(x - 5) = x^2 + 5x - 5x - 25 = x^2 - 25$$

总的来说，平方差（difference of squares）公式值得我们背下来：

$$(x + y)(x - y) = x^2 - y^2$$

我们在第 1 章学习平方数的简便运算时用过这个公式，当时依据的代数知识是：

$$A^2 = (A + d)(A - d) + d^2$$

我们先验证这个公式是否成立。根据平方差公式，我们发现 $[(A + d)(A - d)] + d^2 = (A^2 - d^2) + d^2 = A^2$。因此，无论 A 和 d 的值是多少，该公式都成立。在实际应用中，A 是平方运算的底数，d 是该数与其最接近的简便数字之差。例如，在求 97 的平方数时，我们取 $d = 3$，于是：

$$97^2 = (97 + 3)(97 - 3) + 3^2$$
$$= (100 \times 94) + 9$$
$$= 9\ 409$$

延伸阅读

下面，我们通过图形来验证平方差公式是否成立。从下图可以看出，面积为 $x^2 - y^2$ 的几何图形经过切割、拼接之后，可以变成一个面积为 $(x + y)(x - y)$ 的长方形。

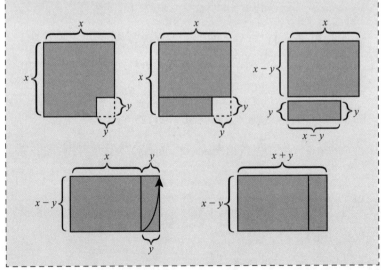

我们在第 1 章学过计算彼此接近的两个数字乘积的简便方法。当时，我们强调这两个数字都接近 100，或者首位数相同。一旦理解了这个算法背后的代数原理，我们就可以进一步扩大它的应用范围。下面，我们讨论就近取整法的代数原理。

$$(z + a) (z + b) = z (z + a + b) + ab$$

这个公式之所以成立，是因为 $(z + a) (z + b) = z^2 + zb + za + ab$，从前三项中提取 z，即可得到上述公式。尽管这些变量取任何值时，该公式都成立，但我们通常会为 z 选择个位数是 0 的值。例如，在解 43×48 这道题时，令 $z = 40$，$a = 3$，$b = 8$。于是：

$$
\begin{aligned}
43 \times 48 &= (40 + 3) (40 + 8) \\
&= 40 (40 + 3 + 8) + (3 \times 8) \\
&= 40 \times 51 + 3 \times 8 \\
&= 2\,040 + 24 \\
&= 2\,064
\end{aligned}
$$

注意，原题中的两个乘数之和为 $43 + 48 = 91$，而简便计算中的两个乘数之和也是 $40 + 51 = 91$。这并不是巧合，因为根据代数运算的结果，原来的两个乘数之和为 $(z + a) + (z + b) = 2z + a + b$，简便运算中两个乘数 z 与 $z + a + b$ 的和也是 $2z + a + b$。根据这个代数原理，我们发现向上取整也可以降低运算的难度。例如，在解 43×48 这道题时，也可以令 $z = 50$，$a = -7$，$b = -2$，把其变成 50×41。（只要知道 $43 + 48 = 91 = 50 + 41$，就可以方便地确定 41 这个数值。）于是：

$$
\begin{aligned}
43 \times 48 &= (50 - 7) (50 - 2) \\
&= (50 \times 41) + (-7) \times (-2) \\
&= 2\,050 + 14 \\
&= 2\,064
\end{aligned}
$$

延伸阅读

在第 1 章中，我们利用这个方法计算两个略大于 100 的数字的乘积。其实，计算两个略小于 100 的数字的乘积时，这个方法同样有效。例如：

$$96 \times 97 = (100 - 4)(100 - 3)$$
$$= (100 \times 93) + (-4) \times (-3)$$
$$= 9\,300 + 12$$
$$= 9\,312$$

请注意，$96 + 97 = 193 = 100 + 93$。（在实际应用时，我只看两个数字的末位数，在这个例子中是 $6 + 7$，这表明与 100 相乘的那个数字的末位数是 3，因此我知道这个数字必然是 93。）而且，在熟练掌握这个方法之后，我们就无须计算两个负数的乘积，而是直接取它们的正值，再求它们的乘积。例如：

$$97 \times 87 = (100 - 3)(100 - 13)$$
$$= 100 \times 84 + 3 \times 13$$
$$= 8\,400 + 39$$
$$= 8\,439$$

在一个乘数略大于 100，而另一个乘数略小于 100 时，也可以应用这个方法。但在这种情况下，最后一步是减法运算。例如：

$$109 \times 93 = (100 + 9)(100 - 7)$$
$$= 100 \times 102 - 9 \times 7$$
$$= 10\,200 - 63$$
$$= 10\,137$$

同样，其中的 102 可以通过 109 – 7 或 93 + 9 或 109 + 93 – 100 等方法得到（还可以通过对原来两个乘数的末位数进行加法运算的方式得到：9 + 3 告诉我们这个数字的末位数应该是 2，有了这个信息，我们就可以做出判断了）。在实践中，我们可以利用这个方法完成任意两个比较接近的数字的乘法运算。下面，我再举两个有一定难度的三位数乘法的例子。注意，在这两个例子中，数字 a 和 b 都不是一位数。

$$218 \times 211 = (200 + 18)(200 + 11)$$
$$= 200 \times 229 + 18 \times 11$$
$$= 45\ 800 + 198$$
$$= 45\ 998$$

$$985 \times 978 = (1\ 000 - 15)(1\ 000 - 22)$$
$$= 1\ 000 \times 963 + 15 \times 22$$
$$= 963\ 000 + 330$$
$$= 963\ 330$$

求解未知数 x

在本章前面部分给出的几个例子里，我们在解某些方程式时应用了代数的黄金规则。如果方程式仅包含一个变量（例如 x），且方程式两边都是线性的（仅包含数字和 x 的倍数，而没有像 x^2 这种比较复杂的项），x 的值就比较容易求解。例如，在解方程式 $9x - 7 = 47$ 时，我们可以在方程式两边同时加上 7，得到 $9x = 54$，然后两边同时除以 9，算出 $x = 6$。

对于复杂程度稍高的代数问题，例如：

$$5x + 11 = 2x + 18$$

我们只需要在方程式两边同时减去 $2x$，再同时减去 11（如果你愿意，也可以将这两步合并，即方程式两边同时减去 $2x + 11$），就会得到：

$$3x = 7$$

因此，原方程式的解是 $x = 7 / 3$。所有线性方程式最终都可以简化成 $ax = b$（或者 $ax - b = 0$）的形式，从而求解出 $x = b / a$（假设 $a \neq 0$）。

二次方程式的复杂程度有所提高（因为需要考虑变量 x^2 的问题）。最简单的二次方程式是如下这种：

$$x^2 = 9$$

该方程式有两个解：$x = 3$ 和 $x = -3$。如果方程式右边不是完全平方数，比如 $x^2 = 10$，则该方程式有两个解：$x = \sqrt{10} = 3.16\cdots$ 和 $x = -\sqrt{10} = -3.16\cdots$。在一般情况下，$\sqrt{n}$（$n > 0$）被称作 n 的平方根，表示某个二次幂等于 n 的整数。在 n 不是完全平方数时，我们通常可以利用计算器计算 $\sqrt{n}$ 的值。

延伸阅读

如果 $x^2 = -9$ 呢？迄今为止，我们认为这个方程式无解。的确，任何实数（real numbers）的平方数都不会等于 -9。但是，当读到本书第 10 章时，你会发现这个方程式其实有两个解，即 $x = 3i$ 和 $x = -3i$，其中 i 是一个虚数（imaginary numbers），它的平方数等于 -1。如果你觉得这个说法难以理解，甚至荒谬可笑，也没有关系。别忘了，在刚接触负数（negative numbers）时，你也曾觉得不可思议。（怎么可能有比 0 还小的数呢？）你

> 现在需要做的就是以正确的方式看待这些数字，以后你会慢慢
> 理解它们的含义的。

下面这个方程式：

$$x^2 + 4x = 12$$

它的难度有所增加，因为多了 $4x$ 这个项。不过你不用着急，对于这类方程式，我们有好几种解法。同心算一样，方程式也常常有多种解法。

我在遇到这类方程式时，会先尝试因式分解法。第一步是将所有项全部移到等式左边，等式右边只保留一项：0。于是，上述方程式变成：

$$x^2 + 4x - 12 = 0$$

然后呢？我发现我们的运气还不错，根据 FOIL 法则，$x^2 + 4x - 12 = (x + 6)(x - 2)$。于是，这个方程式又可以变形为：

$$(x + 6)(x - 2) = 0$$

两个数字的乘积为 0，那么这两个数字中至少有一个是 0。由此可知 $x + 6 = 0$ 或 $x - 2 = 0$，即：

$$x = -6 \text{ 或 } x = 2$$

经检验，它们都是方程式的解。

根据 FOIL 法则，$(x + a)(x + b) = x^2 + (a + b)x + ab$。因此，二次方程式的因式分解与猜谜语有点儿相似。例如，在解上面那个方程式时，我们必须找出和为 4、积为 -12 的两个数 a、b。找到答案 $a = 6$、$b = -2$ 之后，就可以分解因式了。举一个例子供大家做练习：请分解

$x^2 + 11x + 24$。现在的问题是：找出和为 11、积为 24 的两个数。由于数字 3、8 满足条件，因此我们知道 $x^2 + 11x + 24 = (x + 3)(x + 8)$。

假设我们遇到像 $x^2 + 9x = -13$ 这样的方程式，就会发现 $x^2 + 9x + 13$ 不容易进行因式分解。但是，我们无须担心！在这种情况下，我们可以求助于二次方程求根公式。这是一个非常有用的公式，它告诉我们方程式 $ax^2 + bx + c = 0$ 的解是：

$$x = \frac{-b \pm \sqrt{b^2 - 4ac}}{2a}$$

其中，符号"±"的意思是"加或减"。我们举一个例子，对于方程式

$$x^2 + 4x - 12 = 0$$

我们知道，$a = 1$，$b = 4$，$c = -12$。

根据二次方程求根公式，我们知道：

$$x = \frac{-4 \pm \sqrt{16 - 4 \times 1 \times (-12)}}{2} = \frac{-4 \pm \sqrt{64}}{2} = \frac{-4 \pm 8}{2} = -2 \pm 4$$

所以 $x = -2 + 4 = 2$ 或 $x = -2 - 4 = -6$ 是原方程式的解。我想，对于这类问题，你肯定认为因式分解法更直观。

延伸阅读

解二次方程式的另一个有意思的方法叫作"配方法"（completing the square）。对于方程式 $x^2 + 4x = 12$，在两边同时加上 4，把方程式变为：

$$x^2 + 4x + 4 = 16$$

这样做的目的是让方程式左边变成 $(x + 2)(x + 2)$。因此，

上述方程式变形为：

$$(x + 2)^2 = 16$$

换句话说，$(x + 2)^2 = 4^2$。于是：

$$x + 2 = 4 \ \text{或} \ x + 2 = -4$$

也就是说，$x = 2$ 或 $x = -6$。这与我们在前文中的计算结果是一致的。

但是，对于方程式

$$x^2 + 9x + 13 = 0$$

最好的选择则是采用二次方程求根公式。$a = 1$，$b = 9$，$c = 13$，根据二次方程求根公式，我们算出：

$$x = \frac{-9 \pm \sqrt{81 - 52}}{2} = \frac{-9 \pm \sqrt{29}}{2}$$

若用前面介绍的其他方法，就很难解出这道方程式。数学领域中需要记忆的公式并不多，但二次方程求根公式毫无疑问是其中之一。只要稍加练习，你就会发现这个公式应用起来实在是太简单了！

延伸阅读

那么，二次方程求根公式为什么成立呢？我们把方程式 $ax^2 + bx + c = 0$ 改写成：

$$ax^2 + bx = -c$$

两边同时除以 a（a 不等于 0），就会得到：

$$x^2 + \frac{b}{a}x = \frac{-c}{a}$$

由于 $(x + \frac{b}{2a})^2 = x^2 + \frac{b}{a}x + \frac{b^2}{4a^2}$，因此我们可以在上述方程式两边同时加上 $\frac{b^2}{4a^2}$，对方程式进行配方运算：

$$\left(x + \frac{b}{2a}\right)^2 = \frac{b^2}{4a^2} + \frac{-c}{a} = \frac{b^2 - 4ac}{4a^2}$$

两边同时开平方，得到：

$$x + \frac{b}{2a} = \pm \frac{\sqrt{b^2 - 4ac}}{2a}$$

$$x = \frac{-b \pm \sqrt{b^2 - 4ac}}{2a}$$

它就是我们要求的 x 的解。

方程式的图像

17 世纪的法国数学家费马[①]和笛卡儿[②]在各自的研究中发现，代数方程式可以用图像直观地呈现出来；反之，几何图形也可以用代数方程式表示。他们的这个发现让数学领域发生了翻天覆地的变化。

我们先来看一个简单方程式的图像：

---

① 皮埃尔·德·费马（Puerre de Fermat，1601—1665），法国律师和业余数学家，被视为 17 世纪最伟大的法国数学家之一。——译者注

② 勒内·笛卡儿（René Descartes，1596—1650），法国著名哲学家、物理学家、数学家、神学家，被视为解析几何之父。——译者注

$$y = 2x + 3$$

该方程式表明，对于变量 x 的每一个值，在把它加倍并加上 3 之后，就可以得到 y 的值。下表中列出了几组 x、y 的值，据此我们绘制出这些点，本例中的点有(–3, –3)、(–2, –1)、(–1, 1) 等。将这些点连接起来，所得到的就是方程式的图像。下图是方程式 $y = 2x + 3$ 的图像。

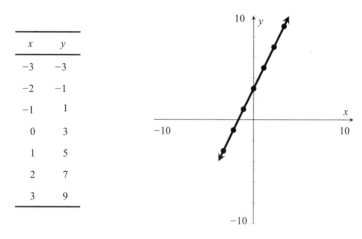

x	y
−3	−3
−2	−1
−1	1
0	3
1	5
2	7
3	9

方程式 $y = 2x + 3$ 的图像

下面，我向大家介绍一些重要的术语。上图中的那条水平线叫作 x 轴，垂直的那条线叫作 y 轴。本例中的图像是一条直线，斜率是 2，y 轴截距是 3。斜率表示这条直线的倾斜程度。斜率是 2，意味着 x 每增加 1 个单位，y 就会增加 2 个单位（从上图可以看出这个特点）。y 轴截距表示 $x = 0$ 时 y 的值。从几何学的角度看，它表示这条直线与 y 轴相交的位置。一般而言，方程式 $y = mx + b$ 的图像是斜率为 m、y 轴截距为 b 的一条直线（反之亦然）。通常，我们通过方程式来识别直线，因此我们可以直接说，上图代表的就是直线 $y = 2x + 3$。

下图是直线 $y = 2x - 2$ 和 $y = -x + 7$ 的图像。

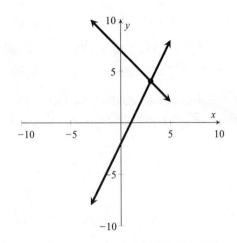

$y = 2x - 2$ 和 $y = -x + 7$ 的图像在哪里相交?

直线 $y = 2x - 2$ 的斜率是 2，y 轴截距是 –2。（该图像与直线 $y = 2x + 3$ 平行，将后者垂直向下平移 5 个单位后即可得到直线 $y = 2x - 2$。）$y = -x + 7$ 的图像斜率是 –1，这表示 x 每增加 1 个单位，y 就会减少 1 个单位。接下来，我们通过代数运算，找出这两条直线的交点 (x, y)。在这两条直线相交的位置，这两个方程式的 x 和 y 值是相同的。因此，我们需要找到 y 值相同时所对应的 x 值。换句话说，我们需要求解下面这个方程式：

$$2x - 2 = -x + 7$$

方程式左右两边同时加上 x 再加上 2，就可以得到：

$$3x = 9$$

因此，$x = 3$。只要知道 x 的值，我们就可以利用这两个方程式中的任意一个求出 y 的值。由于 $y = 2x - 2$，$x = 3$，所以 $y = 2 \times 3 - 2 = 4$。（或者因为 $y = -x + 7$，$x = 3$，所以 $y = -3 + 7 = 4$。）由此可见，这两条直线的交点是 $(3, 4)$。

　　直线的图像是很容易画出来的，因为只要知道直线上的任意两点，就可以画出整条直线。对于二次函数（包含变量 x^2）而言，要画出它的图像就不那么容易了。图像最简单的二次函数是 $y = x^2$（如下图所示）。二次函数的图像被称为"抛物线"。

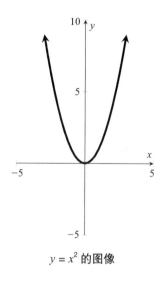

$y = x^2$ 的图像

　　下图是 $y = x^2 + 4x - 12 = (x + 6)(x - 2)$ 的图像。

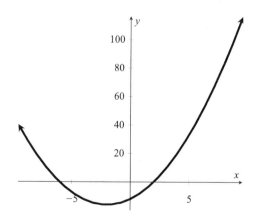

$y = x^2 + 4x - 12 = (x + 6)(x - 2)$ 的图像（y 轴的刻度做了调整）

注意，当 $x = -6$ 或 $x = 2$ 时，$y = 0$。我们从图像上可以看出，抛物线正好与 x 轴相交于这两个点。抛物线的最低点必然位于这两个点的中间位置，此时 $x = -2$。点 $(-2, -16)$ 被称为抛物线的"顶点"。

在日常生活中，我们每天都会与抛物线打交道。一个物体（无论是棒球还是喷泉）被抛出之后，其运动轨迹近似于一条抛物线（如下图所示）。在设计汽车车头灯、望远镜、圆盘式卫星电视天线时，人们也都参考了抛物线的特点。

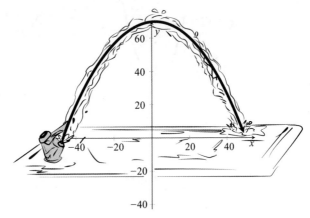

喷泉示意图（其对应的抛物线为 $y = -0.03x^2 + 0.08x + 70$）

现在，我需要向大家介绍一些术语了。到目前为止，我们所讨论的都是"多项式"（polynomials），即数字与单个变量（例如 x）的组合，其中变量 x 可以是正整数次幂的形式。最高的幂次被称为多项式的"次数"（degree）。例如，$3x + 7$ 是次数为 1 的（线性）多项式。次数为 2 的多项式（例如 $x^2 + 4x - 12$）被称为二次多项式（quadratic）。次数为 3 的多项式（例如 $5x^3 - 4x^3 - \sqrt{2}$）被称为三次多项式（cubic）。次数为 4 和 5 的多项式分别叫作四次多项式（quartic）和五次多项式（quintic）。（我没听说过有哪些专有名词可以表示次数更高的多项式，主要原因是这样的多项式在现实中很少见。7 次多项式是不是可以用 "septic" 这个英文单词来表示呢？有人认为可以，但我觉得并不好。）不含有变量的多项式（例如多项式 17）的次数为 0，被称为常数多项式。最后，多项式不允许包含无穷多项。例如，$1 + x + x^2 + x^3 + \cdots$ 不是多项式。[它是一个"无穷级数"（infinite series），我将在第 12 章详细介绍这个概念。]

注意，多项式中变量的次数只能是正整数，而不能是负数或者分数。例如，如果方程式中含有 $1/x$ 或者 $\sqrt{x}$ 等项，我们就不能称其为多项式，因为我们知道 $1/x = x^{-1}$，$\sqrt{x} = x^{1/2}$。

我们把多项式的"根"（roots）定义为当该多项式等于 0 时 x 的值。例如，$3x + 7$ 有一个根，即 $x = -7/3$。$x^2 + 4x - 12$ 的根是 $x = 2$ 和 $x = -6$。有的多项式（例如 $x^2 + 9$）没有（实）根。注意，所有的一次多项式（直线）都有且只有一个根，因为这条直线与 x 轴有且只有一个交点。二次多项式（抛物线）最多有两个根。多项式 $x^2 + 1$、x^2 和 $x^2 - 1$ 分别有 0、1 和 2 个根。

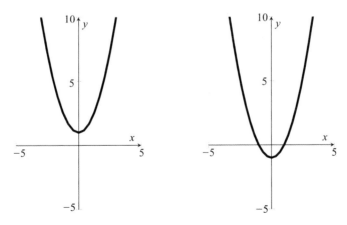

$y = x^2 + 1$ 和 $y = x^2 - 1$ 的图像（这两个多项式分别有 0 和 2 个根。$y = x^2$ 的图像在前文中已经给出，该多项式只有 1 个根）

下图是三次多项式的图像。我们从图中可以看出，它们最多有 3 个根。

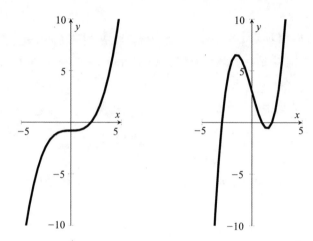

$y = (x^3-8)\,/\,10 = \dfrac{1}{10}\,(x-2)(x^2 + 2x + 4)$ 和 $y = (x^3-7x + 6)\,/\,2 = \dfrac{1}{2}\,(x + 3)$ $(x-1)\,(x-2)$ 的图像（这两个多项式分别有 1 和 3 个根）

在本书第 10 章，我们将接触到"代数的基本定理"。该定理告诉我们，每个 n 次多项式最多有 n 个根，经过因式分解后，可以转变成线性多项式和二次多项式组合的形式。例如：

$$(x^3-7x + 6)\,/\,2 = \frac{1}{2}\,(x-1)\,(x-2)\,(x + 3)$$

它有 3 个根（1、2 和 –3），而 $x^3 - 8 = (x - 2)\,(x^2 + 2x + 4)$ 只有一个实根，即 $x = 2$。（它还有两个复根，但要到第 10 章我们才会讲到这些概念。）顺便告诉大家，现在只要在我们常用的搜索引擎中输入方程式，就可以方便地得到大多数函数的图像。例如，输入 "$y = (x^3 -7x + 6)\,/\,2$"，就可以得到一个与上图类似的图像。

我们在本章已经学习了如何方便地找到线性和二次多项式的根。事实上，三次和四次多项式也有求根公式，但都极其复杂。这些公式是在 16 世纪被找到的，在随后 200 多年的时间里，人们试图找到五次多项式的一般求根公式。众多天才数学家前赴后继地投身于这项研究，结果都徒劳无功。19 世纪初，挪威数学家尼尔斯·阿贝尔（Niels Abel）成功地证明了五次以及更高次的多项式不可能有通用的求根公式。他为世人留下了一个只有数学界才能参透其中玄机的谜题：为什么艾萨克·牛顿没有证明五次多项式没有一般求根公式的不可能定理呢？答案是：他不是阿贝尔！[①] 我们将在本书第 6 章讨论如何证明不可能性。

延伸阅读

为什么 $x^{-1} = 1 / x$ 呢，例如，$5^{-1} = 1 / 5$？请观察下列数字，找出其中的规律：

$$5^3 = 125，5^2 = 25，5^1 = 5，5^0 = ?，5^{-1} = ?，5^{-2} = ?$$

注意，只要我们认真思考，就会发现：指数减去 1，这个数字就要被 5 除。要让这个规律成立，我们就需要让 $5^0 = 1$，$5^{-1} = 1 / 5$，$5^{-2} = 1 / 25$，以此类推。不过，真正的原因是"指数法则"。指数法则指出，$x^a x^b = x^{a+b}$。当 a、b 是正整数时，指数法则不难理解。例如，$x^2 = x \cdot x$，$x^3 = x \cdot x \cdot x$。因此：

$$x^2 \cdot x^3 = (x \cdot x)(x \cdot x \cdot x) = x^5$$

既然 a、b 的值为 0 时，该法则也成立，那么：

$$x^{a+0} = x^a \cdot x^0$$

由于方程式左边等于 x^a，因此右边也必须等于 x^a，这就要求 $x^0 = 1$。

----

① 原文"He wasn't Abel!"的谐音是"He wasn't able!"（他证明不了！）——译者注

由于我们希望指数法则对于负整数同样成立，因此我们必须接受：

$$x^1 \cdot x^{-1} = x^{1+(-1)} = x^0 = 1$$

方程式两边同时除以 x，就会发现 x^{-1} 必须等于 $1/x$。同理，我们可以证明 $x^{-2} = 1/x^2$，$x^{-3} = 1/x^3$，等等。

由于我们希望指数法则对于所有实数也成立，因此我们必须接受：

$$x^{1/2} \cdot x^{1/2} = x^{1/2+1/2} = x^1 = x$$

因此，当 $x^{1/2}$ 与自身相乘时就会得到 x，也就是说，（当 x 是正数时，）$x^{1/2} = \sqrt{x}$。

魔术背后的代数定理

在本章开头，我为大家介绍了一个魔术。在结束本章之前，我再为大家介绍一个基于代数原理的魔术。

第一步：从 1 到 10 中选择两个数字。

第二步：把这两个数字相加。

第三步：乘以 10。

第四步：加上你最初选择的两个数字中较大的那个。

第五步：减去你最初选择的两个数字中较小的那个。

第六步：告诉我你现在得到的数字，我就可以说出你最初选择的那两个数字分别是几！

无论你是否相信，只要你告诉我最后的数字，我就可以准确地说出你最初选择的那两个数字是什么。例如，如果你告诉我的数字是126，你最初选择的两个数字就是 9 和 3。这个魔术比较神秘，即使你重复表演几次，观众也很难找出其中的奥秘。

下面，我来揭开其中的秘密。要找出其中较大的那个数字，你先取最后得数的末位数（在这个例子中，最后得数的末位数是 6），然后与前面数位上的数（12）相加，再除以 2。这样，我们就可以找出较大的数字是 (12 + 6) / 2 = 18 / 2 = 9。接下来，你用这个较大的数字（9），减去最后得数的末位数（6），即可得到较小的那个数字。在这个例子中，就是 9 – 6 = 3。

再举两个例子。如果最后得数是 82，那么较大的数字是 (8 + 2) / 2 = 5，较小的数字是 5–2 = 3。如果最后得数是 137，那么较大的数字是 (13 + 7) / 2 = 10，较小的数字是 10–7 = 3。

这是为什么呢？假设你最初选择的两个数字是 X 和 Y，其中 X 大于或等于 Y。根据魔术的要求以及下表中的代数运算，我们会发现在完成第五步之后，你会得到 $10(X + Y) + (X - Y)$。

第一步：	X 和 Y
第二步：	$X + Y$
第三步：	$10(X + Y)$
第四步：	$10(X + Y) + X$
第五步：	$10(X + Y) + (X - Y)$
较大数字：	$[(X + Y) + (X - Y)] / 2 = X$
较小数字：	$X - (X - Y) = Y$

知道第五步的结果，有什么用呢？注意，$10(X + Y)$ 这个数字的末位数必然是 0，而 0 之前数位上的数字是 $X + Y$。既然 X 和 Y 都是从 1 到 10 之间的数字，且 X 大于或等于 Y，那么 $X - Y$ 必然是一位数（介于

0 到 9 之间）。因此，最后得数的末位数必然是 $X - Y$。例如，如果你最初选择的两个数字是 9 和 3，那么 $X = 9$，$Y = 3$。因此，最后得数的前两位数是 $X + Y = 9 + 3 = 12$，末位数是 $X - Y = 9 - 3 = 6$，也就是说，最后得数必然是 126。一旦我们知道 $X + Y$ 和 $X - Y$ 的值，就可以算出它们的平均数 $[(X + Y) + (X - Y)] / 2 = X$。同时，我们可以通过 $[(X + Y) - (X - Y)] / 2$ 确定 Y 的值 [在这个例子中，$Y = (12 - 6) / 2 = 6 / 2 = 3$]。不过，我发现，既然 $X - (X - Y) = Y$，那么我们只需用较大数字减去最后得数的末位数，就可以方便地找到较小数字。

延伸阅读

如果你希望在魔术表演时挑战更大的难度（难度再大，观众都不怕，因为他们可以使用计算器），也可以让观众从 1 到 100 中任选两个数字。在这种情况下，你要让他们在第三步乘以 100，而不是 10。除此之外，其余步骤不变。例如，如果他们最初选择的两个数字是 42 和 17，那么在第五步，他们给出的最后数字就是 5 925。你先将这个数字的最后两位与其余数位分开，然后求两个部分的平均值。因此，较大数字是 $(59 + 25) / 2 = 84 / 2 = 42$。再从较大数字中减去最后得数的后两位，即可得到较小数字，本例中就是 $42 - 25 = 17$。整个过程的原理与前面介绍的大致相仿，只不过在第五步得到的数字是 $100(X + Y) - (X - Y)$，其中 $X - Y$ 是最后得数的后两位。

再举一例。如果最后得数是 15 222（即 $X + Y = 152$，$X - Y = 22$），那么较大数字是 $(152 + 22) / 2 = 174 / 2 = 87$，较小数字是 $87 - 22 = 65$。

第 3 章

神奇的数字 "9"

$$\sqrt{9} = 3$$

世界上最神奇的数字

小时候，我最喜欢的数字是 9，因为我觉得它有很多神奇的特点。下面，我举一个例子。请大家按照以下步骤完成这个魔术。

第一步：从 1 到 10 中选择一个数字（你也可以选择一个大于 10 的整数，并且可以使用计算器）。

第二步：把这个数字乘以 3。

第三步：加上 6。

第四步：乘以 3。

第五步：如果你愿意，还可乘以 2。

第六步：把所有数位上的数字相加。如果和是一位数，魔术表演到此结束。

第七步：如果和是两位数，将这两个数位上的数字相加。

第八步：集中注意力，默念这个得数。

好了，我有一种强烈的感觉：你现在心里想的这个数字肯定是 9。我说对了吗？（如果不是，请你检查各个步骤的计算是否有误。）

数字 9 为什么如此神奇呢？在本章中，我们将见证它的神奇属性，我们甚至会发现，在某个神奇的世界里，12 和 3 的作用竟然完全相同！仔细研究 9 的倍数，我们可以发现它的第一个神奇特点：

9，18，27，36，45，54，63，72，81，90，99，108，117，126，135，144…

这些数字有什么共同点？把它们所有数位上的数字相加，和似乎都是 9。我们任选几个数字检验一下：18 的各个数位上的数字之和是 1 + 8 = 9，27 的各个数位上的数字之和是 2 + 7 = 9，144 的各个数位上的数字之和是 1+ 4 + 4 = 9。但是，不要高兴得太早，因为有一个数字出现了例外情况：99 的各个数位上的数字之和是 18！不过，18 也是 9 的倍数。因此，我们得出一个结论：

如果某个数字是 9 的倍数，那么该数的各个数位上的数字之和是 9 的倍数（反之亦然）。

上小学时，老师可能告诉过你这条规则。在本章中，我们将探讨其中的原理。

举两个例子。数字 123 456 789 的各个数位上的数字之和是 45（9 的倍数），因此这个数字是 9 的倍数。314 159 的各个数位上的数字之和是 23（不是 9 的倍数），因此这个数字不是 9 的倍数。

我们可以借助这条规则，来理解前文中的那个魔术。你先选择一个数字，我们把它记作 N。乘以 3 之后，得到 $3N$。在第三步，你得到 $3N + 6$。再乘以 3，即 $3(3N + 6) = 9N + 18 = 9(N + 2)$。如果你决定再乘以 2，就会得到 $18N + 36 = 9(2N + 4)$。无论是否乘以 2，最后得数都是某个整数的 9 倍，因此你的最终答案必然是 9 的倍数。将它的各个数位上的数字相加，和依然是 9 的倍数（可能是 9、18、27 或 36），再将这个和的各个数位上的数字相加，得数必然是 9。

　　我经常会对这个魔术稍加改变：请观众准备好计算器，并让他们在以下这些四位数中选择一个，但不要说出来。

3 141，2 718，2 358，9 999

　　这 4 个数字分别是 π（参见本书第 8 章）的前四位数、e（参见本书第 10 章）的前四位数、斐波那契数列（参见本书第 5 章）的第 3 项至第 6 项，以及最大的四位数。然后，请他们任选一个三位数，与他们选择的那个四位数相乘。乘积是一个六位数或者七位数，但你不可能知道。接下来，请他们默想着把乘积的某个数位上的数字圈起来。但圈起来的那个数字不可以是 0，因为 0 本身已经像一个圆了。再请他们按照任意次序，把剩下的数字列出来，同时集中注意力想着那个被圈起来的数字。这时，你只需稍动脑筋，就可以说出他们圈起来的那个数字到底是几。

　　这个魔术的奥秘是什么？请注意，你在魔术开始时给出的所有 4 个数字都是 9 的倍数。与整数相乘后，积仍是 9 的倍数。因此，所有数位上的数字之和也是 9 的倍数。在观众向你报数后，你只需将它们相加，把得到的和与观众圈起来的那个数字相加，也应该是 9 的倍数。例如，假设观众报出的数是 5、0、2、2、6 和 1。这些数字的和是 16，与之最接近的 9 的倍数是 18，因此他们圈起来的那个数字必然是 2。如果观众报出来的数字是 1、1、2、3、5 和 8，它们的和是 20，那么还需要加上 7 才能凑成 27。假设观众报出来的数字之和是 18，那么被圈起来的数字是几呢？既然我们告诉他们在圈数字时不要选择 0，那么这个数字必然是 9。

　　为什么 9 的倍数的各个数位上的数字相加之后仍然是 9 的倍数呢？我们通过一个例子来分析其中的道理。我们可以利用 10 的整数次幂，把数字 3 456 变成下面这种形式：

$$3\,456 = 3 \times 1\,000 + 4 \times 100 + 5 \times 10 + 6$$
$$= 3 \times (999 + 1) + 4 \times (99 + 1) + 5 \times (9 + 1) + 6$$
$$= 3 \times 999 + 4 \times 99 + 5 \times 9 + 3 + 4 + 5 + 6$$
$$= 9 \text{ 的倍数} + 18$$
$$= 9 \text{ 的倍数}$$

同理，对于任意一个数字，如果其各个数位上的数字之和是 9 的倍数，那么这个数字本身也必然是 9 的倍数（反之亦然，只要某个数字是 9 的倍数，它的各个数位上的数字之和就必然是 9 的倍数）。

弃九法与加减乘除运算

如果某个数字的各个数位上的数字之和不是 9 的倍数，会怎么样呢？例如，我们考虑数字 3 457 的情况，它的各个数位上的数字之和是 19。按照上述步骤，我们可以把 3 457 写成 $3 \times 999 + 4 \times 99 + 5 \times 9 + 7 + 12$ 的形式。由此可以看出，3 457 比 9 的某个倍数多出 $7 + 12 = 19$。由于 $19 = 18 + 1$，这说明 3 457 比 9 的某个倍数仅大 1。把 19 的各个数位上的数字相加，和是 10，再将 10 的各个数位上的数字相加，和是 1。我把这个过程表示为：

$$3\,457 \to 19 \to 10 \to 1$$

将一个数字各个数位上的数相加并不断重复该步骤，直至得到一个一位数，这就是所谓的"弃九法"（casting out nines），因为每次相加之后都会减去一个 9 的倍数。该过程最后得到的那个一位数叫作原始数字的"数根"（digital roots）。例如，3 457 的数根是 1，3 456 的数根是 9。简言之，对于任意正数 n：

如果 n 的数根是 9，n 就是 9 的倍数。否则，n 的数根就是 n 被 9 除之后得到的余数。

用代数形式来表示，即如果 n 有数根 r，那么：

$$n = 9x + r$$

其中 x 是整数。弃九法有一个非常有趣的应用，可以用来检验加、减和乘法运算的得数是否正确。例如，如果某个加法运算是正确的，答案的数根就必然与两个加数的数根之和一致。举一个例子，下面是一道加法题：

$$
\begin{array}{r}
91\,787 \ \rightarrow\ 32 \ \rightarrow\ 5 \\
+\ 42\,864 \ \rightarrow\ 24 \ \rightarrow\ 6 \\
\hline
134\,651 \qquad\qquad 11 \rightarrow ②\\
\downarrow\qquad\qquad\qquad\\
20 \ \rightarrow\ ②\qquad\qquad
\end{array}
$$

请注意，两个加数的数根分别是 5 和 6，它们的和是 11，11 的数根是 2。不出所料，这道题的答案 134 651 的数根也是 2。其中的道理可以用下面这个代数式表示：

$$(9x + r_1) + (9y + r_2) = 9\,(x + y) + (r_1 + r_2)$$

如果数根不一致，就说明肯定有哪个地方出错了。切记，即使数根一致，也未必表示你的计算没有错误。但是，这个方法可以帮助你发现大约 90% 的随机错误。注意，如果你一不小心导致两个数位彼此错位，而数字没有出错，这种检验方法就不管用了，因为在数字正确、数位错位的情况下，数根不会发生变化。不过，如果只有一个数位出错，弃九法就可以找出这个错误，除非这个错误是把 0 当成了 9，或者把 9 当成了 0。在多数相加时，该方法同样有效。例如，假设你买了一堆东西，价格如下：

$$
\begin{array}{lll}
112.56 & \to\ 15 & \to\ 6 \\
96.50 & \to\ 20 & \to\ 2 \\
14.95 & \to\ 19 & \to\ 1 \\
48.95 & \to\ 26 & \to\ 8 \\
108.00 & \to\ 9 & \to\ 9 \\
17.52 & \to\ 15 & \to\ 6 \\
\hline
398.48 & & 32 \to ⑤ \\
\downarrow & & \\
32 \to ⑤ & &
\end{array}
$$

把答案的各个数位上的数字相加，发现数根是 5。所有加数的数根之和是 32，32 的数根是 5，所以两者是一致的。弃九法对减法同样有效。例如，把我们在前面做的加法题改成减法题：

$$
\begin{array}{lll}
91\,787 & \to\ 32 & \to\ 5 \\
-42\,864 & \to\ 24 & \to\ 6 \\
\hline
48\,923 & & -1 \to ⑧ \\
\downarrow & & \\
26 \to ⑧ & &
\end{array}
$$

答案 48 923 的数根是 8。把减数和被减数的数根相减，得到 5 – 6 = –1。由于 –1 + 9 = 8，而且在答案的基础上加（或减）9 的倍数都不会改变它的数根，因此我们说这两个数根是一致的。同理，如果减数和被减数的数根之差是 0，答案的数根是 9 时，两者也是一致的。

我们可以利用学到的这些知识，设计一个新的魔术（仿照本书引言中介绍的那个魔术）。请按以下步骤操作，可以使用计算器。

第一步：选择一个任意的两位数或者三位数。

第二步：把各个数位上的数字相加。

第三步：用最初的数字减去第二步得出的和。

第四步：将差的各个数位上的数字相加。

第五步：如果和是偶数，就乘以 5。

第六步：如果和是奇数，就乘以 10。

第七步：减去 15。

你得到的那个数字是 75 吧?

举个例子。假设你一开始时选择的数字是 47，4 + 7 = 11，然后 47 –11 = 36，之后 3 + 6 = 9。由于 9 是奇数，乘以 10 后得到 90，90 – 15 = 75。再比如，假设你选择了一个三位数：831。8 + 3 + 1 = 12，831 – 12 = 819，8 + 1 + 9 = 18。由于 18 是偶数，18×5 = 90，再减去 15，得到 75。

这个魔术的原理如下。假设你最初选择的那个数字的各个数位上的数字之和是 T，那么这个数必然比 9 的某个倍数多出 T。从最初选择的那个数字中减去 T，差必然小于 999，而且是 9 的倍数，因此这个差的各个数位上的数字之和是 9 或 18。（例如，如果你一开始时选择的数字是 47，各个数位上的数字之和是 11。从 47 中减去 11，差为 36，它的各个数位上的数字之和是 9。）接下来，我们必然与上述各例一样，先得到 90（要么是 9×10，要么是 18×5），再减去 15 后得到 75。

弃九法对乘法同样有效。把上道题中的两个数字相乘，看看会怎么样。

$$
\begin{array}{r}
91\,787 \quad \to \quad 32 \quad \to \quad 5 \\
\times \quad 42\,864 \quad \to \quad 24 \quad \to \quad 6 \\
\hline
3\,934\,357\,968 \qquad\qquad\qquad 30 \to \boxed{3} \\
\downarrow \\
57 \quad \to \quad 12 \quad \to \quad \boxed{3}
\end{array}
$$

运用第 2 章介绍的 FOIL 法则，可以解释弃九法适用于乘法的原因。例如，上例右侧的数根告诉我们，相乘的两个数可以写成 $9x + 5$ 和 $9y + 6$ 的形式，其中 x、y 是整数。

$$(9x + 5)(9y + 6) = 81xy + 54x + 45y + 30$$

$$= 9\,(9xy + 6x + 5y) + 30$$

$$= 9\text{ 的倍数} + (27 + 3)$$

$$= 9\text{ 的倍数} + 3$$

尽管除法没有用弃九法检验答案正确与否的惯例，但是我忍不住想向大家介绍一种神奇的方法，来解决除数是 9 的除法问题。有人把这种方法称作"吠陀法"（Vedic）。我们来看下面这道题：

$$12\,302 \div 9$$

先把它写成这种形式：

$$9\overline{)12302}$$

接下来，把首位数放到横线之上，在最后一位数上方写一个字母 R（表示余数）。

$$\textcircled{1}\qquad\qquad R$$
$$9\overline{)12302}$$

之后，将下式中被圈住的两个数字相加，即 1+2=3。因此，我们在商的第二位处写上 3。

$$1\,3\qquad\qquad R$$
$$9\overline{)12302}$$

然后是 3 + 3 = 6。

$$1\,3\,6\qquad R$$
$$9\overline{)12302}$$

再然后是 6 + 0 = 6。

$$1\,3\,6\,6\,R$$
$$9\overline{)12302}$$

最后，我们算出余数为 6 + 2 = 8。

$$\begin{array}{r} 1\,3\,6\,6\ R\ 8 \\ 9\overline{)1\,2\,3\,0\,2} \end{array}$$

也就是说，12 302 ÷ 9 = 1 366，余数是 8。这个办法真是太简单了！下面再举一例，但我会省去某些细节。

$$31\,415 \div 9$$

答案唾手可得！

$$\begin{array}{r} 3\,4\,8\,9\ R\ 14 \\ 9\overline{)3\,1\,4\,1\,5} \end{array}$$

首位数是 3，然后 3 + 1 = 4，4 + 4 = 8，8 + 1 = 9，最后 9 + 5 = 14。因此，商是 3 489，余数为 14。由于 14 = 9 + 5，所以我们在商上加 1，变成 3 490，余数是 5。

下面这道题非常简单，但是答案非常优美。验算工作由大家自行完成（笔算或者心算都可以）。

$$111\,111 \div 9 = 12\,345\ R\ 6$$

我们发现，当余数是 9 或者更大时，我们只需在商上加 1，然后从余数中减去 9。在进行除法运算的过程中，我们有时也会遇到两位相加之和超过 9 的问题。在这种情况下，我们可以做一个进位标记，并从两数之和中减去 9，然后继续完成后面的步骤。例如，算一下 4 821 ÷ 9 这道题。

$$\begin{array}{r} 4\qquad R \\ 9\overline{)4\,8\,2\,1} \end{array}$$

第一步在横线上方写上 4。由于 4 + 8 = 12，因此我们在 4 的上方写一个 1（表示进位），然后从 12 中减去 9，把得数 3 写在商的第二位上。之后，我们算出 3 + 2 = 5，5 + 1 = 6。因此，这道题的答案是 535，余数是 6。如下图所示：

$$\begin{array}{r} \overset{\scriptstyle 1}{}\ 4\,3\,5\,R\,6 \\ 9\overline{)4\,8\,2\,1} \end{array}$$

再举一个多次进位的例子，请计算 98 765 ÷ 9。

$$\begin{array}{r} \overset{\scriptstyle 1\ 1\ 1}{}\ 9\,8\,6\,3\,R\,8 \\ 9\overline{)9\,8\,7\,6\,5} \end{array}$$

在商的首位处写上 9，然后计算 9 + 8 = 17，写下进位标记 1 并减去 9 后，商的第二位是 8。接下来，8 + 7 = 15，做好进位标记后在商的第三位处写上 6（15 – 9）。6 + 6 = 12，做好进位标记后在商的第四位处写上 3（12 – 9）。最后，算出余数为 3 + 5 = 8。算上所有的进位，最后的答案是：商为 10 973，余数为 8。

延伸阅读

如果你觉得除数是 9 的除法运算太简单了，那就试试除数是 91 的除法运算。任意给你一个两位数，你不需要纸和笔，就能很快算出它被 91 除的商，精确到小数点后多少位都可以，这绝对不是开玩笑！例如：

$$53 \div 91 = 0.582\,417\cdots$$

具体来说，答案应该是 $0.\overline{582\,417}$，数字 582 417 上方的横线表示这几位数字将不断循环。这些数字是怎么得来的？其实很简单，答案的前半部分相当于这个两位数与 11 的乘积。利用在第 1 章学到的方法，我们知道 53 × 11 = 583，再从这个数字中减去 1，就得到了 582。后半部分是从 999 中减去前半部分的差，即 999 − 582 = 417。由此，我们得到了答案 $0.\overline{582\,417}$。

再举一例，尝试计算 78÷91。由于 78×11 = 858，因此答案的前半部分是 857。999 − 857 = 142，因此 78÷91 = $0.\overline{857\,142}$。我们在第 1 章见过这个数字，因为 78 / 91 可以化简成 6 / 7。

这个方法之所以有效，是因为 91×11 = 1 001。因此，在第一个例子中，$\dfrac{53}{91} = \dfrac{53\times11}{91\times11} = \dfrac{583}{1\,001}$，而 1 / 1 001 = $0.\overline{000\,999}$，因此答案中小数点后的循环部分是 583×999 = 583 000 − 583 = 582 417。

由于 91 = 13×7，因此在做除数是 13 的除法运算时，我们可以通过化繁法，把它变成分母是 91 的分数。1 / 13 = 7 / 91，7×11 = 077，因此：

$$1 / 13 = 7 / 91 = 0.\overline{076\,923}$$

同理，2 / 13 = 14 / 91 = $0.\overline{153\,846}$，因为 14×11 = 154。

书号、互联网金融与模运算

数字 9 的很多特点都可以扩展至其他数字。在使用弃九法时，我们实际上是用一个数字被 9 除得到的余数来代替这个数字。用余数代替某个数字的做法，对于大多数人而言并不陌生。从学会看时间开始，我们就在这样做。例如，如果时钟指向 8 点钟（无论是上午 8 点还是晚上 8 点），那么 3 个小时之后是几点？ 15 个小时之后呢？ 27 个小时之后呢？ 9 个小时之前呢？尽管你的第一反应可能是 11、23、35 或者 –1，但是就时间而言，这些都表示 11 点。这是因为这些时间点之间相差 12 个小时或者 12 个小时的倍数，数学界将其表示为：

$$11 \equiv 23 \equiv 35 \equiv -1 \ (\bmod\ 12)$$

3 个小时后、5 个小时后、27 个小时后或 9 个小时前，时钟指向几点？

一般而言，如果 a、b 之间的差是 12 的整数倍，那么我们说 $a \equiv b \ (\bmod\ 12)$。同理，如果 a 和 b 被 12 除的余数相同，我们也说 $a \equiv b \ (\bmod\ 12)$。推而广之，对于任意正整数 m，如果 a 和 b 之间的差是 m 的整数倍，那么我们说 a 与 b 对模[①]m 同余，记作 $a \equiv b \ (\bmod\ m)$。同理，如果 $a = b + qm$，q 是整数，那么 $a \equiv b \ (\bmod\ m)$。

同余的好处是它们彼此之间可以通过加法、减法和乘法等进行模运算，这与普通方程式几乎没有区别。如果 $a \equiv b \ (\bmod\ m)$，c 是任意整数，那么 $a + c \equiv b + c$，且 $ac \equiv bc \ (\bmod\ m)$ 成立。如果 $a \equiv b \ (\bmod\ m)$，且 $c \equiv d \ (\bmod\ m)$，那么 $a + c \equiv b + d$，且 $ac \equiv bd \ (\bmod\ m)$。

例如，$14 \equiv 2$ 且 $17 \equiv 5 \ (\bmod\ 12)$，所以 $14 \times 17 \equiv 2 \times 5 \ (\bmod\ 12)$，因为 $238 = 10 + (12 \times 19)$。有了这条规则之后，我们就可以对同余进行升幂处理。如果 $a \equiv b \ (\bmod\ m)$，就有以下这条幂法则：

$$a^2 \equiv b^2, \ a^3 \equiv b^3, \ \cdots, \ a^n \equiv b^n \ (\bmod\ m)$$

其中，n 是任意正整数。

---

① 模是 mod 的音译。——编者注

延伸阅读

模运算为什么成立呢？如果 $a \equiv b \,(\bmod m)$，且 $c \equiv d \,(\bmod m)$，那么 $a = b + pm$，$c = d + qm$，p、q 是整数。于是，$a + c = (b + d) + (p + q)\,m$，所以，$a + c \equiv b + d \,(\bmod m)$。根据 FOIL 法则，有：

$$ac = (b + pm)(d + qm) = bd + (bq + pd + pqm)\,m$$

因此，ac 与 bd 的差是 m 的倍数，也就是说 $ac \equiv bd \,(\bmod m)$。同余关系 $a \equiv b \,(\bmod m)$ 与自身相乘就会得到 $a^2 \equiv b^2 \,(\bmod m)$，继续与自身相乘就会推导出幂法则。

正是因为这条幂法则，使得十进制下的 9 变成了一个非常特殊的数字。由于 $10 \equiv 1 \,(\bmod 9)$，根据幂法则，$10^n \equiv 1^n \equiv 1 \,(\bmod 9)$。因此，像 3 456 这样的数字满足：

$$3\,456 = 3 \times 1\,000 + 4 \times 100 + 5 \times 10 + 6$$
$$\equiv 3 \times 1 + 4 \times 1 + 5 \times 1 + 6 = 3 + 4 + 5 + 6 \,(\bmod 9)$$

由于 $10 \equiv 1 \,(\bmod 3)$，因此我们把某个数字的各个数位上的数字相加，就可以判断出这个数字是不是 3 的倍数（或者说出该数被 3 除的余数）。在不同的进制下，比如十六进制（常用于电气工程和计算机科学），由于 $16 \equiv 1 \,(\bmod 15)$，因此我们可以把某个数字的各个数位上的数字相加，判断这个数字是不是 15（或者 3、5）的倍数，或者说出该数字被 15 除的余数。

现在，我们回到十进制。判断一个数字是不是 11 的倍数，有一个非常简便的方法。它的依据是：由于 $10 \equiv -1 \,(\bmod 11)$，$10^n \equiv (-1)^n \,(\bmod 11)$，所以 $10^2 \equiv 1 \,(\bmod 11)$，$10^3 \equiv (-1) \,(\bmod 11)$，以此类推。以 3 456 这个数字为例，该数字满足：

$$3\ 456 = 3 \times 1\ 000 + 4 \times 100 + 5 \times 10 + 6$$
$$\equiv -3 + 4 - 5 + 6 = 2 \ (\text{mod } 11)$$

也就是说，3 456 被 11 除的余数是 2。因此，判断一个数字是不是 11 的倍数的一般规则是：当且仅当某个数字各个数位上的数字交替进行减法和加法运算后的结果是 11 的倍数（例如：0，±11，±22，…）时，这个数字就是 11 的倍数。31 415 是 11 的倍数吗？通过计算 3 − 1 + 4 − 1 + 5 = 10，我们知道它不是 11 的倍数。但是，31 416 这个数字对应的计算结果是 11，因此它肯定是 11 的倍数。

事实上，在生成和验证 ISBN 码（国际标准书号）时经常会用到与 11 有关的模运算。假设你的书号是一个十位数（2007 年之前出版的图书大多如此），书号的前几位数字表示该书的国别、出版者和书名，但是最后一位数（校验号）的作用是让这些数字满足某种特殊关系。具体来说，如果这个十位数书号符合 *a–bcd–efghi–j* 的形式，那么 *j* 的作用是确保这个书号满足以下关系：

$$10a + 9b + 8c + 7d + 6e + 5f + 4g + 3h + 2i + j \equiv 0 \ (\text{mod } 11)$$

例如，我写作的《心算的秘密》（*Secrets of Mental Math*）出版于 2006 年，它的书号是 0–307–33840–1。由于 154 = 11 × 14，因此：

$$10 \times 0 + 9 \times 3 + 8 \times 0 + 7 \times 7 + 6 \times 3 + 5 \times 3 + 4 \times 8 + 3 \times 4 + 2 \times 0 + 1$$
$$= 154 \equiv 0 \ (\text{mod } 11)$$

也许你有一个疑问：如果根据这个规则，校验号必须是 10，应该怎么办呢？在这种情况下，校验号会变成 X，因为这个罗马数字的意思就是 10。有了这个特点之后，如果在输入 ISBN 时输错了某个数字，系统就可以自动检测出来。例如，如果我的书号第三位数被输错，最后的检验结果就会产生 8 的倍数的偏差，即偏差为 ±8，±16，…，

±80。但是，由于所有这些数字都不是 11 的倍数（11 是质数），因此发生偏差后的检验结果也不可能是 11 的倍数。事实上，利用代数运算我们可以方便地证明，如果其中两位数字发生错位，系统是可以检验出这个错误的。例如，其他数位都没有错误，但是 *c* 和 *f* 这两个数位上的数字彼此交换了位置，那么计算结果的偏差全部来自 *c* 和 *f* 这两项。计算结果本应是 $8c + 5f$，而现在的结果是 $8f + 5c$。两者之间的差是 $(8f + 5c) - (8c + 5f) = 3(f - c)$，它不是 11 的倍数。因此，新的计算结果也不是 11 的倍数。

2007 年，出版界启用了 13 位 ISBN 编码系统，所有的书号都是十三位数，而且采用的是模为 10 的模运算，而不是之前的模为 11 的模运算。在这种新的体系下，书号 *abc–d–efg–hijkl–m* 必须满足：

$$a + 3b + c + 3d + e + 3f + g + 3h + i + 3j + k + 3l + m \equiv 0 \pmod{10}$$

例如，本书英文版的 ISBN 是 978–0–465–05472–5。简便的验证方法是把奇数位与偶数位上的数字分开，即：

$$(9 + 8 + 4 + 5 + 5 + 7 + 5) + 3 \times (7 + 0 + 6 + 0 + 4 + 2)$$
$$= 43 + 3 \times 19 = 43 + 57 = 100 \equiv 0 \pmod{10}$$

13 位 ISBN 编码系统可以检测出任何单个数位的错误和大多数（不是全部）连续项位置颠倒的错误。例如，在上面的例子中，如果最后的三位数 725 误写成 275，系统就无法检测到这个错误，因为错位之后的计算结果是 110，也是 10 的倍数。目前，条形码、信用卡和借记卡都采用了模为 10 的号码验证系统。模运算还在电路和互联网金融安全等方面发挥着重要作用。

你出生那天是星期几？

与数学界的朋友聚会时，我最喜欢表演的魔术是根据他们的生日说出他们是星期几来到这个世界上的。例如，如果某人告诉你她的生日是 2002 年 5 月 2 日，那么你可以立刻告诉她那一天是星期四。随意给出今年或者明年的某一天，你都能计算出它是星期几，这项技能在日常生活中常常要用到。在这一章里，我会教给大家一个秘诀，并解释其中的原理。

不过，在学习这个方法之前，我们先要简单了解一下日历的科学原理与历史变迁。由于地球绕太阳一周需要 365.25 天，因此一年通常有 365 天，但每 4 年就会多一个闰日，即 2 月 29 日。（这样一来，4 年正好是 $4 \times 365 + 1 = 1\ 461$ 天。）两千多年前，尤利乌斯·恺撒据此创建了"儒略历"。比如，2000 年是闰年，之后每 4 年一个闰年，于是，2004、2008、2012、2016…2096 年都是闰年。但是，2100 年却不是闰年，为什么呢？

原来，一年实际上有 365.243 天（比 365.25 天大约少 11 分钟），因此闰年的出现频率略高于实际情况。地球绕太阳 400 圈需要 146 097 天，但是儒略历为它安排了 $400 \times 365.25 = 146\ 100$ 天，也就是说，多了 3 天。1582 年，为了规避这个问题（也为了方便地确定复活节的具体日期），罗马教皇格里高利十三世创建了"格里高利历"。当年，一些信奉天主教的国家从日历里删除了 10 天。例如，西班牙规定，在儒略历 1582 年 10 月 4 日星期四这一天结束之后，就进入格里高利历 1582 年 10 月 15 日星期五。格里高利历规定，可以被 100 整除的年份不再是闰年，除非它们还可以被 400 整除。通过这个办法，格里高利历从儒略历中减去了 3 天。于是，1600 年仍然是格里高利历的闰年，但是 1700 年、1800 年和 1900 年却不再是闰年了。同理，2000 年和 2400 年是闰年，而 2100 年、2200 年和 2300 年则不是闰年。在这种体系下，每 400 年里的闰年数量是 100 − 3 = 97，总天数是 (400×365) + 97 = 146 097，正好是我们想要的结果。

格里高利历并没有马上被所有国家接受，非天主教国家更是不愿意采用这个新历法。例如，英国及其殖民地国家直到 1752 年才完成了历法转换，从当年的 9 月 2 日星期三直接进入 9 月 14 日星期四。（注意，这次转换略去了 11 天，因为 1700 年在儒略历里是闰年，但在格里高利历里却不是闰年。）直到 20 世纪 20 年代，所有国家才全部弃用儒略历，改用格里高利历。一直以来，历史学者因为这个问题吃了不少苦头。我觉得历史上最有意思的一件事，就是威廉·莎士比亚与米格尔·德·塞万提斯的去世时间相差 10 天，但他们却都是在 1616 年 4 月 23 日离开人世的。原因在于，那时西班牙已经开始采用格里高利历，而英国仍在沿用儒略历。当塞万提斯于 1616 年 4 月 23 日去世时，莎士比亚尚未离开人世（尽管他的离世时间只比塞万提斯晚了 10 天），而且他所在的英国那一天的日期是 1616 年 4 月 13 日。

计算格里高利历任意一天是星期几的公式如下：

$$星期几 \equiv 月份代码 + 日期 + 年份代码 \pmod 7$$

我们简单介绍一下该公式各项的含义。因为一个星期有 7 天，因此公式使用的模为 7。例如，如果某个日期距离今天还有 72 天，由于 $72 \equiv 2 \pmod 7$，因此计算该日期是星期几时应该在今天的基础上再加上两天。由于 28 是 7 的倍数，如果今天是星期三，那么 28 天之后的那一天同样是星期三。

我们先介绍星期一至星期天的代码，因为这些代码比较容易记忆。

数字	星期几	记忆方法[1]
1	Monday（星期一）	1–day
2	Tuesday（星期二）	2s–day
3	Wednesday（星期三）	伸出3根手指
4	Thursday（星期四）	4s–day
5	Friday（星期五）	5–day
6	Saturday（星期六）	6er–day
7 或 0	Sunday（星期天）	7–day 或 0–day

在"数字—星期几"组合旁边，我给出了辅助记忆的方法 。这些方法大多简单明了，无须解释。在记忆"星期三"时，注意观察你伸出来的三根手指，是不是很像字母"W"呢？在记忆"Thursday"时，把它读成"Thor's Day"，听上去跟"Four's Day"（4s–day）十分相似。

延伸阅读

一周7天的名称是怎么来的呢？我们知道，这7天是分别按照太阳、月亮以及距离我们最近的五大天体来命名的，这个传统要追溯至古巴比伦。从太阳（Sun）、月亮（Moon）和土星（Saturn），我们可以很容易地想到星期天（Sunday）、星期一（Monday）和星期六（Saturday）。其他几天与星体的联系在法语或西班牙语中表现得比较明显，例如，火星（Mars）变成了Mardi或Martes，水星（Mercury）变成了Mercredi或Miércoles，木星（Jupiter）变成了Jeudi或Jueves，金星（Venus）变成了Vendredi或Viernes。注意，在罗马神话中，Mars、Mercury、

---

[1] 该辅助记忆方法是基于星期一到星期天的英文单词读音给出的。——编者注

Jupiter和Venus还是神的名字。英语有一部分源于德语，而很早以前德国人就把某些天的名称改成了北欧神话中神的名字。于是，Mars变成了Tiw，Mercury变成了Woden，Jupiter变成了Thor，Venus变成了Freya，而Tuesday、Wednesday、Thursday和Friday则变成了星期二、星期三、星期四和星期五的名称。

下表给出了月份代码以及辅助记忆的方法。

月份	代码	记忆方法[①]
January（1 月）*	6	W–I–N–T–E–R
February（2 月）*	2	Month number 2
March（3 月）	2	March 2 the beat!
April（4 月）	5	A–P–R–I–L or F–O–O–L–S
May（5 月）	0	Hold the May–O!
June（6 月）	3	June B–U–G
July（7 月）	5	Fiver–works in the sky!
August（8 月）	1	August begins with A = 1
September（9 月）	4	Beginning of F–A–L–L
October（10 月）	6	T–R–I–C–K–S
November（11 月）	2	2 pieces of 2rkey!
December（12 月）	4	L–A–S–T or X–M–A–S

*例外情况：在闰年，1 月的代码为 5，2 月的代码为 1

我暂时不解释这些数字是怎么来的，因为我希望大家先学会如何计算。现在，大家只需要知道 2000 年的年份代码是 0。下面，让我们

① 该辅助记忆方法是基于从 1 月到 12 月的英文单词、相关节日单词等所包含的字母个数形成的。——编者注

来计算 2000 年 3 月 19 日是星期几。由于 3 月的月份代码是 2，2000 年的年份代码是 0，根据公式，2000 年 3 月 19 日满足：

$$星期几 = 2 + 19 + 0 = 21 \equiv 0 \ (mod \ 7)$$

因此，2000 年 3 月 19 日是星期天。

延伸阅读

下面，我简要解释一下月份代码的由来。请注意，在非闰年中，2 月与 3 月的代码是相同的。这是有道理的，因为 2 月有 28 天，也就是说 3 月 1 日比 2 月 1 日晚 28 天，因此这两天在星期几这个方面是一样的。2000 年 3 月 1 日是星期三，如果我们希望 2000 年的年份代码是 0，同时希望星期一的代码是 1，那么 3 月的月份代码只能是 2。因此，在非闰年中，2 月的月份代码是 2。由于 3 月有 31 天，比 28 天多出 3 天，因此 4 月的日历要向后移 3 天，因此它的月份代码是 2+ 3 = 5。在 4 月的 28 + 2 天与 5 这个月份代码的共同作用下，5 月的月份代码只能是 5 + 2 = 7。由于模为 7，因此 7 可以变成 0。按照上述方法，就可以得到其他月份的代码。

另一方面，在闰年中（例如 2000 年），2 月有 29 天，因此 3 月的日历要在 2 月的基础上向前移一天，进而得出闰年 2 月的代码是 2 – 1 = 1。1 月有 31 天，那么 1 月的代码肯定比 2 月的代码小 3。所以在非闰年中，1 月的月份代码是 2 – 3 = –1 ≡ 6 (mod 7)；在闰年中，1 月的代码是 1 – 3 = –2 ≡ 5 (mod 7)。

每过一年，你的生日会变成星期几呢？正常情况下，两个生日之间有 365 天，你的生日在一周中的位置会向后移 1 天，这是因为 365 =

$52 \times 7 + 1$，即 $365 \equiv 1 \pmod 7$。但是，如果两个生日之间出现了 2 月 29 日（假设你的生日不是 2 月 29 日），那么你下一年的生日就会向后移 2 天。就公式而言，我们只需为逐年的年份代码加 1 就可以了，但是遇到闰年时，则需要加上 2。下表给出了 2000—2031 年的年份代码。不要着急，这份表是不需要记忆的！

年份	代码	年份	代码	年份	代码	年份	代码
2000*	0	2008*	3	2016*	6	2024*	2
2001	1	2009	4	2017	0	2025	3
2002	2	2010	5	2018	1	2026	4
2003	3	2011	6	2019	2	2027	5
2004*	5	2012*	1	2020*	4	2028*	0
2005	6	2013	2	2021	5	2029	1
2006	0	2014	3	2022	6	2030	2
2007	1	2015	4	2023	0	2031	3

2000—2031 年的年份代码（＊表示闰年）

注意观察，年份代码是以 0、1、2、3 开始的，但跳过了 4，直接到 5。随后，2005 年的代码是 6，2006 年的代码本应该是 7，但由于模为 7，所以我们把它简化成 0。接着，2007 年的代码是 1，2008 年（闰年）的代码是 3，以此类推。利用上表，我们可以判断 2025 年（下一个完全平方数年份）的"圆周率日"（3 月 14 日）是星期几。

$$星期几 = 2 + 14 + 3 = 19 \equiv 5 \pmod 7 = 星期五$$

2008 年 1 月 1 日呢？请注意，2008 年是闰年，因此 1 月的月份代码不是 6，而是 5。于是：

$$星期几 = 5 + 1 + 3 = 9 \equiv 2 \pmod 7 = 星期二$$

请注意，表中横排的年份逐列增加 8 年，而对应的年份代码逐列增加 3 (mod 7)。例如，第一行为 0、3、6、2 [其中 2 等于 9 (mod 7)]。这是因为，每过 8 年就有 2 个闰年，因此日历就会后移 8 + 2 = 10 ≡ 3 (mod 7)。

我还要告诉大家一条好消息。1901—2099 年，每隔 28 年日历就会重复一次。为什么呢？因为 28 年里有 7 个闰年，因此日历会后移 28 + 7 = 35 天。35 是 7 的倍数，所以这个变化对星期几没有任何影响。（但是，如果 28 年中含有 1900 年或者 2100 年，上面这个说法就不成立了，因为这两年都不是闰年。）因此，通过加减 28 的倍数，就可以把 1901—2099 年中的任何年份转变成 2000—2027 年中的某一年。例如，1983 年与 1983 + 28 = 2011 年的年份代码相同，2061 年与 2061 − 56 = 2005 年的年份代码相同。

因此，在现实生活中遇到相关问题时，我们都可以把年份转换成上表中列出的年份，再利用表中给出的年份代码轻松地完成计算工作。例如，2017 年的年份代码为什么是 0 呢？这是因为 2000 年的代码是 0，从 2000 年开始至 2017 年，日历后移了 17 次，再加上这期间有 2004、2008、2012 和 2016 这 4 个闰年，需要再后移 4 天，因此 2017 年的年份代码是 17 + 4 = 21 ≡ 0 (mod 7)。那么，2020 年呢？这一次共有 5 个闰年（多了一个 2020 年），日历后移 20 + 5 = 25 次。由于 25 ≡ 4 (mod 7)，因此 2020 年的年份代码是 4。一般而言，2000—2027 年中任何年份的代码都可以通过以下步骤确定：

第一步：取年份的后两位数。例如，2022 年的后两位数是 22。

第二步：用 4 除这个两位数，忽略余数。（例如，22 ÷ 4 = 5，余数为 2。）

第三步：将第一步和第二步得出的两个数字相加。（22 + 5 = 27。）

第四步：找出小于第三步得数的 7 的倍数（包括 0、7、14、21 和 28），从第三步得数中减去最大的那个倍数。（也就是说，对第三步的得数进行模为 7 的化简运算。）由于 27 − 21 = 6，因此 2022 年的年份代码是 6。

注意，第一至第四步适用于 2000—2099 年中的任何年份。但是，如果我们先从年份中减去 28 的倍数，使之转化成 2000—2027 年中的年份，就会降低心算的复杂程度。例如，可以先把 2040 年转换成 2012 年，然后进行第一至第四步操作，即可算出年份代码为 12 + 3 − 14 = 1。当然，我们也可以直接用 2040 年来计算，同样会得到 40 + 10 − 49 = 1。

这些步骤还适用于 21 世纪以外的年份。在这种情况下，月份代码不变，唯一需要稍加调整的是年份代码。1900 年的代码是 1，1900—1999 年中的各年份代码比 2000—2099 年中相应的年份代码正好大 1。例如，2040 年的代码是 1，1940 年的代码是 2；2022 年的代码是 6，1922 年的代码是 7（也可以说是 0）；1800 年的代码是 3，1700 年的代码是 5，1600 年的代码是 0。（实际上，每过 400 年日历就会循环一次。因为每 400 年中正好有 100 − 3 = 97 个闰年，所以 400 年后的日历会后移 400 + 97 = 497 天。由于 497 是 7 的倍数，所以星期几是不会改变的。）

1776 年 7 月 4 日是星期几？要找到 2076 年的年份代码，我们先减去 56 计算 2020 年的代码：20 + 5 − 21 = 4。因此，1776 年的年份代码是 4 + 5 = 9 ≡ 2(mod 7)。所以，在格里高利历中，1776 年 7 月 4 日是：

$$星期几 = 5 + 4 + 2 = 11 \equiv 4 \ (\text{mod } 7) = 星期四$$

或许，《独立宣言》的签署人需要加快速度，才能尽快完成立法程序，从而过个愉快的周末吧。

延伸阅读

在结束本章之前，我向大家介绍数字 9 的另一个神奇属性。任取一个各个数位上的数字都不相同而且由小到大排列的数字，例如 12 345、2 358、135 789 等。将这个数字乘以 9，然后将乘积的各个数位上的数字相加。尽管我们知道这个和是 9 的倍数，但令人吃惊的是，它正好是 9。例如：

$$9 \times 12\,345 = 111\,105，9 \times 2\,358 = 21\,222，9 \times 369 = 3\,321$$

即使某些数位上的数字相同，只要各个数位上的数字符合由小到大排列且个位数与十位数不同的原则，那么上述规律都成立。例如：

$$9 \times 12\,223 = 110\,007，9 \times 33\,344\,449 = 300\,100\,041$$

这是为什么呢？试着计算 9 与数字 $ABCDE$ 的乘积，其中 $A \leqslant B \leqslant C \leqslant D < E$。由于乘数 9 与乘数（10 − 1）的效果一样，因此这道乘法题与下面这道减法题的得数相同。

$$
\begin{array}{r}
A\ B\ C\ D\ E\ 0 \\
-\quad A\ B\ C\ D\ E \\
\hline
\end{array}
$$

从左至右完成减法运算时，由于 $B \geqslant A$，$C \geqslant B$，$D \geqslant C$，$E > D$，因此这道减法题又可以转变为

$$
\begin{array}{r}
A\ (B-A)\ (C-B)\ (D-C)\ (E-D)\quad\quad 0 \\
-\quad\quad\quad\quad\quad\quad\quad\quad\quad E \\
\hline
A\ (B-A)\ (C-B)\ (D-C)\ (E-D-1)\ (10-E)
\end{array}
$$

因此，得数的各个数位上的数字之和是：

$$A + (B - A) + (C - B) + (D - C) + (E - D -1) + (10 - E) = 9$$

证明完毕。

第 4 章

好吃又好玩的排列组合

$$3! - 2! = 4$$

数学中的感叹号

在本书开头，我们讨论了从 1 到 100 的数字求和问题，最后得出的答案是 5 050，并推导出前 n 个数字的简便求和公式。现在，假设我们希望算出从 1 到 100 的所有数字的乘积，该怎么办呢？这个数字非常大！如果你感兴趣，我可以告诉你这个数字一共有 158 位：

93 326 215 443 944 152 681 699 238 856 266 700 490 715 968
264 381 621 468 592 963 895 217 599 993 229 915 608 941 463 976
156 518 286 253 697 920 827 223 758 251 185 210 916 864 000 000
000 000 000 000 000 000

本章将告诉大家，计数问题正是建立在这类数字的基础之上。在这类数字的帮助下，我们可以判断图书（接近 5 亿册）在书架上有多少种排列方式，在扑克牌游戏中拿到至少一对牌（运气不错）的概率是多少，彩票中奖的概率是多少（不会太大）。

我们把从 1 到 n 的所有数字的乘积记作 $n!$，读作"n 的阶乘"。

$$n! = n \times (n-1) \times (n-2) \times \cdots \times 3 \times 2 \times 1$$

例如：

$$5! = 5 \times 4 \times 3 \times 2 \times 1 = 120$$

我觉得用感叹号来表示阶乘十分恰当，因为 $n!$ 的增长速度非常快，而且有许多激动人心或令人惊讶的应用。为方便起见，数学家规定 $0! = 1$，当 n 为负数时，$n!$ 没有意义。

延伸阅读

根据阶乘的定义，很多人都以为 0! 应该等于 0。但是，我要告诉大家，$0! = 1$ 是有道理的。当 $n \geqslant 2$ 时，$n! = n \times (n-1)!$，因此：

$$(n-1)! = \frac{n!}{n}$$

要使这个等式在 $n = 1$ 时也成立，就需要满足：

$$0! = \frac{1!}{1} = 1$$

从下面可以看出，阶乘的增长速度非常快：

$$0! = 1$$
$$1! = 1$$
$$2! = 2$$
$$3! = 6$$
$$4! = 24$$
$$5! = 120$$
$$6! = 720$$
$$7! = 5\,040$$

$$8! \quad = \quad 40\ 320$$

$$9! \quad = \quad 362\ 880$$

$$10! \quad = \quad 3\ 628\ 800$$

$$11! \quad = \quad 39\ 916\ 800$$

$$12! \quad = \quad 479\ 001\ 600$$

$$13! \quad = \quad 6\ 227\ 020\ 800$$

$$20! \quad = \quad 2.43 \times 10^{18}$$

$$52! \quad = \quad 8.07 \times 10^{67}$$

$$100! \quad = \quad 9.33 \times 10^{157}$$

这些数字到底有多大呢？据估计，全世界大约有 10^{22} 颗沙砾，整个宇宙大约有 10^{80} 个原子。一副扑克牌有 52 张（不含大小王），就有 52! 种排列方式，因此你看到的那种排列可能前所未见。假设地球上的每个人每分钟洗一次牌，那么在接下来的 100 万年里，可能都无法再次看到之前的那种排列。

延伸阅读

　　在本章开头讨论 100! 时，大家可能注意到它的答案尾部有大量的 0 出现。这些 0 是从哪里来的？在计算从 1 到 100 的数字乘积时，每次 5 的倍数与 2 的倍数相乘都会得到一个 0。在 1~100 中，共有 20 个 5 的倍数和 50 个偶数，这似乎意味着得数的末尾应该有 20 个 0。但是，25、50、75 和 100 这 4 个数字分别多贡献了一个 0，因此 100! 的末尾有 24 个 0。

　　同第 1 章讨论的数字一样，阶乘也会表现出很多美妙的规律。下面是我最喜爱的一个：

$$1 \times 1! = 1 = 2!-1$$
$$1 \times 1! + 2 \times 2! = 5 = 3!-1$$
$$1 \times 1! + 2 \times 2! + 3 \times 3! = 23 = 4!-1$$
$$1 \times 1! + 2 \times 2! + 3 \times 3! + 4 \times 4! = 119 = 5!-1$$
$$1 \times 1! + 2 \times 2! + 3 \times 3! + 4 \times 4! + 5 \times 5! = 719 = 6!-1$$
…

阶乘的一个美妙规律

加法法则和乘法法则

从本质上看，计数问题大多涉及两个法则，即加法法则和乘法法则。在存在多种不同类型选择的情况下，计算可选方案的总数，需要使用加法法则。例如，如果你有 3 件短袖衬衫和 5 件长袖衬衫，那么在考虑穿哪件衬衫时，你一共有 8 种不同的选择。一般而言，如果你的可选对象分为两种，第一种对象包含 a 个选择方案，第二种对象包含 b 个选择方案，那么你在这两种对象中做出选择时一共有 $a + b$ 个方案（假设 a、b 两种选择方案各不相同）。

> **延伸阅读**
>
> 如前所述，加法法则假设这两种对象彼此不同。但是，如果有 c 个对象同时属于这两个类型，这些对象就会被统计两次。因此，不同对象的个数应该是 $a + b - c$。例如，在一个班级中，有 12 名学生养狗，19 名学生养猫，还有 7 名学生既养狗又养猫，那么养宠物的学生总数应该是 $12 + 19 - 7 = 24$。再举一个数学味儿更浓的例子。在从 1 到 100 的数字中，2 的倍数有 50

个，3 的倍数有 33 个，既是 2 又是 3 的倍数（即 6 的倍数）的数字有 16 个。那么，在从 1 到 100 的数字中，是 2 或者 3 的倍数的数字一共有 50 + 33 − 16 = 67 个。

乘法法则的意思是：如果某项活动由两个部分构成，完成第一部分的方法有 a 个，完成第二部分的方法有 b 个，那么完成整个活动共有 $a \times b$ 个方法。例如，我有 5 条裤子和 8 件衬衫，而且我不关心颜色搭配（我想，学数学的人大多如此），那么我一共有 5 × 8 = 40 个不同的搭配方案。如果我有 10 条领带，那么衬衫、裤子加领带的搭配方案共有 40 × 10 = 400 个。

一副普通的扑克牌（不含大小王）有 4 个花色（黑桃、红心、方块和梅花）、13 种牌值（A，2，3，4，5，6，7，8，9，10，J，Q 和 K），每张牌只能有一个花色和一种牌值。因此，一副牌（不含大小王）共有 4 × 13 = 52 张。我们也可以把全部的 52 张牌排列成一个 4 × 13 的长方形，如下图所示，从中也可以看出一副牌共有 52 张。

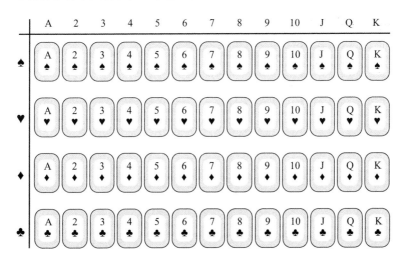

接下来，我们用乘法法则计算邮政编码的个数。从理论上讲，一共可以有多少个五位数的邮政编码呢？邮政编码的每个数位上的数字可以从 0 至 9 中任选，因此最小的邮政编码可能是 00000，最大的可能是 99999，共有 100 000 个。根据乘法法则，我们也可以得出这个结果。第一数位上的数字有 10 种选择（0~9），第二、第三、第四和第五数位上的数字也各有 10 种选择。因此，邮政编码的个数是 $10^5 =$ 100 000。

在统计邮政编码的个数时，数字是可以重复出现的。现在，我们来研究对象不能重复出现的情况，比如将对象排成一行。很容易看出，两个对象有两种排列方式。例如，字母 A 和 B 可以排列成 AB 和 BA 这两种形式。3 个对象有 6 种排列方式：ABC，ACB，BAC，BCA，CAB，CBA。假设有 4 个对象，在不把它们写出来的情况下，你知道它们共有 24 种排列方式吗？在安排第一个字母时，有 4 种选择（A、B、C 或者 D）。第一个字母确定之后，安排第二个字母时有 3 种选择，安排第三个字母时有 2 种选择，安排最后一个字母时只有一种选择。因此，一共有 $4 \times 3 \times 2 \times 1 = 4! = 24$ 种排列方式。一般而言，n 个不同对象有 $n!$ 种排列方式。

在接下来的例子里，我们结合使用加法法则和乘法法则。假设美国某个州发放两种车牌。第一种车牌的前三位是字母，后三位是数字。第二种车牌的前两位是字母，后 4 位是数字。最多可以发放多少个不同的车牌呢？（尽管某些字母与数字外形相似，例如 O 与 0，但我们不考虑这种情况，允许使用所有 26 个英文字母和 10 个数字。）根据乘法法则，第一种车牌的可能数量为：

$$26 \times 26 \times 26 \times 10 \times 10 \times 10 = 17\,576\,000$$

第二种车牌的可能数量为：

$$26 \times 26 \times 10 \times 10 \times 10 \times 10 = 6\,760\,000$$

由于每个车牌要么属于第一种，要么属于第二种（不可能既属于第一种又属于第二种），根据加法法则，车牌的总数是：17 576 000 + 6 760 000=24 336 000。

计数问题（数学界把这个分支称作组合数学）可以给我们带来诸多乐趣，其中之一就是我们经常发现同一个问题有多种解法。（心算问题也可以让我们体验到这种乐趣。）前面那个例子其实只需一个步骤即可完成。可发放的车牌数是：

$$26 \times 26 \times 36 \times 10 \times 10 \times 10 = 24\,336\,000$$

这是因为车牌的前两位分别有 26 个选择，后三位各有 10 个选择，而第三位既可以选择字母，又可以选择数字，因此有 26 + 10 = 36 个选择。

冰激凌、彩票与扑克牌游戏

接下来，我们将利用刚刚学到的计数知识，计算我们中彩票大奖和玩扑克牌游戏时拿到各种牌面的概率。但是，我先制作一些冰激凌，让大家放松放松。

假设某家商店出售 10 种口味的冰激凌，可以搭配出多少种三球冰激凌呢？在做圆筒冰激凌时，各种口味的先后次序是需要考虑的（当然如此！）。如果各种口味都允许重复，那么每个冰激凌都有 10 个选择，共可以做出 10^3 = 1 000 种圆筒冰激凌。如果我们要求每个冰激凌有 3 种不同口味，那么圆筒冰激凌的种类为 $10 \times 9 \times 8 = 720$ 种，如下图所示。

把 3 种不同口味的冰激凌球放到一个圆筒里,共有 3! = 6 种排列方式

但是,我们真正需要考虑的问题是:在先后次序无关紧要的情况下,每个杯装冰激凌包含 3 种不同口味,共有多少种排列方式?既然先后次序不重要,种类肯定会减少。事实上,数量会减少为圆筒冰激凌的 1/6。为什么会这样呢?因为每个杯装的 3 种不同口味的冰激凌(比如,巧克力、香草和薄荷口味),在装到圆筒里时都有 3! = 6 种排列方式。也就是说,圆筒冰激凌的种类是杯装冰激凌的 6 倍。所以,杯装冰激凌的数量是:

$$\frac{10 \times 9 \times 8}{3 \times 2 \times 1} = \frac{720}{6} = 120$$

$10 \times 9 \times 8$ 的另一种写法是 10! / 7!(尽管第一种写法更便于计算)。因此,杯装冰激凌的种类数可以写成 $\dfrac{10!}{3! \, 7!}$。我们把这个表达式称为"10 选 3",记作 $\dbinom{10}{3}$,它的值是 120。一般而言,从 n 个不同对象中选择 k 个,并且不考虑先后次序的活动被称为"n 选 k",公式为:

$$\binom{n}{k} = \frac{n!}{k! \, (n - k)!}$$

数学界把这类计数问题称作"组合"（combinations），把 $\binom{n}{k}$ 这种形式的数字称作"二项式系数"（binomial coefficients），把需要考虑先后次序的计数问题称作"排列"（permutations）。这些术语在使用时很容易发生混淆，例如，我们经常把"密码锁"说成"combination lock"（数字组合锁），实际上应该是"permutation lock"（数字排列锁），因为数字的先后次序非常重要。

如果冰激凌店出售 20 种口味的冰激凌，你希望在一个圆筒中装 5 种不同口味的冰激凌（次序不重要），那么各种组合的数量为：

$$\binom{20}{5} = \frac{20!}{5!\,15!} = \frac{20 \times 19 \times 18 \times 17 \times 16}{5!} = 15\,504$$

顺便告诉大家，如果你们的计算器没有专门计算 $\binom{20}{5}$ 的按钮，也可以使用互联网，在搜索引擎中输入"20 选 5"，就可能会找到答案。

二项式系数有时会出现在似乎需要考虑先后次序的问题之中。如果我们抛 10 次硬币，硬币正反面的排列方式（例如，正反正反反正正反反反，正正正正正正正正正正）有多少种呢？由于每次抛掷都有两个可能的结果，因此根据乘法法则，一共有 $2^{10} = 1\,024$ 个可能的排列，而且每种结果的发生概率都是相同的。（第一次听到这个结论时，有些人会感到吃惊，因为他们认为得到例子中给出的第二种结果的概率小于第一个。但实际上，得到这两个结果的概率都是 $\frac{1}{1\,024}$。）不过，抛 10 次硬币，得到 4 个正面的概率大于 10 个正面，这是因为只有一种情况可以得到 10 个正面，这种情况发生的概率是 $\frac{1}{1\,024}$。那么，抛 10 次得到 4 个正面的情况有多少种呢？这样的排列要求 10 次中有 4 次是正面朝上，其他 6 次都是反面朝上。从 10 次中选取 4 次，共有 $\binom{10}{4} = 210$ 种排列方式。（与从 10 种口味中选择 4 种不同口味冰激凌的情况相似。）因此，抛掷 10 次硬币，在公平公正的情况下，正好得到 4 个正面的概率是：

$$\frac{\binom{10}{4}}{2^{10}} = \frac{210}{1\ 024} \approx 20\%$$

延伸阅读

　　我们自然而然地就会想到一个问题：从 10 种口味的冰激凌中挖 3 个球，可以重复选择同一口味，一共可以制成多少种圆筒冰激凌？（$10^3 / 6$ 显然不是正确答案，因为它连整数都不是！）直接的解法是：根据每个圆筒中有几种口味的冰激凌，分三种情况考虑。如果只有 1 种口味，自然只有 10 种可能。如果有 3 种口味，根据前面的讨论，我们知道共有 $\binom{10}{3} = 120$ 种可能。如果有 2 种口味，我们知道有 $\binom{10}{2}$ 种选取办法，然后还要考虑哪种口味挖 2 个球，因此共有 $2 \times \binom{10}{2} = 90$ 种可能。把这三种情况汇总起来，共可以制作出 10 + 120 + 90 = 220 种圆筒冰激凌。

　　还有一种解法，无须分成三种情况，也可以得到正确答案。所有的圆筒冰激凌都可以表示成 3 个星号和 9 条竖线的形式。例如，选择第 1、2、2 种口味的冰激凌可以表示成下面这种星号—竖线排列：

$$* | * * | | | | | | | |$$

选择第 2、2、7 种口味时，上述排列就会变成：

$$| * * | | | | | * | | |$$

下面这种排列

$$| \ | \ * \ | \ | \ * \ | \ | \ | \ | \ *$$

则表示圆筒中有第 3、5、10 种口味的冰激凌。3 个星号与 9 条竖线的所有排列均对应不同的圆筒冰激凌。这些符号一共占据 12 个位置，其中 3 个位置上是星号。因此，星号与竖线的排列一共有 $\binom{12}{3} = 220$ 种。推而广之，从 n 个对象中选取 k 个对象，不考虑先后次序，而且可以重复选取，可选方案的数量就是 k 个星号与 $n-1$ 条竖线构成的排列，也就是说，有 $\binom{n+k-1}{k}$ 种选择方案。

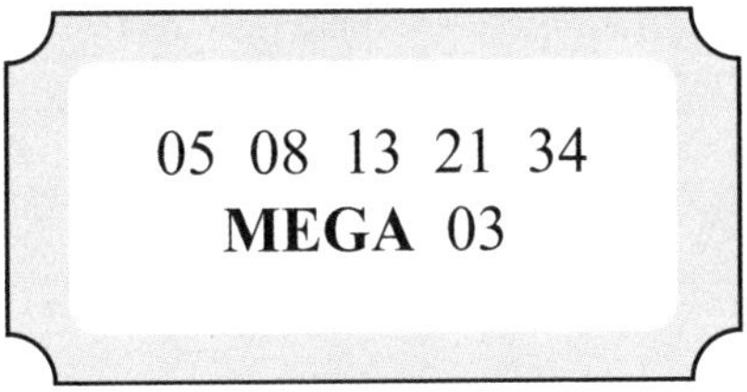

05　08　13　21　34

MEGA　03

很多涉及概率问题的游戏都与组合有关。例如，在购买如上图所示的加州彩票时，你需要从 1~47 中选择 5 个不同的号码，此外，还需要在 1~27 中选择一个 MEGA 号码（该号码也可以是你选择的另外 5 个号码中的一个）。因此，MEGA 号码共有 27 种选择，另外 5 个号码共有 $\binom{47}{5}$ 种选择。那么，加州彩票的号码组合共有：

$$27 \times \binom{47}{5} = 41\ 416\ 353$$

因此，你赢得大奖的概率小于 4 000 万分之一。

接下来，我们来研究扑克牌游戏的奥秘。通常，具有代表性的"一手牌"是从一副 52 张扑克牌（不含大小王）中选取 5 张构成的。

因此，一手牌的组合方案数量是：

$$\binom{52}{5} = \frac{52!}{5!\,47!} = 2\,598\,960$$

在扑克牌游戏中，像上图这种花色相同的 5 张牌被称为"同花"。同花一共有多少种组合呢？要构成一手同花牌，首先要选择一个花色，有 4 种可能。（我心中的第一选择是黑桃。）从这套花色的牌中选择 5 张牌，共有多少种组合呢？一副牌中共有 13 张黑桃，从中选择 5 张，就有 $\binom{13}{5}$ 种方案。因此，同花的数量是：

$$4 \times \binom{13}{5} = 5\,148$$

也就是说，拿到一手同花牌的概率是 5 148/2 598 960，大约为 1 / 500。如果你是一名严谨的扑克牌游戏玩家，你还需要从 5 148 中减去 4×10 = 40，因为 5 张牌顺连时就会变成"同花顺"。

扑克牌游戏中的"顺子"是指 5 张顺连的牌，例如，A2345、23456…10JQKA。如下图所示：

顺子一共有 10 个不同类型（从最小的牌开始），在选择了某个类型（例如，34567）后，这 5 张牌还需要分别从 4 种花色中做出选择。因此，顺子的数量一共是：

$$10 \times 4^5 = 10\ 240$$

这个数字大约是同花组合数量的两倍，拿到一手顺子牌的概率大约是 1 / 250。正因为拿到一手同花牌的难度高于一手顺子牌，所以同花牌在扑克牌游戏中的价值高于顺子牌。

价值更高的一手牌是"满堂红"，它指的是 5 张牌中有 3 张牌的点数相同，另外 2 张牌的点数相同。例如：

要构成满堂红的牌型，先要为 3 张牌选择点数（13 种方案），然后为另外 2 张牌选择其他点数（12 种方案）。（假设我们选择了 3 个 Q，2 个 7。）接下来，我们还需要为它们分配花色。选择 3 个 Q 有 $\binom{4}{3} =$ 4 种组合，选择 2 个 7 有 $\binom{4}{2} = 6$ 种组合。因此，满堂红的数量是：

$$13 \times 12 \times 4 \times 6 = 3\ 744$$

拿到一手满堂红牌的概率是 3 744/2 598 960，约为 1/700。

下面，我们比较一下拿到满堂红与"两对"这两种牌型的概率。两对是指有 2 张牌为同一点数，还有 2 张牌同为另一点数，剩下的那张牌的点数与其余 4 张都不同。例如：

很多人以为两对的数量是 13×12，但这种算法其实犯了重复统计的错误，因为先选一对Q、后选一对7，与先选一对7、后选一对Q是一样的结果。正确的算法是先算 $\binom{13}{2}$（同时选择一对Q和一对7），然后为第5张牌选择一个点数（比如5），最后为它们分配花色。因此，两对的数量是：

$$\binom{13}{2}\binom{11}{1}\binom{4}{2}\binom{4}{2}\binom{4}{1} = 123\,552$$

也就是说，出现这种牌型的概率约为5%。

剩下的牌型就不再一一讲解了，我只给出答案，由大家自行验证。"四条"这种牌型（例如A♠A♡A◇A♣8◇）的数量为：

$$\binom{13}{1}\binom{12}{1}\binom{4}{4}\binom{4}{1} = 13 \times 12 \times 1 \times 4 = 624$$

像A♠A♡A◇9♣8◇这样的牌型名叫"三条"，数量是：

$$\binom{13}{1}\binom{12}{2}\binom{4}{3}\binom{4}{1}\binom{4}{1} = 54\,912$$

"一对"的牌型，例如A♠A♡J◇9♣8◇，数量为：

$$\binom{13}{1}\binom{12}{3}\binom{4}{2}4^3 = 1\,098\,240$$

它在所有牌型中的比例约为42%。

延伸阅读

　　那么，不是对子、顺子和同花的"垃圾牌"有多少种呢？你可以从 $\binom{52}{5}$ 中减去上述各种情况的总和，也可以通过下述方式直接计算：

$$\left[\binom{13}{5} - 10\right](4^5 - 4) = 1\,302\,540$$

　　上式第一项计算的是选择任意 5 种不同点数（所有点数均不相同）的一手牌数量，其中不包括像 34567 这样的 10 类"顺子"牌。第二项计算的是为所选的 5 张牌分别赋予一种花色，每张牌有 4 种可选花色，但我们必须去掉 5 张同花的 4 种情况。结果表明，差于一对的牌型占 50.1%，有 49.9% 的牌型至少不比一对差。

　　接下来的问题非常有意思，它有三种解法，而且其中有两种解法是正确的！这个问题是：5 张牌中至少有一个 A 的牌型有多少种？有人可能张口就答：$4 \times \binom{51}{4}$。他们认为，先选 1 个 A，共有 4 种可能；然后从剩余的 51 张牌（包括其余的 A）中随意选择 4 张。遗憾的是，这个答案是错误的，因为某些牌型（不只包含 1 个 A）被统计了不止一次。例如，A♠A♡J♢9♣8♢，在先选择 A♠（再选择其他 4 张牌）时会统计这个牌型，在先选择 A♡（再选择其他 4 张牌）时会再次统计这个牌型。正确的解法是：根据牌型中 A 的个数，把这个问题分成 4 种情况考虑。例如，有且只有 1 个 A 的牌型有 $\binom{4}{1}\binom{48}{4}$ 种（先选 1 个 A，其余 4 张牌都不是 A）。继续考虑它含 2、3 和 4 个 A 的情况，就可以得出至少有 1 个 A 的牌型总数：

$$\binom{4}{1}\binom{48}{4} + \binom{4}{2}\binom{48}{3} + \binom{4}{3}\binom{48}{2} + \binom{4}{4}\binom{48}{1} = 886\,656$$

但是，如果从相反的角度来考虑，计算就会简单得多。不含有A的牌型很容易算出来，数量是$\binom{48}{5}$。因此，至少含有1个A的牌型数量是：

$$\binom{52}{5} - \binom{48}{5} = 886\,656$$

我们发现扑克牌游戏中各种牌型的价值大小取决于其概率大小。例如，由于一对比两对的出现概率高，因此一对的价值低于两对。各种牌型的价值由低至高的次序是：

一对，两对，三条，顺子，同花，满堂红，四条，同花顺

只要记住"1、2、3、顺同花，2-3、4、同花顺"（"2-3"指满堂红），就不会搞错它们的次序。

现在，假设我们的扑克牌游戏里可以这样使用那两张王牌：共有54张牌，两张王牌是百搭牌，你可以赋予它们任意点数，以便凑成价值最大的牌型。例如，如果你拿到了A♡A◇K♠8◇和王牌，可以选择把王牌当作A，这样就凑成了三条。如果你把王牌当作K，牌型就是两对，价值低于三条。

为王牌赋予什么点数才能形成价值最大的牌型？

　　于是，有意思的问题随之而来。如果按照传统方法判断牌型的价值高低，那么在你拿到像上图这种既可被视为三条又可被视为两对的牌型时，你肯定选择三条，而不愿意选择两对。但是，这样做的结果是：被视为三条的牌型数量超过被视为两对的牌型，两对反而变成一种更少见的牌型。如果我们试图通过提高两对的牌值来解决这个问题，就会导致两对的数量超过三条，同样的问题再次出现。1996 年，数学家史蒂夫·加德布斯（Steve Gadbois）发现了这个现象，并得出了一个令人吃惊的结论：如果扑克牌游戏中可以使用王牌，就不可能始终根据牌型概率来决定牌型的价值。

帕斯卡三角形和圣诞节礼物

　　请仔细观察下图中的帕斯卡三角形（Pascal's triangle）：

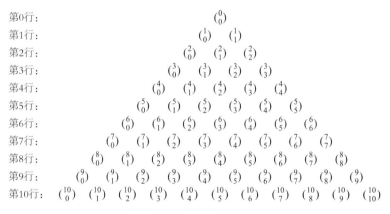

第0行：$\binom{0}{0}$

第1行：$\binom{1}{0}$ $\binom{1}{1}$

第2行：$\binom{2}{0}$ $\binom{2}{1}$ $\binom{2}{2}$

第3行：$\binom{3}{0}$ $\binom{3}{1}$ $\binom{3}{2}$ $\binom{3}{3}$

第4行：$\binom{4}{0}$ $\binom{4}{1}$ $\binom{4}{2}$ $\binom{4}{3}$ $\binom{4}{4}$

第5行：$\binom{5}{0}$ $\binom{5}{1}$ $\binom{5}{2}$ $\binom{5}{3}$ $\binom{5}{4}$ $\binom{5}{5}$

第6行：$\binom{6}{0}$ $\binom{6}{1}$ $\binom{6}{2}$ $\binom{6}{3}$ $\binom{6}{4}$ $\binom{6}{5}$ $\binom{6}{6}$

第7行：$\binom{7}{0}$ $\binom{7}{1}$ $\binom{7}{2}$ $\binom{7}{3}$ $\binom{7}{4}$ $\binom{7}{5}$ $\binom{7}{6}$ $\binom{7}{7}$

第8行：$\binom{8}{0}$ $\binom{8}{1}$ $\binom{8}{2}$ $\binom{8}{3}$ $\binom{8}{4}$ $\binom{8}{5}$ $\binom{8}{6}$ $\binom{8}{7}$ $\binom{8}{8}$

第9行：$\binom{9}{0}$ $\binom{9}{1}$ $\binom{9}{2}$ $\binom{9}{3}$ $\binom{9}{4}$ $\binom{9}{5}$ $\binom{9}{6}$ $\binom{9}{7}$ $\binom{9}{8}$ $\binom{9}{9}$

第10行：$\binom{10}{0}$ $\binom{10}{1}$ $\binom{10}{2}$ $\binom{10}{3}$ $\binom{10}{4}$ $\binom{10}{5}$ $\binom{10}{6}$ $\binom{10}{7}$ $\binom{10}{8}$ $\binom{10}{9}$ $\binom{10}{10}$

用符号表示的帕斯卡三角形

　　我们在本书第 1 章学过，把数字排列成三角形就会表现出一些有趣的规律。本章讨论的数字 $\binom{n}{k}$ 排列成三角形时，也会形成非常美丽的规律。这个三角形被称为帕斯卡三角形，如上图所示。利用公式 $\binom{n}{k} = \dfrac{n!}{k!\,(n-1)!}$，我们可以把上图中的符号变成数字，如下图所示，然后寻找其中的规律。本章将对大多数规律做出解释，但你在第一遍阅读时尽可以略过不读，只要了解它有哪些规律即可。

```
第0行:                              1
第1行:                          1       1
第2行:                      1       2       1
第3行:                  1       3       3       1
第4行:              1       4       6       4       1
第5行:          1       5       10      10      5       1
第6行:      1       6       15      20      15      6       1
第7行:  1       7       21      35      35      21      7       1
第8行: 1    8    28    56    70    56    28    8    1
第9行: 1  9   36   84   126  126  84   36   9   1
第10行: 1  10   45   120  210  252  210  120  45   10   1
```

用数字表示的帕斯卡三角形

在用符号表示的帕斯卡三角形中，第 0 行只有一项，即 $\binom{0}{0} = 1$。（记住，$0! = 1$。）在用数字表示的帕斯卡三角形中，由于所有行的第一项和最后一项都是 1，因此：

$$\binom{n}{0} = \frac{n!}{0!\,n!} = 1 = \binom{n}{n}$$

请认真观察第 5 行：

第 5 行：1　5　10　10　5　1

注意，第二项是 5。一般而言，第 n 行的第 2 项是 n。这是有道理的，因为 $\binom{n}{1}$ 这个数字表示从 n 个对象中选取 1 个的方案数量，它的

值等于 n。还请注意，这个三角形的每一行都对称：从左至右看与从右至左看是一样的。例如，第 5 行中有：

$$\binom{5}{0} = 1 = \binom{5}{5}$$

$$\binom{5}{1} = 5 = \binom{5}{4}$$

$$\binom{5}{2} = 10 = \binom{5}{3}$$

这个规律的一般表达式为：

$$\binom{n}{k} = \binom{n}{n-k}$$

延伸阅读

　　有两个方法可以证明这种对称关系。根据公式，我们可以进行代数证明：

$$\binom{n}{n-k} = \frac{n!}{(n-k)!\,[n-(n-k)]!} = \frac{n!}{(n-k)!\,k!} = \binom{n}{k}$$

　　但是，无须借助公式，我们也能理解其中的道理。例如，为什么 $\binom{10}{3} = \binom{10}{7}$ 呢？数字 $\binom{10}{3}$ 表示（从 10 种口味的冰激凌中）选择 3 种口味的冰激凌放到一个杯子里，这同时意味着有 7 种口味的冰激凌不会被放到杯子里，两者是一回事。

　　你也许还看出了另外一个规律：各行中的所有数字，除去开头和结尾的那些 1 以外，都是其正上方的两个数字之和。我们把这个令人惊讶不已的关系称作"帕斯卡恒等式"（Pascal's identity）。例如，观

察帕斯卡三角形的第 9 行和第 10 行:

第9行: 1   9   (36)   (84)   126   126   84   36   9   1

第10行:1   10   45   (120)   210   252   210   120   45   10   1

每个数字都是其正上方的两数之和

这是为什么呢? 既然 120 = 36 + 84,那么换成计数问题,这个等式就变成以下形式:

$$\binom{10}{3} = \binom{9}{2} + \binom{9}{3}$$

为了理解其中的道理,我们先来思考这个问题:如果一家商店出售 10 种口味的冰激凌,你要买一个包含 3 种不同口味的圆筒冰激凌(口味的次序不重要),会有多少种选择呢? 第一种答案是我们已经知道的:$\binom{10}{3}$。但是,我们还可以换一个方法解决这个问题。假设其中一种口味是香草味,那么不含香草味的圆筒冰激凌有多少种呢? 答案是 $\binom{9}{3}$,因为我们可以在剩下的 9 种口味中任意选择 3 种。含有香草味的圆筒冰激凌有多少种呢? 如果香草味是必选口味,那么其余两种口味有 $\binom{9}{2}$ 种可选方案。因此,一共有 $\binom{9}{2} + \binom{9}{3}$ 种选择。哪个答案是正确的呢? 两个方法的逻辑都正确,因此两个答案都正确,也就是说它们的值是相同的。同理(如果你愿意,也可采用代数方法),对于 0~n 中的任意数 k,下列公式都是成立的:

$$\binom{n}{k} = \binom{n-1}{k-1} + \binom{n-1}{k}$$

接下来,我们把帕斯卡三角形中各行的数字分别相加(如下图所示),观察其中的规律。

$$
\begin{array}{rcl}
1 & = & 1 \\
1 + 1 & = & 2 \\
1 + 2 + 1 & = & 4 \\
1 + 3 + 3 + 1 & = & 8 \\
1 + 4 + 6 + 4 + 1 & = & 16 \\
1 + 5 + 10 + 10 + 5 + 1 & = & 32 \\
\cdots & &
\end{array}
$$

帕斯卡三角形中的各行数字之和都是 2 的幂次方

可以看出，各行数字之和全部是 2 的幂次方。具体地说，第 n 行的数字和是 2^n。为什么会这样呢？我们可以对这个规律换一种表述方式：第 0 行的和是 1，之后每增加一行，和就会随之增加一倍。借助帕斯卡恒等式（我们刚才已经完成了它的证明），就能明白其中的道理。例如，在求第 5 行的和时，我们用第 4 行的数字来改写求和算式，就会得到：

$$
\begin{aligned}
& 1 + 5 + 10 + 10 + 5 + 1 \\
= & 1 + (1 + 4) + (4 + 6) + (6 + 4) + (4 + 1) + 1 \\
= & (1 + 1) + (4 + 4) + (6 + 6) + (4 + 4) + (1 + 1)
\end{aligned}
$$

由此可见，第 5 行的数字之和正好是第 4 行数字之和的两倍。同理可证，和加倍的这条规律永远成立。

将其转换成二项式系数的形式，第 n 行的所有数字之和为：

$$
\binom{n}{0} + \binom{n}{1} + \binom{n}{2} + \cdots + \binom{n}{n} = 2^n
$$

从各项本身来看，它们都可以表示成阶乘的形式，通常可以被多个不同的数整除，但是各项之和竟然只有一个底数 2，这个结果真的令人意想不到。

这条规律还可以通过组合予以解释，我们把这个方法称为组合证明法。我们通过一家出售 5 种口味冰激凌的商店，来解释第 5 行的所有数字之和。（第 n 行的证明过程与之类似。）

口味各不相同的圆筒冰激凌一共有多少种？

如果要求所选冰激凌口味各不相同，一共可以制成多少种圆筒呢？圆筒里可以放入 1、2、3、4 或 5 种口味的冰激凌，而且先后次序不重要。有 2 种口味的冰激凌有多少种？前文中说过，有 $\binom{5}{2} = 10$ 种。根据所选口味的数量，圆筒冰激凌的总数为：

$$\binom{5}{0} + \binom{5}{1} + \binom{5}{2} + \binom{5}{3} + \binom{5}{4} + \binom{5}{5}$$

化简后是 $1 + 5 + 10 + 10 + 5 + 1$。此外，我们也可以用乘法法则来回答这个问题。我们先不考虑圆筒中有几种口味的冰激凌，而是针对每种口味考虑是否把它放进圆筒里。例如，巧克力味的冰激凌有 2 种选择（放或不放），香草味有 2 种选择（放或不放），以这种方式考虑全部 5 种口味的情况。（注意，如果我们针对每种口味所做的选择都是"不放"，最终得到的将是一个空圆筒，但这个结果是允许出现的。）因此，我们一共可以做出的圆筒冰激凌数量是：

$$2 \times 2 \times 2 \times 2 \times 2 = 2^5$$

由于两种方法都是合乎逻辑的，因此：

$$\binom{5}{0} + \binom{5}{1} + \binom{5}{2} + \binom{5}{3} + \binom{5}{4} + \binom{5}{5} = 2^5$$

证明完毕。

延伸阅读

通过类似的组合证明法可以发现，如果以间隔一个数的方式对第 n 行求和，得数是 2^{n-1}。对于奇数行而言，这个规律很好理解。以第 5 行为例，$1 + 10 + 5$ 与被排除在外的 $5 + 10 + 1$ 的得数一样，都等于所有数字之和 2^n 的 1/2。对于偶数行而言，这个规律同样有效。以第 4 行为例，$1 + 6 + 1 = 4 + 4 = 2^3$。一般而言，对于任意的 $n \geqslant 1$，都有：

$$\binom{n}{0} + \binom{n}{2} + \binom{n}{4} + \binom{n}{6} + \cdots = 2^{n-1}$$

这是为什么呢？等式左边表示圆筒中的冰激凌口味数量是偶数（冰激凌共有 n 种且口味各不相同）。我们也可以通过在第 1 至第（$n-1$）种口味的冰激凌中做选择的方式配制出这些冰激凌。第 1 种口味的冰激凌有 2 个选择（放或不放），第 2 种口味有 2 个选择……第（$n-1$）种口味有 2 个选择。但是，要让圆筒中冰激凌的口味数量是偶数，最后一种口味只能有 1 个选择。因此，冰激凌口味为偶数的圆筒数量是 2^{n-1}。

把帕斯卡三角形转化成直角三角形的形式，就可以发现更多的规律。最前面的一列（第 0 列）的各项都是 1，紧随其后的一列（第

1 列）都是 1、2、3、4 等正整数。第 2 列的前几项是 1、3、6、10、15…大家应该比较熟悉，这些都是我们在第 1 章里讨论过的三角形数。第 2 列的各个数字也可以写成：

$$\binom{2}{2},\ \binom{3}{2},\ \binom{4}{2},\ \binom{5}{2},\ \binom{6}{2},\ \dots$$

第 k 列的各项是 $\binom{k}{k},\ \binom{k+1}{k},\ \binom{k+2}{k},\ \dots$

现在，我们把任意列的前几个数字（可多可少）相加，看看它们的和有什么特点。例如，如果我们把第 2 列的前 5 个数字相加，如下图所示：

```
1
1   1
1   2   1
1   3   3   1
1   4   6   4   1
1   5  10  10   5   1
1   6  15  20  15   6   1
1   7  21  35  35  21   7   1
1   8  28  56  70  56  28   8   1
```

帕斯卡直角三角形表现出形似"曲棍球球棒"的规律

即 1 + 3 + 6 + 10 + 15 = 35，得数正好是 15 的右下方的那个数字。换句话说：

$$\binom{2}{2}+\binom{3}{2}+\binom{4}{2}+\binom{5}{2}+\binom{6}{2}=\binom{7}{3}$$

这是"曲棍球球棒恒等式"的一个实例。这个规律之所以被称作曲棍球球棒恒等式，是因为在帕斯卡直角三角形中，它表现为一个数字从一长列数字的末端伸出的形状，与曲棍球球棒十分相似。为了理解这个规律的成因，我们假设有一支由 7 人组成的曲棍球球队，每名球员的球衣上都有一个不同的号码，分别是 1、2、3、4、5、6、7。我需要挑选其中 3 名球员去上一堂训练课，一共有多少种选择方案呢？由于次序不重要，因此共有 $\dbinom{7}{3}$ 个方案。接下来，我们分几种情况来讨论这个问题。7 号球员被选中的方案有多少种？在等效的前提下，这个问题可以变成：7 是被选中的 3 个号码中最大的选择方案有多少种？由于 7 已经包含在内，另两名球员的选择方案有 $\dbinom{6}{2}$ 种。接下来，6 是最大号码的选择方案有多少种？在这种情况下，6 号是必选的，7 号则不能选，因此剩下的 2 名球员有 $\dbinom{5}{2}$ 种选择方案。同理，5号、4 号和 3 号为最大号码的选择方案分别有 $\dbinom{4}{2}$、$\dbinom{3}{2}$、$\dbinom{2}{2}$ 种。由于最大号码只能是 3、4、5、6 或 7，因此我们已经考虑了所有可能的情况，也就是说，选择 3 名球员的方案共有 $\dbinom{2}{2}+\dbinom{3}{2}+\cdots+\dbinom{6}{2}$ 种，与上述等式的左边正好一样。因此，这个证明结果的一般表达式为：

$$\binom{k}{k}+\binom{k+1}{k}+\cdots+\binom{n}{k}=\binom{n+1}{k+1}$$

我们利用这个公式，来解决每个圣诞节都可能需要考虑的一个重要问题。歌曲《圣诞 12 天》中唱道，深深爱着你的人在第 1 天会送给你 1 份礼物（1 只鹧鸪鸟），在第 2 天送给你 3 份礼物（1 只鹧鸪鸟和 2 只斑鸠），在第 3 天送给你 6 份礼物（1 只鹧鸪鸟、2 只斑鸠和 3 只法国母鸡）……现在的问题是：12 天后，你一共收到了多少份礼物？

12 天后，爱你的人一共送给你多少份圣诞礼物？

在圣诞假期的第 n 天，你收到的礼物总数是：

$$1+2+3+\cdots+n = \frac{n(n+1)}{2} = \binom{n+1}{2}$$

（利用三角形数的公式和 $k=1$ 时的曲棍球球棒恒等式可以得出上述结果。）因此，第 1 天你会收到 $\binom{2}{2}=1$ 份礼物，第 2 天你会收到 $\binom{3}{2}=3$ 份礼物，到了第 12 天，你会收到 $\binom{13}{2}=\frac{13 \times 12}{2}=78$ 份礼物。利用曲棍球球棒恒等式，你收到的礼物总数是：

$$\binom{2}{2}+\binom{3}{2}+\cdots+\binom{13}{2}=\binom{14}{3}=\frac{14 \times 13 \times 12}{3!}=364$$

因此，如果你准备在明年把这些礼物分批送给自己，就意味着你每天都可以收到一件礼物（别忘了，生日那天你不需要给自己送礼物）！

给大家送上一首喜庆的歌——《圣诞假期的第 n 天》,庆祝这道题得出了美妙的答案。

圣诞假期的第 n 天,我的真爱送给我

n 个新奇的小玩意儿

$n-1$ 个好玩的东西

$n-2$ 个有意思的礼物

……

数一数

n 天以来

我一共收到多少份礼物?

正好是 $\binom{n+2}{3}$ 份。

接下来,我们讨论帕斯卡三角形的一个最奇怪的规律。我们把帕斯卡三角形里的奇数圈起来,仔细观察就会发现大三角形里还有小三角形。

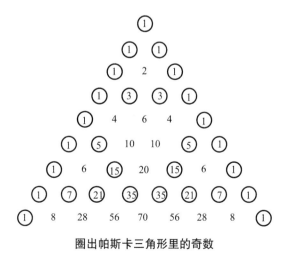

圈出帕斯卡三角形里的奇数

接下来，我们画一个更大的 16 行帕斯卡三角形，并把其中的奇数换成 1，偶数换成 0。仔细观察，就会发现每一对 0 和每一对 1 下面都是 0。由此可见，两个偶数相加或者两个奇数相加，它们的和都是偶数。

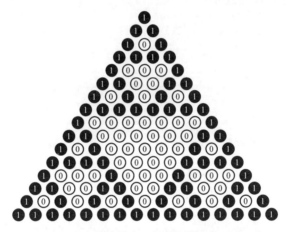

更大的帕斯卡三角形里的奇数

再接下来是一个更大的帕斯卡三角形。在这个 256 行的帕斯卡三角形里，所有奇数都构成了黑色三角形，所有偶数都构成了白色三角形。

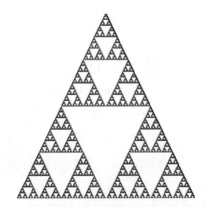

帕斯卡三角形与谢尔宾斯基三角形的"邂逅"

上幅图是谢尔宾斯基三角形（分形的一种）的近似图形。谢尔宾斯基三角形是隐藏在帕斯卡三角形中的众多宝藏之一。再给大家一个惊喜。帕斯卡三角形中，每行有多少个奇数？观察第 1 行至第 8 行（不含第 0 行），我们发现奇数的个数分别是 2、2、4、2、4、4、8、2。尽管这些数都是 2 的幂次方，但似乎没有明显的规律。事实上，2 的幂次方是一个重要的特点。例如，正好有 2 个奇数的行是第 1、2、4、8 行，这些数都是 2 的幂次方。为了找到一般性规律，我们需要利用一个事实：每个大于或等于 0 的整数都可以表示成 2 的幂次方之和的形式。例如：

$$1 = 1$$
$$2 = 2$$
$$3 = 2 + 1$$
$$4 = 4$$
$$5 = 4 + 1$$
$$6 = 4 + 2$$
$$7 = 4 + 2 + 1$$
$$8 = 8$$

第 1、2、4、8（这些数字都是一个 2 的幂次方）行有 2 个奇数，第 3、5、6（这些数字都是两个 2 的幂次方之和）行有 4 个奇数，第 7（3 个 2 的幂次方之和）行有 8 个奇数。下面，给大家介绍一个令人吃惊但是非常美丽的法则。如果 n 是 p 个 2 的幂次方之和，那么第 n 行中奇数的个数就是 2^p。例如，第 83 行有多少个奇数呢？由于 $83 = 64 + 16 + 2 + 1$，即 4 个 2 的幂次方之和，因此第 83 行有 $2^4 = 16$ 个奇数！

在本章结束之前，我再给大家介绍最后一个规律。我们已经知道帕斯卡三角形各行之和的规律（2 的幂次方）和各列之和的规律（曲棍球球棒），如果沿对角线方向求和呢？

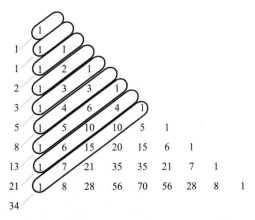

帕斯卡三角形与斐波那契数列的"邂逅"

如上图所示，沿对角线方向求和时，我们得到的和是：

1，1，2，3，5，8，13，21，34

这些数字就是我们下一章将要讨论的内容：奇妙的斐波那契数列。

第 5 章

超酷的斐波那契数列

1, 1, 2, 3, **5**, 8, 13, 21···

大自然中随处可见的数字

请大家认真观察最奇妙的数列之一——斐波那契数列。

1，1，2，3，5，8，13，21，34，55，89，144，233…

斐波那契数列的前两项分别是 1、1，第 3 项是 1 + 1 = 2（第 1 项和第 2 项之和），第 4 项是 1 + 2 = 3（第 2 项和第 3 项之和），第 5 项是 2 + 3 = 5（第 3 项和第 4 项之和），之后的各项依次是 3 + 5 = 8，5 + 8 = 13，8 + 13 = 21…。1202 年，比萨的利奥纳多（后被人称为"斐波那契"）在其著作《算盘书》（*Liber Abaci*）中第一次介绍了这些数字。这部著作不仅把阿拉伯—印度数字系统引入了欧洲国家，还为西方世界创立了沿用至今的计算方法。

这部著作论述了很多计算问题，其中有一个有趣的"兔子问题"：假设兔子永远不会死，小兔子长大需要 1 个月，然后每个月生一对小兔子；如果一开始的时候有一对小兔子，那么 12 个月之后共有多少对兔子？

我们可以用图形或者符号来呈现这个问题。用小写字母"r"表示一对小兔子，用大写字母"R"表示成年兔子。每个小写的"r"到下一个月就会变成大写的"R",大写的"R"则变成"Rr"。(也就是说,小兔子长成大兔子,大兔子生下小兔子。)

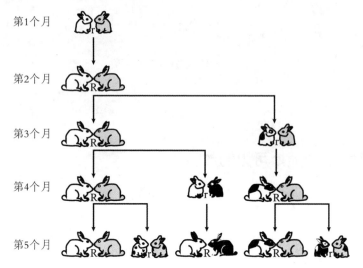

我们利用下表对问题建模。我们发现,在前 6 个月里,兔子的对数分别是 1、1、2、3、5、8。

月份	兔群构成	兔子的对数
1	r	1
2	R	1
3	Rr	2
4	Rr R	3
5	Rr R Rr	5
6	Rr R Rr Rr R	8

我们在不具体列出兔群构成的情况下,可以证明到第 7 个月时有 13 对兔子。那么,其中有多少对成年兔子呢?由于第 6 个月的所有兔子到第 7 个月时都是成年兔子,因此第 7 个月有 8 对成年兔子。

第 7 个月又有多少对小兔子呢？它在数量上等于第 6 个月的成年兔子的对数，即 5 对（与第 5 个月时的兔子总数必然相等）。因此，第 7 个月的兔子对数为 8 + 5 = 13。

如果把斐波那契数列的前两项分别定义为 $F_1 = 1$，$F_2 = 1$，随后各项分别为其前面两个数字之和，那么，对于 $n \geqslant 3$，有：

$$F_n = F_{n-1} + F_{n-2}$$

如下表所示，$F_3 = 2, F_4 = 3, F_5 = 5, F_6 = 8$，以此类推。

n	1	2	3	4	5	6	7	8	9	10	11	12	13
F_n	1	1	2	3	5	8	13	21	34	55	89	144	233

斐波那契数列的前 13 个数字

因此，前文中兔子问题的答案是 $F_{13} = 233$（包含 $F_{12} = 144$ 对成年兔子和 $F_{11} = 89$ 对小兔子）。

除了研究人口动态以外，斐波那契数列还有无数其他应用，而且我们经常可以在自然界中发现它的踪影。例如，花朵的花瓣数常常是斐波那契数列中的一个数字，向日葵、菠萝、松球等的螺旋结构中也常常含有斐波那契数列中的数字。但是，最让我沉醉不已的是斐波那契数列表现出来的那些美丽动人的规律。

例如，我们把斐波那契数列的前几个数字相加，看看它们的和有什么特点。

$$1 = 1 = 2 - 1$$
$$1 + 1 = 2 = 3 - 1$$
$$1 + 1 + 2 = 4 = 5 - 1$$
$$1 + 1 + 2 + 3 = 7 = 8 - 1$$
$$1 + 1 + 2 + 3 + 5 = 12 = 13 - 1$$
$$1 + 1 + 2 + 3 + 5 + 8 = 20 = 21 - 1$$
$$1 + 1 + 2 + 3 + 5 + 8 + 13 = 33 = 34 - 1$$
$$\cdots$$

这些和大多不是斐波那契数列中的数字，但却非常接近。事实上，这些和分别比斐波那契数列小1。下面，我们来看看其中的奥秘。以最后一个等式为例，我们把每个数字改写成其后两个数字之差的形式，上式就会变成：

$$1 + 1 + 2 + 3 + 5 + 8 + 13$$
$$=(2 - 1) + (3 - 2) + (5 - 3) + (8 - 5) + (13 - 8) + (21 - 13) + (34 - 21)$$
$$= 34 - 1$$

请注意观察，$(2 - 1)$中的2会被$(3 - 2)$中的2抵消，$(3 - 2)$中的3会被$(5 - 3)$中的3抵消，最终，除了最后一项中的34和第1项中的（-1）以外，所有项均相互抵消了。一般而言，斐波那契数列的前n个数字相加有一个非常简单的求和公式：

$$F_1 + F_2 + F_3 + \cdots + F_n = F_{n+2} - 1$$

下面我再向大家介绍一个与之相关、答案同样美丽简练的问题。如果将斐波那契数列的前n个偶数项数字相加，它们的和有什么特征？也就是说，下面这个求和算式可以简化吗？

$$F_2 + F_4 + F_6 + \cdots + F_{2n}$$

先观察前几个偶数项的数字之和：

$$1 = 1$$
$$1 + 3 = 4$$
$$1 + 3 + 8 = 12$$
$$1 + 3 + 8 + 21 = 33$$
$$\cdots$$

注意，这些数字看上去非常眼熟。事实上，这些数字在前面求斐波那契数列的前 n 个数字之和时出现过，所有的数字都比斐波那契数列小 1。考虑到斐波那契数列的每个数字都是其前两项相加之和，因此，在第一项之后，我们可以把每个偶数项的数字替换成其前两个数字之和。从下面的算式可以看出，这个问题实际上已经变成了上面的那个求和问题：

$$1 + 3 \quad + \quad 8 \quad + \quad 21$$
$$= 1 + (1+2) + (3 + 5) + (8 + 13)$$
$$= 34{-}1$$

最后一行符合前 n 项斐波那契数列之和的特征：前 7 个数字的和比第 9 个数字小 1。

一般而言，鉴于 $F_2 = F_1 = 1$，且每个数字都是前两项之和，因此我们可以把偶数项数字的求和问题变成前 $2n - 1$ 个数字的求和问题。

$$F_2 + F_4 \quad + F_6 \quad + \cdots + F_{2n}$$
$$= F_1 + (F_2 + F_3) + (F_4 + F_5) + \cdots + (F_{2n-2} + F_{2n-1})$$
$$= F_{2n+1} - 1$$

接下来，我们再研究前 n 个奇数项的数字之和。

$$1 = 1$$
$$1 + 2 = 3$$
$$1 + 2 + 5 = 8$$
$$1 + 2 + 5 + 13 = 21$$
$$\cdots$$

这些和表现出更明显的规律：前 n 个奇数项的数字之和就是下一个数字。利用上面的方法，我们可以得到：

$$F_1 + F_3 \qquad + F_5 + \cdots \qquad + F_{2n-1}$$
$$= 1 \quad + (F_1 + F_2) + (F_3 + F_4) + \cdots + (F_{2n-3} + F_{2n-2})$$
$$= 1 \qquad + \qquad (F_{2n}-1)$$
$$= F_{2n}$$

延伸阅读

我们还可以换一种证明方法，得出相同的结果。如果从斐波那契数列的前 $2n$ 个数字之和中减去前 n 个偶数项数字之和，就会得到前 n 个奇数项数字之和：

$$F_1 + F_3 + F_5 + \cdots + F_{2n-1}$$
$$= (F_1 + F_2 + \cdots + F_{2n-1}) - (F_2 + F_4 + \cdots + F_{2n-2})$$
$$= (F_{2n+1} - 1) - (F_{2n-1} - 1)$$
$$= F_{2n}$$

兔子、音乐与拼图

到目前为止，我们已经讨论了斐波那契数列的若干规律，但也只能算点到为止。你也许会想，这些数字的作用肯定不限于计算有多少对兔子吧。的确，斐波那契数列是很多计数问题的答案。1150 年（比萨的利奥纳多还没有开始研究那些兔子呢），印度数学家赫马查德拉问，如果音乐的终止式只包含长度为 1 或 2 的音节，那么长度为 n 的终止式共有多少种呢？我们用简单的数学语言来表述这个问题。

问题： 如果把数字 n 写成 1 与 2 的和的形式，一共有多少种写法？

我们把答案记作 f_n，然后考虑 n 取较小值时 f_n 的值。

n	和为 n 的 1–2 序列	f_n
1	1	1
2	11, 2	2
3	111, 12, 21	3
4	1111, 112, 121, 211, 22	5
5	11111, 1112, 1121, 1211, 122, 2111, 212, 221	8
…	…	…

和为 1 的情况只有一种，和为 2 有两种情况（1 + 1 和 2），和为 3 有三种情况（1 + 1+ 1，1 + 2，2 + 1）。注意，只可以使用 1 和 2 这两个数字。此外，数字的先后次序是需要考虑的重要因素，因此 1 + 2 与 2 + 1 不同。和为 4 有 5 种情况（1 + 1 + 1 + 1，1 + 1 + 2，1 + 2 + 1，2 + 1 + 1，2 + 2），上表中给出的答案似乎都是斐波那契数列中的数字，事实也确实如此。

我们以 $f_5 = 8$ 为例，看看和为 5 的情况为什么有 8 种。求和时，第

1 项只能是 1 或者 2。第 1 项是 1 的情况一共有多少种呢？在 1 之后，我们必须再给出一系列的 1 和 2，而且这些数之和等于 4。我们知道，这样的序列共有 $f_4 = 5$ 种。同理，第 1 项是 2 且各项之和是 5 的情况共有多少种呢？在第一个数字 2 之后，剩余各项之和必须是 3，一共有 $f_3 = 3$ 种情况。因此，和为 5 的情况一共有 $5 + 3 = 8$ 种。同理，和为 6 的序列一共有 13 种，因为第 1 项数字是 1 的情况共有 $f_5 = 8$ 种，第 1 项数字是 2 的情况共有 $f_4 = 5$ 种。一般而言，和为 n 的序列共有 f_n 种，其中，以 1 开始的序列有 f_{n-1} 种，以 2 开始的序列有 f_{n-2} 种，因此：

$$f_n = f_{n-1} + f_{n-2}$$

也就是说，f_n 的前几个数字与斐波那契数列相似，随后各项的增长方式也与斐波那契数列相似。因此，这些数字构成的就是斐波那契数列，不过两者之间还存在一个小差异，或者更准确地说是发生了位移。请注意，$f_1 = 1 = F_2$，$f_2 = 2 = F_3$，$f_3 = 3 = F_4$，以此类推。（为方便起见，我们定义 $f_0 = F_1 = 1$，$f_{-1} = F_0 = 0$。）一般而言，对于 $n \geqslant 1$，有：

$$f_n = F_{n+1}$$

了解斐波那契数列的应用价值之后，我们可以利用这方面的知

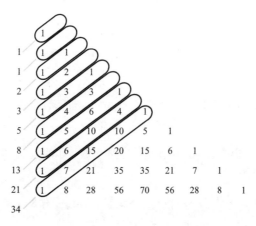

识，对它的很多美丽的规律加以证明。大家还记得我们在第 4 章结尾部分讨论的帕斯卡三角形的对角线方向的数字之和吧。

例如，第 8 条对角线方向的数字之和是：

$$1 + 7 + 15 + 10 + 1 = 34 = F_9$$

如果表述成 "n 选几" 的形式，就是：

$$\binom{8}{0} + \binom{7}{1} + \binom{6}{2} + \binom{5}{3} + \binom{4}{4} = F_9$$

为了帮助大家理解这个规律，我们用两个办法来解决下面这个计数问题。

问题：和为 8 的 1–2 序列有多少种？

第一种方法：根据定义，有 $f_8 = F_9$ 种。

第二种方法：根据序列中 2 的个数，把这个问题分成 5 种情况加以考虑。

没有 2 的序列有多少种？显然只有 1 种，即 11111111，毫无疑问 $\binom{8}{0} = 1$。

只有 1 个 2 的序列有多少种？有 7 种，即 2111111，1211111，1121111，1112111，1111211，1111121，1111112。这些序列包含 7 个数字，数字 2 在其中有 $\binom{7}{1} = 7$ 种不同的位置。

有 2 个 2 的序列有多少种？符合这个条件的代表性序列是 221111，我在这里就不一一列出全部 15 种序列了。提醒大家注意一点：符合条件的序列都有 2 个 2 和 4 个 1，共包含 6 个数。因此，2 个 2 在这些序列中一共有 $\binom{6}{2} = 15$ 种不同的位置。同理，含有 3 个 2 的序列还必须包含 2 个 1，共有 5 个数字，这样的序列有 $\binom{5}{3} = 10$ 种。最后，含有 4 个 2 的序列只有 $\binom{4}{4} = 1$ 种，即 2222。

比较这两个答案，就能得出令人满意的解释。一般而言，帕斯卡三角形的第 n 条对角线方向的数字之和，一定是一个斐波那契数列中的数字。具体地说，对于所有的 $n \geq 0$，在求第 n 条对角线方向的数字之和（从第 1 项加到第 $n/2$ 项，以保证求和的行为限制在三角形范围之内）时，我们都会得到：

$$\binom{n}{0} + \binom{n-1}{1} + \binom{n-2}{2} + \binom{n-3}{3} + \cdots = f_n = F_{n+1}$$

我们还可以通过拼图来理解斐波那契数列，这个方法的效果与前几种差不多，却更加直观。例如，$f_4 = 5$ 表明，在利用方块（长度为 1）和双方块（长度为 2）拼成长度为 4 的长条时共有 5 种拼法。比如，$1+1+2$ 表示方块—方块—双方块的拼法。

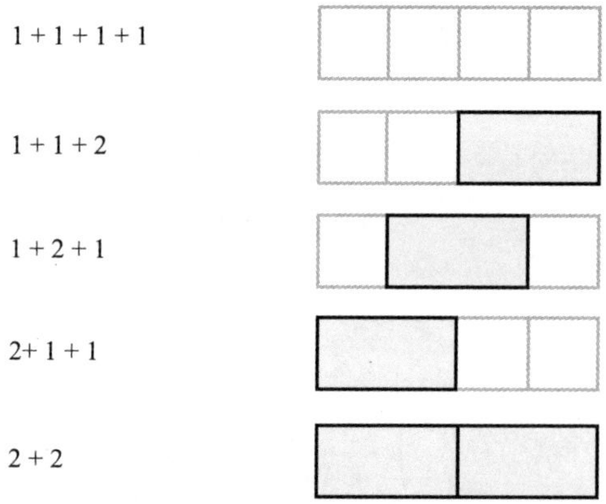

$1+1+1+1$

$1+1+2$

$1+2+1$

$2+1+1$

$2+2$

利用方块和双方块拼成长度为 4 的长条共有 5 种拼法，证明 $f_4 = 5$ 成立

利用拼图法，我们还可以理解斐波那契数列的另一个重要规律。观察下表，找出斐波那契数列进行平方运算之后的规律。

把斐波那契数列中两个连续的数字相加，和为下一个数字，这个结果并不令人吃惊。（毕竟，斐波那契数列就是这样定义的。）但是，你绝对想不到它们的二次幂竟然也有一些非常有意思的规律。我们先把连续数字的二次幂相加，看看它们的和有什么规律。

n	0	1	2	3	4	5	6	7	8	9	10
f_n	1	1	2	3	5	8	13	21	34	55	89
f_n^2	1	1	4	9	25	64	169	441	1 156	3 025	7 921

斐波那契数列中 f_0 至 f_{10} 的二次幂

$$f_0^2 + f_1^2 = 1^2 + 1^2 = 1 + 1 = 2 = f_2$$
$$f_1^2 + f_2^2 = 1^2 + 2^2 = 1 + 4 = 5 = f_4$$
$$f_2^2 + f_3^2 = 2^2 + 3^2 = 4 + 9 = 13 = f_6$$
$$f_3^2 + f_4^2 = 3^2 + 5^2 = 9 + 25 = 34 = f_8$$
$$f_4^2 + f_5^2 = 5^2 + 8^2 = 25 + 64 = 89 = f_{10}$$
$$\cdots$$

我们利用计数的方法来解释其中的规律。最后一个等式表明：

$$f_4^2 + f_5^2 = f_{10}$$

为什么会这样？通过一个简单的计数问题，我们就能理解其中的缘由。

问题：利用方块和双方块拼成长度为 10 的长条，共有多少种方法？

第一种方法：根据定义，有 f_{10} 种拼法。下图所示是一种典型的拼法，即 2 + 1 + 1 + 2 + 1 + 2 + 1。

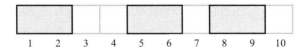

我们说这种拼法在第 2、3、4、6、7、9 和 10 单元处是可以拆分的。（也就是说，除了双方块的中间位置，其他地方都是可以拆分的。）而在第 1、5、8 单元处是不可拆分的。

第二种方法：我们分两种情况考虑，即在第5单元处可以拆分的拼图和在该处不可拆分的拼图。在第5单元处可以拆分、长度为10的拼图共有多少种呢？这样的拼图可以一分为二，前一半有$f_5 = 8$种拼法，后一半也有$f_5 = 8$种拼法。因此，根据第4章介绍的乘法法则，如下图所示，共有$f_5^2 = 8^2$种拼法。

长度为 10 且在第 5 单元处可以拆分的拼图有 f_5^2 种

长度为10且在第5单元处不可拆分的拼图有多少种？在这样的拼图中，第5、6单元必然是一个双方块，如下图所示。在这种情况下，左右两边各有$f_4 = 5$种拼法，因此，在第5单元处不可拆分的长条共有$f_4^2 = 5^2$种拼法。把这两种情况加总，就会得到$f_{10} = f_5^2 + f_4^2$。证明完毕。

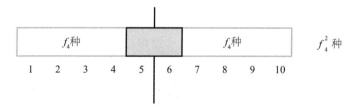

长度为 10 且在第 5 单元处不可拆分的拼图有 f_4^2 种

一般而言，取长度为$2n$的拼图，考虑中间位置可以拆分与不可拆分的情况，就可以得出下面这个美观简练的规律：

$$f_{2n} = f_n^2 + f_{n-1}^2$$

延伸阅读

　　有了上面这个等式之后，我们可能希望推而广之，以便在类似情况下也可以使用它。例如，长度为 $m + n$ 的拼图。在第 m 单元处可以拆分的拼图有多少种？左边有 f_m 种拼法，右边有 f_n 种拼法，因此共有 $f_m f_n$ 种拼法。在第 m 单元处不可拆分的拼图有多少种呢？这种拼图的第 m 和 $m + 1$ 单元必然是一个双方块，因此其余的位置有 $f_{m-1} f_{n-1}$ 种拼法。加到一起，就会得到下面这个非常有用的等式。对于 $m, n \geqslant 0$：

$$f_{m+n} = f_m f_n + f_{m-1} f_{n-1}$$

　　接下来，我们介绍另一个规律。把斐波那契数列中数字的二次幂相加，观察和有什么特征。

$$1^2 + 1^2 = \quad 2 = 1 \times 2$$
$$1^2 + 1^2 + 2^2 = \quad 6 = 2 \times 3$$
$$1^2 + 1^2 + 2^2 + 3^2 = \quad 15 = 3 \times 5$$
$$1^2 + 1^2 + 2^2 + 3^2 + 5^2 = \quad 40 = 5 \times 8$$
$$1^2 + 1^2 + 2^2 + 3^2 + 5^2 + 8^2 = 104 = 8 \times 13$$
$$\cdots$$

　　哇，太棒了！斐波那契数列中数字的平方和，就是最后一个数字与下一个数字的乘积！为什么 1、1、2、3、5、8 的平方和等于 8×13 呢？用几何图形可以"看出"其中的奥秘。取边长分别是 1、1、2、3、5、8 的正方形，按下图所示的方式拼到一起。

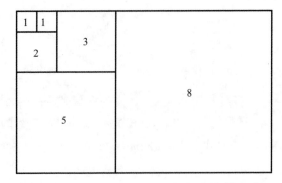

我们先放一个 1×1 的正方形，再在旁边放另一个 1×1 的正方形，就会得到一个 1×2 的长方形。在这个长方形的下面，放一个 2×2 的正方形，就会得到一个 3×2 的长方形。沿着长方形的长边，放一个 3×3 的正方形（得到一个 3×5 的长方形）。然后，在下面放置一个 5×5 的正方形（得到一个 8×5 的长方形）。最后，在旁边放置一个 8×8 的正方形，就会得到一个 8×13 的长方形。现在，我们考虑一个简单的问题。

问题： 这个大长方形的面积是多少？

第一种方法： 这个长方形的面积是所有正方形的面积之和。换句话说，大长方形的面积必然是 $1^2 + 1^2 + 2^2 + 3^2 + 5^2 + 8^2$。

第二种方法： 这个大长方形的高是 8，底边长度为 5 + 8 = 13，因此它的面积必然是 8×13。

由于这两种方法都是正确的，所以算出的面积必然相等，上面的等式得以证明。事实上，回头去看这个大长方形的构建过程，你就会发现上面列出的关于这个规律的所有关系（例如，$1^2 + 1^2 + 2^2 + 3^2 + 5^2 = 5×8$）都已经得到了证明。沿着这个思路，你还可以构建大小为 13×21、21×34…的长方形。由此可知，这个规律永远成立，其一般表达式为：

$$1^2 + 1^2 + 2^2 + 3^2 + 5^2 + 8^2 + \cdots + F_n^2 = F_n F_{n+1}$$

接下来，我们将斐波那契数列中与某个数字左右相邻的两个数字相乘，看看乘积有什么规律。例如，在斐波那契数列中，与 5 相邻的两个数字分别是 3 和 8，乘积是 $3 \times 8 = 24$，比 5^2 小 1；与 8 相邻的两个数字分别是 5 和 13，乘积是 $5 \times 13 = 65$，比 8^2 大 1。认真观察下表，很容易得出：在斐波那契数列中，与某个数字左右相邻的两个数字相乘，乘积与该数字的二次幂相差 1。换句话说：

$$F_n^2 - F_{n-1}F_{n+1} = \pm 1$$

n	1	2	3	4	5	6	7	8	9	10	11
F_n	1	1	2	3	5	8	13	21	34	55	89
F_n^2	1	1	4	9	25	64	169	441	1 156	3 025	7 921
$F_{n-1}F_{n+1}$	0	2	3	10	24	65	168	442	1 155	3 026	7 920
$F_n^2 - F_{n-1}F_{n+1}$	1	–1	1	–1	1	–1	1	–1	1	–1	1

与某个数字左右相邻的两数乘积与该数字的二次幂之间相差 1

利用归纳法（一种证明方法，我们将在下一章学习这种方法）可以证明，对于 $n \geqslant 1$：

$$F_n^2 - F_{n-1}F_{n+1} = (-1)^{n+1}$$

接下来，我们研究与某个数字距离较大的两个数字的乘积，以便把这个规律推而广之。以 $F_5 = 5$ 为例，我们发现，与之紧密相邻的两个斐波那契数字的乘积是 $3 \times 8 = 24$，与 5^2 相差 1。与 5 相距 2 个数字的左右两数相乘时，也会得到相同的结果，即 $2 \times 13 = 26$ 同样与 5^2 相差 1。与 5 相距 3、4 或 5 个数字的左右两数相乘呢？它们的乘积分别是 $1 \times 21 = 21$，$1 \times 34 = 34$，$0 \times 55 = 0$。这些乘积与 25 相差多少呢？

它们的距离分别是 4、9、25，都是完全平方数。而且，它们不是没有任何规律的完全平方数，而是斐波那契数列中数字的二次幂！下表给出了更多的证据，证明这个规律确实存在，其一般表达式为：

$$F_n^2 - F_{n-r}F_{n+r} = \pm F_r^2$$

n	1	2	3	4	5	6	7	8	9	10	
F_n	1	1	2	3	5	8	13	21	34	55	
F_n^2	1	1	4	9	25	64	169	441	1 156	3 025	$F_n^2 - F_{n-r}F_{n+r}$
$F_{n-1}F_{n+1}$	0	2	3	10	24	65	168	442	1 155	3 026	± 1
$F_{n-2}F_{n+2}$		0	5	8	26	63	170	440	1 157	3 024	± 1
$F_{n-3}F_{n+3}$			0	13	21	68	165	445	1 152	3 029	± 4
$F_{n-4}F_{n+4}$				0	34	55	178	432	1 165	3 016	± 9
$F_{n-5}F_{n+5}$					0	89	144	466	1 131	3 050	± 25
…					…					…	

在斐波那契数列中，某个数字的两个远邻的乘积一定与该数字的二次幂相距较近，该距离一定是某个数字的二次幂

质数、黄金比例与《达·芬奇密码》

我们已经知道，帕斯卡三角形中的偶数与奇数表现出一种极其复杂的规律。对于斐波那契数列而言，情况则简单得多。在斐波那契数列中哪些是偶数呢？

1，1，2，3，5，8，13，21，34，55，89，144…

偶数有 $F_3 = 2$，$F_6 = 8$，$F_9 = 34$，$F_{12} = 144$，等等。（在本节中，由于斐波那契数列表现出更美的规律性，因此我们继续用大写字母"F"来表示斐波那契数列中的数字。）前几个偶数出现在第 3、6、9、

12 等的位置上，说明每 3 项就有一个偶数。我们注意到，这个规律始于：

奇，奇，偶

然后重复：

奇，奇，偶，奇，奇，偶，奇，奇，偶……

这是因为，在每个"奇，奇，偶"代码块之后，接下来的代码块必然以"奇 + 偶 = 奇"开始，然后是"偶 + 奇 = 奇"，再然后是"奇 + 奇 = 偶"，如此循环往复。

用第 3 章的同余概念来表示的话，就是说斐波那契数列中的所有偶数都关于 0 同余（模为 2），所有奇数都关于 1 同余（模为 2），并且 $1 + 1 \equiv 0 \pmod 2$。因此，斐波那契数列的以 2 为模的表达方式是：

1，1，0，1，1，0，1，1，0，1，1，0…

那么，斐波那契数列中的哪些数字是 3 的倍数呢？前几个是 3 的倍数的数字为 $F_4 = 3$，$F_8 = 21$，$F_{12} = 144$，这似乎表明序号是 4 的倍数的数字都是 3 的倍数。为了证明这个猜想，我们以 3 为模，把斐波那契数列简化成 0、1 或 2 的形式，其中 $1 + 2 \equiv 0$，且 $2 + 2 \equiv 1 \pmod 3$。

于是，斐波那契数列变为：

1，1，2，0，2，2，1，0，　1，1，2，0，2，2，1，0，　1，1…

在第 8 项之后，又回到了 1 和 1，因此整个数列围绕大小为 8 的数据块不断重复，其中 0 排在第 4 位。因此，序号是 4 的倍数的数字都是 3 的倍数，反之亦然。如果模为 5、8 或 13，就可以证明：

序号是 5 的倍数的数字都是 5 的倍数；

序号是 6 的倍数的数字都是 8 的倍数；

序号是 7 的倍数的数字都是 13 的倍数。

而且，这个规律还可以继续推而广之。

斐波那契数列中两个相邻的数字有什么规律呢？它们有什么共同点吗？有意思的是，我们现在可以证明，从某种意义上讲，这些数字没有任何共同点。所以，我们说两个相邻的数字

$(1 , 1), (1 , 2), (2 , 3), (3 , 5), (5 , 8), (8 , 13), (13 , 21), (21 , 34), \cdots$

是互质的。也就是说，不存在一个大于 1 且可以同时整除这两个数字的数。例如，以上面最后一对数字为例，我们发现 21 可以被 1、3、7、21 整除，而 34 的因数是 1、2、17、34。因此，除了 1 以外，21 和 34 没有公因数。我们能确定这个规律始终成立吗？我们是否可以确定下一对数字，即 (34 , 55), 也是互质的？我们无须找出 55 的因数，即可完成这项证明。我们反过来假设存在一个数字 $d > 1$ 且可以同时整除 34 和 55，那么这个数字肯定可以整除它们的差 55 − 34 = 21（如果 55 和 34 都是 d 的倍数，它们的差也肯定是 d 的倍数）。但这是不可能的，因为我们已经知道不存在一个大于 1 且可以同时整除 21 和 34 的数字 d。重复这个证明过程，就可以证明斐波那契数列中所有两个相邻的数字都是互质的。

接下来，我要向大家介绍斐波那契数列最讨人喜欢的一个特点！我们知道，两个数字的"最大公因数"（greatest common divisor）是可以同时整除这两个数字且数值最大的那个数。例如，20 和 90 的最大公因数是 10，记作：

$$(20 , 90) = 10$$

你知道斐波那契数列中的第 20 个和第 90 个数字的最大公因数是多少吗？绝对难以想象！答案是 55，这个数字本身也包含在斐波那契数列中，而且正好是第 10 个数字！用等式表示的话，就是：

$$(F_{20},\ F_{90}) = F_{10}$$

一般地，对于整数 m 和 n，有：

$$(F_m,\ F_n) = F_{(m,\ n)}$$

也就是说，"斐波那契数列中两个数字的最大公因数也是斐波那契数列中的数字，它的序号就是那两个数字序号的最大公因数"！尽管我们不准备证明这个规律，但我还是要把它介绍给大家，因为这确实是一个美轮美奂的规律，我完全无法抵制它的诱惑。

规律有时候也具有欺骗性。例如，斐波那契数列中的哪些数字是"质数"（prime number）？（我们在下一章就会讨论质数的概念，它是指大于 1 且只能被 1 和自身整除的数。）大于 1 但不是质数的数叫作"合数"（composite number），因为它们可以被分解成较小数字的乘积形式。前几个质数是

2，3，5，7，11，13，17，19…

下面，我们考察序号为质数的斐波那契数列中的数字：

$$F_2 = 1,\ F_3 = 2,\ F_5 = 5,\ F_7 = 13,\ F_{11} = 89,\ F_{13} = 233,\ F_{17} = 1\ 597$$

可以看出，2、5、13、89、233、1 597 都是质数。这个现象似乎表明，如果 $p > 2$ 是质数，那么 F_p 也是质数。但是，$F_{19} = 4\ 181$ 不是质数，因为 4 181 = 37 × 113。然而，如果斐波那契数列中的某个数字大于 3 且为质数，那么它的序号一定是质数，这条规律确实存在，而且可以根据我们前面讨论的一条规律推导得出。例如，F_{14} 肯定是一个合数，因

为斐波那契数列中序号是 7 的倍数的数字都是 $F_7 = 13$ 的倍数（事实确实如此，$F_{14} = 377 = 13 \times 29$）。

事实上，斐波那契数列中的数字为质数的情况极为少见。在我创作本书的时候，已经被证实是质数的数字一共只有 33 个，其中最大的是 $F_{81\ 839}$。对于斐波那契数列中的质数个数是否为无限的问题，数学界还没有得出最终结论。

下面，我暂停讨论这些严肃的内容，为大家表演一个根据斐波那契数列设计的小魔术。

第 1 行：	3
第 2 行：	7
第 3 行：	10
第 4 行：	17
第 5 行：	27
第 6 行：	44
第 7 行：	71
第 8 行：	115
第 9 行：	186
第 10 行：	301

在上表的第 1 行和第 2 行中分别填入一个 1~10 中的数字。将这两个数字相加，并把和填入第 3 行。将第 2 行和第 3 行的数字相加，将它们的和填入第 4 行。按照斐波那契数列的特点，继续填写上表其余各行（第 3 行 + 第 4 行 = 第 5 行，以此类推），直到所有 10 行全部填满。接下来，用第 9 行的数字去除第 10 行的数字，读取得数的前三位数。在这个例子中，我们发现 $\frac{301}{186} = 1.618\ 279\cdots$。因此，得数的前三位数是 1.61。无论你相信与否，在第 1 行和第 2 行填入任意一个正数（无须整数，也无须是 1~10 中的数字），第 10 行与第 9 行的比值一定是 1.61。请大家自行举例验证。

　　为了找出其中的奥秘，我们把第 1 行和第 2 行的数字分别记作 x 和 y。如下表所示，根据斐波那契数列的特点，第 3 行必然是 $x + y$，第 4 行是 $y + (x + y) = x + 2y$，以此类推。

第 1 行：	x
第 2 行：	y
第 3 行：	$x + y$
第 4 行：	$x + 2y$
第 5 行：	$2x + 3y$
第 6 行：	$3x + 5y$
第 7 行：	$5x + 8y$
第 8 行：	$8x + 13y$
第 9 行：	$13x + 21y$
第 10 行：	$21x + 34y$

　　我们需要求出第 10 行与第 9 行的两个数字的比值：

$$\frac{\text{第 10 行}}{\text{第 9 行}} = \frac{21x+34y}{13x+21y}$$

　　比值的前三位数一定是 1.61，这是为什么呢？在回答这个问题时，我们可以从分数加法运算的一个常见错误中汲取灵感。假设有两个分数 $\frac{a}{b}$ 和 $\frac{c}{d}$，其中 b 和 d 都是正数。如果将分子和分母分别相加，会得到什么结果？无论你相信与否，这个结果被称为"中间数"（mediant），即它一定是位于那两个分数之间的某个值。也就是说，对于任意两个不同的分数 $a/b < c/d$，其中 b、d 为正数，都有：

$$\frac{a}{b} < \frac{a+c}{b+d} < \frac{c}{d}$$

　　例如，有两个分数 1/3 和 1/2，它们的中间数是 2/5，三者的关系是：1/3 < 2/5 < 1/2。

延伸阅读

中间数的值为什么位于给定的两个分数之间呢？如果 $\frac{a}{b} < \frac{c}{d}$，

且 b、d 为正数，那么 $ad < bc$ 必然成立。两边同时加上 ab，得

到 $ab + ad < ab + bc$，即 $a(b+d) < (a+c)b$，因此 $\frac{a}{b} < \frac{a+c}{b+d}$。

同理，$\frac{a+c}{b+d} < \frac{c}{d}$ 成立。

接下来，请注意，对于 x、$y > 0$，有：

$$\frac{21x}{13x} = \frac{21}{13} = 1.615\cdots$$

$$\frac{34y}{21y} = \frac{34}{21} = 1.619\cdots$$

它们的中间数必须位于两个分数之间，也就是说：

$$1.615\cdots = \frac{21}{13} = \frac{21x}{13x} < \frac{21x + 34y}{13x + 21y} < \frac{34y}{21y} = \frac{34}{21} = 1.619\cdots$$

因此，第 10 行和第 9 行的数字比值的前三项必然是 1.61。证明
完毕。

延伸阅读

在答出 1.61 之前，你可以迅速求出表中所有数字的和，让
观众大吃一惊。例如，如果一开始的两个数字是 3 和 7，你迅
速扫一眼，就可以立刻说出所有数字之和——781。这是怎么做
到的呢？是因为我们有代数这个武器。把前文第二张表中的所
有数值相加，你就会发现和是 $55x + 88y$。这又有什么用呢？有
用，因为它正好是 $11(5x + 8y) = 11 \times$ 第 7 行数字。因此，只需

看看第 7 行的数字（本例中的这个数字是 71），然后将它乘以 11（或许你还可以使用本书第 1 章介绍的乘数是 11 的简便计算技巧），就可以得到 781。

数字 1.61 有什么重要意义吗？如果把表格不断延续下去，你就会发现相邻两项的比值逐渐趋近于黄金比例[①]（the golden ratio）。

$$g = \frac{1 + \sqrt{5}}{2} = 1.618\ 03\cdots$$

有时，数学界用希腊字母 φ 来表示这个数字。

延伸阅读

通过代数运算，我们可以证明斐波那契数列中两个相邻数字之间的比值与 g 越来越接近。假设随着 n 不断增大，F_{n+1}/F_n 与某个比值 r 越来越接近。但是，根据斐波那契数列的定义，$F_{n+1} = F_n + F_{n-1}$，因此：

$$\frac{F_{n+1}}{F_n} = \frac{F_n + F_{n-1}}{F_n} = 1 + \frac{F_{n-1}}{F_n}$$

随着 n 不断变大，等式左边不断趋近于 r，而等式右边不断趋近于 $1 + \frac{1}{r}$，因此：

$$r = 1 + \frac{1}{r}$$

等式两边同时乘以 r，就会得到：

$$r^2 = r + 1$$

[①]　黄金比例，美国常用 1.618 03⋯表示，中国惯用 0.618 03⋯表示，表示方法不同，实质计算相同。——编者注

也就是说，$r^2 - r - 1 = 0$，根据二次方程求根公式，该方程式的唯一正根是 $r = \dfrac{1 + \sqrt{5}}{2}$，即 g。

斐波那契数列的第 n 个数字有一个非常迷人的表达式，就是"斐波那契数列比内公式"：

$$F_n = \frac{1}{\sqrt{5}} \left[\left(\frac{1 + \sqrt{5}}{2} \right)^n - \left(\frac{1 - \sqrt{5}}{2} \right)^n \right]$$

这个公式非常有意思，也让人感到非常不可思议，因为每一项里都有 $\sqrt{5}$，但最后的结果却是整数！

由于 $\dfrac{1 - \sqrt{5}}{2} = -0.618\,03\cdots$，它的值在 -1 和 0 之间，如果我们对它不断地进行升幂处理，它就会越来越接近 0。事实上，我们可以证明，对于任意的 $n \geq 0$，我们都可以通过计算 $g^n / \sqrt{5}$ 的值，然后取最接近这个值的整数，来得到 F_n。不信的话，请你拿出计算器，自己动手算算看。如果 g 取近似值 1.618，升到 10 次幂就是 $122.966\cdots$（接近于 123）。然后用这个数字除以 $\sqrt{5}$（约等于 2.236），结果是 54.992。四舍五入后，就会得到 $F_{10} = 55$，这与我们已知的情况一致。如果取 g^{20}，即 $15\,126.999\,93$，它除以 $\sqrt{5}$ 的商是 $6\,765.000\,03$，因此 $F_{20} = 6\,765$。利用计算器计算 $g^{100} / \sqrt{5}$，就会得到 F_{100}，约为 3.54×10^{20}。

在我们刚才的计算过程中，我们似乎把 g^{10} 和 g^{20} 视为整数来处理，这是为什么呢？请仔细观察"卢卡斯数列"（Lucas Sequence）：

1，3，4，7，11，18，29，47，76，123，199，322，521⋯

卢卡斯数列是以爱德华·卢卡斯（Édouard Lucas，1842—1891）的名字命名的。这位法国数学家发现了该数列与斐波那契数列的众多属性，其中包括我们在前面讨论的最大公因数属性，而且他是把 1，1，2，3，5，8…命名为斐波那契数列的第一人。卢卡斯数列有它自己的比内公式（比斐波那契数列比内公式简单一些），即：

$$L_n = \left(\frac{1+\sqrt{5}}{2}\right)^n + \left(\frac{1-\sqrt{5}}{2}\right)^n$$

也就是说，对于 $n \geqslant 1$，L_n 是非常接近 g^n 的整数。（这与我们在前面看到的内容是一致的，因为 $g^{10} \approx 123 = L_{10}$。）从下表可以看出，斐波那契数列与卢卡斯数列还有其他的关系。

n	1	2	3	4	5	6	7	8	9	10
F_n	1	1	2	3	5	8	13	21	34	55
L_n	1	3	4	7	11	18	29	47	76	123
$F_{n-1} + F_{n+1}$		3	4	7	11	18	29	47	76	123
$L_{n-1} + L_{n+1}$		5	10	15	25	40	65	105	170	275
$F_n L_n$	1	3	8	21	55	144	377	987	2 584	6 765

斐波那契数列、卢卡斯数列及它们的关系

有的规律是显而易见的。例如，把斐波那契数列中的某个数字的左右"邻居"相加，就会得到卢卡斯数列中的某个数字：

$$F_{n-1} + F_{n+1} = L_n$$

把卢卡斯数列中某个数字的左右"邻居"相加，和是斐波那契数列中的某个数字的 5 倍：

$$L_{n-1} + L_{n+1} = 5F_n$$

将斐波那契数列中的某个数字与对应的卢卡斯数列中某个数字相乘，就会得到斐波那契数列中的另一个数字！

$$F_n L_n = F_{2n}$$

延伸阅读

我们利用比内公式和简单的代数运算 [比如，$(x - y)(x + y) = x^2 - y^2$]，证明上面给出的最后一种关系。令 $h = (1 - \sqrt{5} \,) / 2$，斐波那契数列和卢卡斯数列的比内公式可以分别表述为：

$$F_n = \frac{1}{\sqrt{5}} \, (g^n - h^n) \text{ 和 } L_n = g^n + h^n$$

把这两个表达式相乘，就会得到：

$$F_n L_n = \frac{1}{\sqrt{5}} \, (g^n - h^n) \, (g^n + h^n) = \frac{1}{\sqrt{5}} \left(g^{2n} - h^{2n} \right) = F_{2n}$$

那么，"黄金比例"这个名称又是从哪里得来的呢？它来自"黄金矩形"（golden rectangle）。如下图所示，该矩形的长宽之比正好是 $g = 1.618\ 03\cdots$。

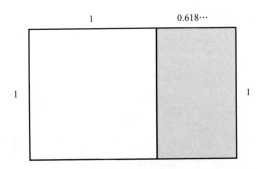

黄金矩形可以产生同样具有黄金比例关系的小矩形

把矩形的短边定义为 1 个单位，从矩形中移除一个 1×1 的正方形，剩下的矩形大小为 $1 \times (g-1)$，它的长宽之比为：

$$\frac{1}{g-1} = \frac{1}{0.618\ 03\cdots} = 1.618\ 03\cdots = g$$

因此，这个小矩形也同原来的矩形一样，具有黄金比例关系。顺便告诉大家，g 是具有这种完美属性的唯一数字，因为等式 $\frac{1}{g-1} = g$，即 $g^2 - g - 1 = 0$。根据二次方程求根公式，满足这个方程式的唯一正数就是（$1 + \sqrt{5}$）/ 2 $= g$。

凭借这个属性，黄金矩形被视为最美的矩形，很多艺术家、建筑师和摄影师都会有意识地在作品中使用这种矩形。达·芬奇的老朋友、合作伙伴卢卡·帕乔利把黄金矩形的长宽比称作"神圣比例"（the divine proportion）。

斐波那契数列与黄金比例给众多艺术家、建筑师和摄影家带来了灵感

图片来源：娜塔莉亚·圣克莱尔

由于黄金比例具有很多充满美感的数学属性，即使某些情况与黄金比例无关，人们也往往会想到它。例如，丹·布朗在他的著作《达·芬奇密码》中断言，1.618 这个数字几乎无处不在，人类的身体就是一个证据。例如，布朗称，人的身高与肚脐高度之比一定是1.618。我自己没有做过这个实验，但是《大学数学》杂志上刊登了一篇题为"黄金比例的误读"的文章，作者乔治·马考夫斯基称这个说法根本不对。不过，在某些人看来，只要某个数字似乎与1.6比较接近，就意味着黄金比例在发挥神奇的作用。

我经常说，斐波那契数列的许多规律都充满了诗意。我在这里举一个从诗歌得出斐波那契数列的例子，大多数五行打油诗都有下面这种韵律。（暂且把这首打油诗称作"dum"吧。）

五行打油诗	di	dum	音节
di-dum di-di-dum di-di-dum	5	3	8
di-dum di-di-dum di-di-dum	5	3	8
di-dum di-di-dum	3	2	5
di-dum di-di-dum	3	2	5
di-dum di-di-dum di-di-dum	5	3	8
和	21	13	34

斐波那契数列打油诗

数一数每行的音节数，就会发现到处都是斐波那契数列中的数字！我诗兴大发，决定也创作一首斐波那契数列的打油诗：

> I think Fibonacci is fun（我觉得斐波那契数列真有意思。）
>
> It starts with a 1 and a 1（开始两项是 1 和 1。）
>
> Then 2, 3, 5, 8（然后是 2，3，5，8。）
>
> But don't stop there, mate（不过，伙计，不要着急，）
>
> The fun has just barely begun!（更好玩的还在后面呢！）

第 6 章

永恒的数学定理

$$1 + 2 + 3 = 1 \times 2 \times 3 = 6$$

紫牛、俄罗斯方块与数学定理的证明

　　数学的一大乐趣，也是数学不同于其他科学的显著标志，就是它可以通过证明的方式帮助我们拨云见日，消除疑虑。在其他科学领域，我们之所以接受某些法则，是因为这些法则与现实世界一致，但一旦有新的证据出现，这些法则就有可能被推翻或者修改。在数学领域，如果某个命题被证明为真，那么它将永远是真实的。例如，欧几里得早在两千多年前就证明了质数有无数个，对于这个命题的真实性，我们无须怀疑。技术诞生之后还会退出历史舞台，但数学定理亘古不变。伟大的数学家高德菲·哈罗德·哈代（G. H. Hardy）说过："同画家和诗人一样，数学家也是规律的创造者。数学家创造的规律之所以更加持久，原因就在于这些规律中蕴藏着思想。"我常常想，要想在学术方面取得不朽的成绩，最好的办法就是证明一条新的数学定理。

　　数学家不仅可以证明某些事情的确定性，还可以证明某些事情是不可能的。人们有时说："你无法证伪。"这句话的意思是，你无法证明紫色奶牛不存在，因为说不定哪天就会出现一头这样的奶牛。但在数学领域，你可以证伪。例如，无论你怎么努力，都找不到和为奇数的两个偶数，也找不到比其他质数都大的质数。第一次接触时，证明可能会让我们望而生畏（也许第二次、第三次时我们还会感到害怕），需要不断练习才能逐渐适应。但是，一旦你精于此道，就会觉得其乐无穷，无论是你自己动手证明，还是看别人的证明过程。好的证明就像一个精彩的故事，让你满心愉悦。

接下来，我和大家分享我第一次证明某件事是不可能的经历。小时候，我喜欢玩游戏、做智力测试题。一天，一位朋友给我出了一道难题，让我兴致盎然。他拿出一个空的 8×8 棋盘和 32 个普通的 1×2 双方块，然后问我："你可以用这些双方块，把整个棋盘都盖住吗？"我说："当然可以，只要每行放 4 个双方块就行了。"

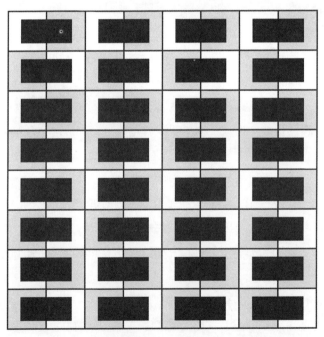

用 1×2 的双方块覆盖 8×8 的棋盘

他说："非常好！现在，我们把右下角和左上角的这两个方格去掉。"说完，他在这两个方格上各放了一枚硬币，表示这两个区域不存在。"你可以用 31 个双方块覆盖棋盘上剩下的 62 个方格吗？"

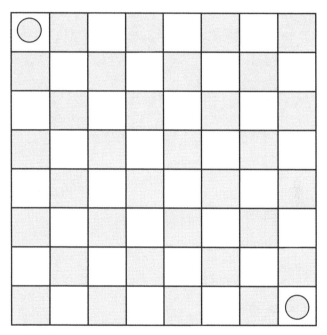

去掉右下角和左上角的两个方格之后，双方块可以盖住整个棋盘吗？

"也许可以吧。"我答道。但是，无论我怎么摆放，双方块都无法盖住整个棋盘。于是我想，这个任务是不是不可能完成呢？

"如果你觉得这个任务无法完成，你如何证明？"朋友问道。但是，摆放双方块的方法有无数种，如果我不一一尝试，怎么能证明这是一个不可能完成的任务呢？这时候，他给了我一点儿提示："观察一下棋盘上的颜色。"

颜色？这与颜色有什么关系？我突然想明白了。由于去掉的两个方格都是浅色的，因此棋盘上还剩下 32 个深色方格和 30 个浅色方

格。每个双方块正好覆盖一个浅色方格和一个深色方格，所以用 31
个双方块不可能盖住整个棋盘。太棒了！

延伸阅读

如果你喜欢上面的证明过程，那么你肯定也会喜欢下面这
个证明过程。俄罗斯方块游戏中有 7 种形状各异的板块，有时
候它们分别被称为 I、J、L、O、Z、T、S。

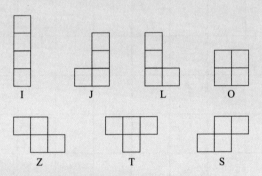

这 7 个板块可以拼成一个 4×7 的长方形吗？

由于每个板块都包含 4 个 1×1 方块，因此我们自然想知道
7 个板块是不是可以拼成一个 4×7 的长方形，拼装的时候可以
翻转或旋转这些板块。事实证明，这个任务是无法完成的。如
何证明它是不可能的呢？如下图所示，把 4×7 长方形涂成 14
个浅色方格和 14 个深色方格。

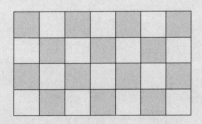

请注意，除了 T 以外，其他的板块无论摆放到哪个位置上，都会覆盖两个深色方格和两个浅色方格。而在 T 覆盖的 4 个方格中，有三个方格的颜色一样。因此，无论其余 6 个板块怎么摆放，它们都会覆盖 12 个浅色方格和 12 个深色方格。剩余的 2 个浅色方格和 2 个深色方格只能用板块 T 来覆盖，而这是不可能的。

如果我们认为某个数学命题是真实的，怎样才能证明它的确是真实的呢？通常，先要对我们所研究的数学对象进行描述。例如，我们说整数集合

$$\cdots,\ -2,\ -1,\ 0,\ 1,\ 2,\ 3,\ \cdots$$

包含所有整数：正数、负数和零。

之后，我们要对这些对象做出一些显而易见的假设。例如，“两个整数的和或积一定是整数”。（下一章将讨论几何学，届时我们会做出这样的假设：“对于任意两点，都可以画出一条经过这两点的直线”。）这些显而易见的命题叫作“公理”（axioms）。在这些公理的基础上，通过逻辑推理和代数运算，我们经常可以推导出一些正确的命题，叫作“定理”（theorems）。定理有时候并不是显而易见的。阅读本章，你可以学会证明数学命题的基本方法。

我们先来证明一些很容易取信于人的定理。第一次听到“两个偶数的和是偶数”、“两个奇数的乘积是奇数”等命题时，我们通常会默默地举出几个实例，检验之后才会断定这个命题是真实的或者有道理的。你有时甚至会想，这个命题太显而易见了，都可以当作公理使用了。但是，我们没必要把它作为公理，因为利用已知的公理，可以证明这个命题为真。在证明偶数和奇数的某些属性时，我们需要先弄明

白它们的含义。

"偶数"是 2 的倍数。用代数语言来表述的话，就是如果 $n = 2k$，k 是整数，那么我们说 n 是偶数。0 是不是偶数呢？是偶数，因为 $0 = 2 \times 0$。现在，我们可以证明"两个偶数的和是偶数"这个命题了。

定理：如果 m 和 n 是偶数，那么 $m + n$ 也是偶数。

这是一个典型的"如果—那么"定理。在证明这种命题时，我们通常会对"如果"部分做出假设，然后通过逻辑和代数运算，证明可以根据假设得出"那么"部分。在本例中，我们假设 m 和 n 是偶数，希望得出 $m + n$ 也是偶数的结论。

证明：假设 m 和 n 是偶数，因此 $m = 2j$，$n = 2k$，其中 j 和 k 都是整数，进而可以得出：

$$m + n = 2j + 2k = 2 (j + k)$$

由于 $j + k$ 是整数，因此 $m + n$ 是 2 的倍数，从而证明 $m + n$ 必然是偶数。 □

注意，上述证明的依据是，两个整数的和（即本例中的 $j + k$）也必然是整数这条公理。在证明复杂的命题时，我们不仅需要依赖一些基本公理，还可能需要利用已经被证明的定理。数学界的一个常见做法就是在证明结束之后，在最后一行的右侧页边添加一个标识，例如 □、■ 或者 Q. E. D。Q. E. D 是拉丁语"quod erat demonstrandum"的缩写，意思是"证明完毕"。（如果你愿意，你也可以把它看作英语 "quite easily done" 的缩写，意思是"太简单了"。）如果我认为某个证明过程特别美妙，我就会在结尾处画一个笑脸符号（☺）。

在证明了"如果—那么"定理之后，数学家们开始考虑逆命题的真实性。逆命题就是把原命题的"如果"和"那么"这两个部分对调之后得到的命题。上例的逆命题是："如果 $m + n$ 是偶数，那么 m 和 n

都是偶数"。只需举出一个"反例"（counterexample），就能很容易地证明这是一个假命题。对于这个命题而言，我们可以举一个非常简单的反例：

$$1 + 1 = 2$$

这个例子表明，即使两个数不是偶数，它们的和也可以是偶数。

下面讨论一条关于"奇数"的定理。奇数是指不是 2 的倍数的数字。如果用 2 除以一个奇数，余数一定是 1。用代数语言来表述，就是如果 $n = 2k + 1$，k 是整数，那么 n 是奇数。有了这个定义之后，我们只需通过简单的代数运算，就能证明"两个奇数的乘积是奇数"这个命题。

定理：如果 m 和 n 是奇数，那么 mn 也是奇数。

证明：假设 m 和 n 是奇数。那么 $m = 2j + 1$，$n = 2k + 1$，j、k 是整数。根据 FOIL 法则：

$$mn = (2j + 1)(2k + 1) = 4jk + 2j + 2k + 1 = 2(2jk + j + k) + 1$$

由于 $2jk + j + k$ 是整数，因此 mn 是"某个整数的 2 倍 + 1"，从而证明 mn 是奇数。　　　　　　□

它的逆命题"如果 mn 是奇数，那么 m 和 n 都是奇数"是否为真呢？这个命题也是真命题，我们可以利用"反证法"（proof by contradiction）来证明。反证法是指，如果我们否定结论（"m、n 都是奇数"），我们之前做出的假设就不成立。因此，从逻辑上讲，结论必定是成立的。

定理：如果 mn 是奇数，那么 m 和 n 都是奇数。

证明：与结论相反，我们假设 m 或 n 是偶数（或同为偶数）。这两个数字中到底哪一个是偶数无关紧要，我们假定 m 是偶数，也就是说，$m = 2j$，j 为整数。那么，乘积 $mn = 2jn$ 也是偶数，这与我们之前假设

mn 是奇数的前提相悖。

如果某个命题和它的逆命题都是真命题，数学界就称之为"当且仅当定理"（if and only if theorem）。我们前面已经完成了下述定理的证明工作。

定理：当且仅当 *mn* 是奇数时，*m* 和 *n* 都是奇数。

有理数和无理数

上述定理不会让你感到吃惊，它们的证明过程也非常直接。只在证明某些不太直观的定理时，我们才可以体会到其中的乐趣。到目前为止，我们接触的都是整数，现在可以进阶到分数的相关定理的证明了。"有理数"（rational number）是指可以表示为分数形式的数字。更准确的说法是，如果 $r = a / b$，其中 *a* 和 *b* 是整数（且 $b \neq 0$），那么我们说 *r* 是有理数。不能表示为分数形式的数字叫作"无理数"（irrational number）。（你或许听说过，数字 $\pi = 3.141\,59\cdots$ 就是无理数，我们将在本书第 8 章对它进行详细介绍。）

在介绍下一个定理之前，我们有必要回顾一下分数的加法。如果分数的分母相同，进行加法运算时就极为简单。例如：

$$\frac{1}{5} + \frac{2}{5} = \frac{3}{5}, \quad \frac{3}{4} + \frac{1}{4} = \frac{4}{4} = 1, \quad \frac{5}{8} + \frac{7}{8} = \frac{12}{8} = 1.5$$

否则，我们必须先把它们化成分母相同的形式，再进行加法运算。例如：

$$\frac{1}{3} + \frac{1}{6} = \frac{2}{6} + \frac{1}{6} = \frac{3}{6} = \frac{1}{2}, \quad \frac{2}{7} + \frac{3}{5} = \frac{10}{35} + \frac{21}{35} = \frac{31}{35}$$

一般而言，在计算两个分数 *a / b* 和 *c / d* 的和时，我们可以为它们赋予一个公分母，例如：

$$\frac{a}{b} + \frac{c}{d} = \frac{ad}{bd} + \frac{bc}{bd} = \frac{ad+bc}{bd}$$

接下来，我们就可以证明有理数的一些简单属性了。

定理： 两个有理数的平均数仍然是有理数。

证明： 令 x 和 y 为有理数，必然存在 a、b、c、d，满足 $x = a/b$，$y = c/d$。所以，x 和 y 的平均数为：

$$\frac{x+y}{2} = \frac{a/b + c/d}{2} = \frac{ad+bc}{2bd}$$

由此可见，该平均数是一个分数，且分子、分母均为整数。因此，有理数 x 和 y 的平均数也是有理数。

我们想一想，这个定理有什么含义？它的意思是，对于任意两个有理数，即使它们非常接近，我们也总能找出一个位于它们之间的有理数。也许你忍不住会想，所有的数字都是有理数（古希腊人也曾有这样的想法）。但是，令人吃惊的是，这个想法是错误的。我们以 $\sqrt{2}$ 为例，这个数字的小数形式是 1.414 2…。现在，我们有很多方法，用分数来近似地表示 $\sqrt{2}$。例如，$\sqrt{2}$ 近似等于 10/7 或者 1 414/1 000，但是这些分数的平方都不会正好等于 2。是不是因为我们找得还不够仔细呢？下面这个定理告诉我们，无论我们怎么努力，都会无功而返。该定理的证明采用了反证法，关于无理数的定理通常都会采用这种证明方法。我们知道，所有分数都可化简至最简分数，即分子和分母没有大于 1 的公因数。下面的证明过程就将利用分数的这个特点。

定理： $\sqrt{2}$ 是无理数。

证明： 我们假设 $\sqrt{2}$ 是有理数，则必然存在正整数 a 和 b，满足：

$$\sqrt{2} = a/b$$

其中，*a* / *b* 是最简分数。等式两边同时进行平方运算，就有：

$$2 = a^2 / b^2$$

也就是说，$a^2 = 2b^2$。由此可知，a^2 必然是偶数。如果 a^2 是偶数，那么 *a* 也必然是偶数（前文中已经证明，如果 *a* 是奇数，那么其自乘的结果也必然是奇数）。因此，$a = 2k$，*k* 是整数。将它代入上面的等式，就有：

$$(2k)^2 = 2b^2$$
$$4k^2 = 2b^2$$
$$b^2 = 2k^2$$

因此，b^2 是偶数。既然 b^2 是偶数，*b* 也必然是偶数。但是，*a* 和 *b* 都是偶数，这与 *a* / *b* 是最简分数的前提相矛盾。因此，$\sqrt{2}$ 是有理数这个假设不成立，这证明 $\sqrt{2}$ 是无理数。 ☺

单凭逻辑的力量，就证明了一个非常令人吃惊的结果，所以我十分喜欢这个证明过程（画了个笑脸）。本书第 12 章将告诉我们，无理数非常多。事实上，从严格意义上讲，绝大多数的实数都是无理数，尽管我们在日常生活中接触的大多是有理数。

上面这条定理有一个有趣的"推论"（corollary），推论是指由某条定理推导得出的定理。这个推论的推导过程利用了"指数定律"（law of exponentiation），即对于任意整数 *a*、*b*、*c*：

$$\left(a^b\right)^c = a^{bc}$$

例如，$\left(5^3\right)^2 = 5^6$，这是有道理的，因为：

$$\left(5^3\right)^2 = (5 \times 5 \times 5) \times (5 \times 5 \times 5) = 5^6$$

推论：*存在无理数 a 和 b，使得 a^b 是有理数。*

尽管现在我们只知道一个无理数，即$\sqrt{2}$，但足以证明这条定理，这真是太棒了！下面的证明过程可以告诉你符合条件的a和b是存在的，但不能告诉你它们的值分别是多少。我们把这种证明称为"存在性证明"（existence proof）。

证明：我们知道$\sqrt{2}$是无理数，我们来看$\sqrt{2}^{\sqrt{2}}$这个数字，它是不是有理数呢？如果是，那么令$a=\sqrt{2}$，$b=\sqrt{2}$，命题就得到了证明。如果答案是否定的，就说明我们知道的无理数又多了一个，即$\sqrt{2}^{\sqrt{2}}$。令$a=\sqrt{2}^{\sqrt{2}}$，$b=\sqrt{2}$，根据指数定律，就可以得到：

$$a^b = \left(\sqrt{2}^{\sqrt{2}}\right)^{\sqrt{2}} = \sqrt{2}^{\sqrt{2}\times\sqrt{2}} = \sqrt{2}^{2} = 2$$

答案是一个有理数。因此，无论$\sqrt{2}^{\sqrt{2}}$是有理数还是无理数，我们都可以找到a、b，使得a^b是有理数。　　　　　　　☺

存在性证明这种证明方法通常很巧妙，但它有时也存在不尽如人意的地方，无法告诉你想要了解的所有信息。（如果你感到好奇，我可以告诉你$\sqrt{2}^{\sqrt{2}}$是无理数，但这不属于本章讨论的范围。）

更能让人心满意足的证明方法是"构造性证明"（constructive proof），因为它告诉你的信息正好是你想要了解的信息。例如，我们可以证明所有的有理数a/b都是有尽或者循环小数（这是因为，随着除法运算的进行，b除过的数字必然会再次出现，并被b除）。但是，它的反命题是否正确？有尽小数必然是有理数，例如，0.123 58 = 12 358 / 100 000。循环小数呢？例如，0.123 123 123…一定是有理数吗？答案是肯定的。下面这种巧妙的方法可以告诉我们有理数到底是什么。我们把这个神秘数字设为w，于是：

$$w = 0.123\ 123\ 123\cdots$$

两边同时乘以 1 000，上式就会变成：

$$1\,000w = 123.123\,123\,123\cdots$$

用第二个等式减去第一个等式，就会得到：

$$999w = 123$$

$$w = \frac{123}{999} = \frac{41}{333}$$

我们换另一个循环小数再试一试。这一次的循环小数并不是从小数点后第一位就开始循环，比如，如何将小数 $0.833\,33\cdots$ 表示成分数形式呢？先令：

$$x = 0.833\,33\cdots$$

两边同时乘以 100：

$$100x = 83.333\,3\cdots$$

再同时除以 10：

$$10x = 8.333\,3\cdots$$

从 $100x$ 中减去 $10x$，小数点后面的所有项都抵消了：

$$90x = (83.333\,3\cdots) - (8.333\,3\cdots) = 75$$

$$x = \frac{75}{90} = \frac{5}{6}$$

运用构造性证明这种证明方法，我们可以证明当且仅当某个数字的小数形式是有尽或者循环小数时，该数才是有理数。如果某数的小数形式是不循环的无尽小数，例如：

$$v = 0.123\,456\,789\,101\,112\,131\,415\cdots$$

这个数字就是无理数。

棋盘覆盖问题与归纳性证明

我们再回过头去，证明与正整数相关的一些定理。在本书第 1
章，通过观察：

$$1 = 1$$
$$1 + 3 = 4$$
$$1 + 3 + 5 = 9$$
$$1 + 3 + 5 + 7 = 16$$

我们先提出前 n 个奇数的和是 n^2 的命题，然后着手证明这个命题。
当时，我们使用的是巧妙的"组合性证明"（combinatorial proof）法，
即通过两种方法统计棋盘的方格数，证明了这个命题的真实性。接下
来，我们用一种无须巧妙构思的方法来证明这个命题。假设我告诉你
（也许你本就深信不疑）前 10 个奇数的和 $1 + 3 + \cdots + 19$ 是 10^2，即
100，如果你表示同意，那么再加上第 11 个奇数（21），和毫无疑问是
121，也就是 11^2。换句话说，如果针对前 10 个奇数该命题为真，那
么针对前 11 个奇数该命题同样为真。这就是"归纳性证明"（proof by
induction）法的指导思想。在涉及 n 的证明时，我们通常会先证明命
题在一开始的时候（通常是 $n = 1$ 时）是正确的，然后证明如果 $n = k$
时命题成立，那么 $n = k + 1$ 时它也成立。由此可证，在 n 取所有值时
命题都成立。归纳性证明就像爬梯子：先证明你可以踏上梯子，然后
证明如果你已经爬上了一级，就可以再向上爬一级。稍稍思考其中的
道理，你就会相信自己可以爬上梯子的任意一级。

例如，对于前 n 个奇数的和这个命题，我们的目标是证明对于所
有的 $n \geqslant 1$，都有：

$$1 + 3 + 5 + \cdots + (2n - 1) = n^2$$

我们发现，第一个奇数 1 的和的确是 1^2，因此当 $n = 1$ 时，这个命题肯定是正确的。接下来，我们注意到，如果前 k 个奇数的和是 k^2，即：

$$1 + 3 + 5 + \cdots + (2k - 1) = k^2$$

再加上下一个奇数（ $2k + 1$），就有：

$$1 + 3 + 5 + \cdots + (2k - 1) + (2k + 1) = k^2 + (2k + 1)$$
$$= (k + 1)^2$$

也就是说，如果前 k 个奇数的和是 k^2，那么前 $k + 1$ 个奇数的和一定是 $(k + 1)^2$。既然 $n = 1$ 时命题成立，由上述证明过程可知，n 取所有值时该命题也成立。

归纳性证明法是一个功能强大的证明方法。本书讨论的第一个问题是前 n 个数字的和：

$$1 + 2 + 3 + \cdots + n = \frac{n(n + 1)}{2}$$

当 $n = 1$ 时，该命题肯定是正确的，因为 $1 = (1 \times 2) / 2$。如果我们假设对于某个数字 k，命题

$$1 + 2 + 3 + \cdots + k = \frac{k(k + 1)}{2}$$

是正确的，在上式基础上再加上 $(k + 1)$，就会得到：

$$1 + 2 + 3 + \cdots + k + (k + 1) = \frac{k(k + 1)}{2} + (k + 1)$$
$$= (k + 1)\left(\frac{k}{2} + 1\right)$$
$$= \frac{(k + 1)(k + 2)}{2}$$

这是用 $k + 1$ 代替 n 时的求和公式。因此，如果 $n = k$（k 是任意正数）时公式成立，那么当 $n = k + 1$ 时，该公式同样成立。由此可证，

当 n 取所有正值时，公式都成立。

　　在本章以及后续章节中，我们将见到更多的归纳性证明实例。为了帮助大家加深印象，我在这里为大家送上"数学音乐家"戴恩·坎普（Dane Camp）和拉里·莱塞（Larry Lesser）创作的一首歌，这首歌采用了美国民谣歌手鲍勃·迪伦（Bob Dylan）的作品《答案在风中飘荡》（Blowing in the Wind）的旋律。

> 如何才能证明 n 取所有值时
> 命题都成立？
> 既然无法一一验证
> 盲目尝试又有何益！
> 面临如此困境，
> 能否找到锦囊妙计？
>
> 答案啊，我的朋友，是要学会归纳性证明，
> 答案是要学会归纳性证明！
>
> 首先研究开始时的情况
> 证明命题没有问题，
> 然后假设 $n = k$ 时命题为真
> 并证明 $n = k + 1$ 时仍然成立！
> 至此问题迎刃而解
> 告诉我你是否感到满意？
>
> 既然已经说了 n 次，说 $n + 1$ 次又何妨
> 答案是要学会归纳性证明！

延伸阅读

我们在本书第 5 章讨论了斐波那契数列数字间的几种相互关系。下面，我们就用归纳性证明法验证其中几个等式。

定理： 对于 $n \geq 1$，

$$F_1 + F_2 + \cdots + F_n = F_{n+2} - 1$$

证明： 当 $n = 1$ 时，上式为 $F_1 = F_3 - 1$，即 $1 = 2 - 1$，这显然是成立的。假设当 $n = k$ 时，命题也成立，那么：

$$F_1 + F_2 + \cdots + F_k = F_{k+2} - 1$$

在等式两边同时加上下一个数字 F_{k+1}，就会得到

$$F_1 + F_2 + \cdots + F_k + F_{k+1} = F_{k+1} + F_{k+2} - 1$$
$$= F_{k+3} - 1$$

证明完毕。　　　　　　　　　　　　　　　□

斐波那契数列的平方和等式的证明同样简单。

定理： 对于 $n \geq 1$，

$$F_1^2 + F_2^2 + \cdots + F_n^2 = F_n F_{n+1}$$

证明： 当 $n = 1$ 时，上式为 $F_1^2 = F_1 F_2$，这显然是成立的，因为 $F_2 = F_1 = 1$。假设当 $n = k$ 时定理也成立，那么：

$$F_1^2 + F_2^2 + \cdots + F_k^2 = F_k F_{k+1}$$

在等式两边同时加上 F_{k+1}^2，就会得到：

$$F_1^2 + F_2^2 + \cdots + F_k^2 + F_{k+1}^2 = F_k F_{k+1} + F_{k+1}^2$$
$$= F_{k+1}(F_k + F_{k+1})$$
$$= F_{k+1} F_{k+2}$$

证明完毕。　　　　　　　　　　　　　　　□

我们在本书第 1 章发现，"三次方的和就是和的二次方"，例如：

$$1^3 = 1^2$$

$$1^3 + 2^3 = (1 + 2)^2$$

$$1^3 + 2^3 + 3^3 = (1 + 2 + 3)^2$$

$$1^3 + 2^3 + 3^3 + 4^3 = (1 + 2 + 3 + 4)^2$$

但是，我们当时无法证明。有了归纳性证明法之后，就可以轻松完成证明工作了。这个一般性规律是：对于 $n \geqslant 1$，

$$1^3 + 2^3 + 3^3 + \cdots + n^3 = (1 + 2 + 3 + \cdots + n)^2$$

由于我们已经知道 $1 + 2 + \cdots + n = \dfrac{n(n+1)}{2}$，因此我们可以证明下面这条等价定理。

定理：对于 $n \geqslant 1$，

$$1^3 + 2^3 + 3^3 + \cdots + n^3 = \frac{n^2(n+1)^2}{4}$$

证明：当 $n = 1$ 时，命题 $1^3 = (1^2 \times 2^2)/4$ 成立。如果 $n = k$ 时定理也成立，就有：

$$1^3 + 2^3 + 3^3 + \cdots + k^3 = \frac{k^2(k+1)^2}{4}$$

两边同时加上 $(k+1)^3$，就会得到：

$$
\begin{aligned}
1^3 + 2^3 + 3^3 + \cdots + k^3 + (k+1)^3 &= \frac{k^2(k+1)^2}{4} + (k+1)^3 \\
&= (k+1)^2 \left[\frac{k^2}{4} + (k+1) \right] \\
&= (k+1)^2 \left[\frac{k^2 + 4(k+1)}{4} \right] \\
&= \frac{(k+1)^2(k+2)^2}{4}
\end{aligned}
$$

证明完毕。　　　　　　　　　　　　　　　　　　　　　　□

延伸阅读

下面是立方和公式的几何证明。

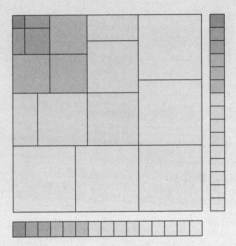

我们用两种方法计算上图的面积，然后进行比较。一方面，这是一个正方形，它的边长是 $1 + 2 + 3 + 4 + 5$，因此它的面积是 $(1 + 2 + 3 + 4 + 5)^2$。

另一方面，我们从左上角开始，沿对角线方向观察，就会发现这个正方形是由 1 个 1×1 的正方形，2 个 2×2 的正方形（其中一个正方形被分割成两半），3 个 3×3 的正方形，4 个 4×4 的正方形（其中一个正方形被分割成两半）和 5 个 5×5 的正方形构成的，因此它的面积等于：

$$(1 \times 1^2) + (2 \times 2^2) + (3 \times 3^2) + (4 \times 4^2) + (5 \times 5^2)$$

$$= 1^3 + 2^3 + 3^3 + 4^3 + 5^3$$

由于计算的面积相等，所以：

$$1^3 + 2^3 + 3^3 + 4^3 + 5^3 = (1 + 2 + 3 + 4 + 5)^2$$

利用相同的方法可以画出边长为 $1 + 2 + \cdots + n$ 的正方形，并证明下面这个等式成立：

$$1^3 + 2^3 + 3^3 + \cdots + n^3 = (1 + 2 + 3 + \cdots + n)^2 \qquad ☺$$

　　归纳性证明法不仅限于证明求和问题。只要我们可以用"较小"问题（$n = k$ 时）的答案来推导出"较大"问题（$n = k + 1$ 时）的答案，归纳性证明法往往就有用武之地。下面向大家介绍一个让我深感满意的归纳性证明实例。问题与本章开头讨论的棋盘覆盖问题有关，但不是证明不可能性，而是证明某种可能性。而且，我们使用的不是双方块，而是 L 形的三方块。

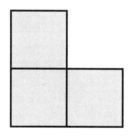

　　因为 64 不是 3 的倍数，全部使用三方块的话是无法覆盖 8×8 棋盘的。但是，如果在棋盘上放一个 1×1 方块，那么无论这个 1×1 方块放在棋盘的什么位置，我们都可以用三方块覆盖棋盘的剩余面积。而且，这个命题不仅在棋盘的规格是 8×8 时为真，对于 2×2、4×4、16×16 的棋盘，该命题同样成立。

　　定理：对于所有的 $n \geqslant 1$，都可以用三方块和一个 1×1 方块完全覆盖规格为 $2^n \times 2^n$ 的棋盘，而且 1×1 方块可以放置在棋盘的任何位置上。

　　证明：当 $n = 1$ 时，定理成立，因为任何一个 2×2 的棋盘都可以用一个三方块和一个 1×1 方块来覆盖，而且 1×1 方块可以摆放在棋盘的任何位置上。接下来，假设当 $n = k$ 时（即棋盘大小为 $2^k \times 2^k$ 时）定理也成立。我们需要完成的任务是证明在棋盘大小为 $2^{k+1} \times 2^{k+1}$ 时，该定理仍然成立。如下图所示，将 1×1 方块摆放在棋盘的任意位置上，然后将棋盘分成四等分。

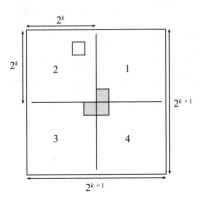

用三方块覆盖棋盘

由于放有 1×1 方块的那一等分的大小为 $2^k \times 2^k$，因此，它可以被三方块完全覆盖（根据假设，当 $n = k$ 时，定理成立）。接下来，我们在棋盘的中心位置放一个三方块，让它与其余三个等分相交。这三个等分的大小分别为 $2^k \times 2^k$，且其中有一个 1×1 方格已经被覆盖了，所以用三方块可以完全覆盖住它们。因此，在棋盘大小为 $2^{k+1} \times 2^{k+1}$ 时，定理仍然成立。☺

本节最后证明的等式有很多重要应用，我们将用归纳证明法和其他几种不同方法予以证明。这个令人感兴趣的问题是：如果从 $2^0 = 1$ 开始，将 2 的前 n 次方相加，和是多少？下面是排在前几位的 2 的幂次方：

$$1, \ 2, \ 4, \ 8, \ 16, \ 32, \ 64, \ 128, \ 256, \ 512, \ 1\,024\cdots$$

将它们加到一起，就会得到：

$$1 = 1$$
$$1 + 2 = 3$$
$$1 + 2 + 4 = 7$$
$$1 + 2 + 4 + 8 = 15$$
$$1 + 2 + 4 + 8 + 16 = 31$$

大家看出其中的规律了吗？所有的和都比 2 的更高次幂小 1。

定理：对于 $n \geq 1$，

$$1 + 2 + 4 + 8 + \cdots + 2^{n-1} = 2^n - 1$$

证明：如上所述，当 $n = 1$ 时（以及 $n = 2, 3, 4$ 或 5 时）定理成立。假设当 $n = k$ 时定理成立，就有：

$$1 + 2 + 4 + 8 + \cdots + 2^{k-1} = 2^k - 1$$

在等式两边同时加上更高一阶的 2 次幂，即 2^k，就会得到：

$$1 + 2 + 4 + 8 + \cdots + 2^{k-1} + 2^k = (2^k - 1) + 2^k$$
$$= 2 \times 2^k - 1$$
$$= 2^{k+1} - 1 \qquad \square$$

在第 4 章和第 5 章，我们通过运用不同方法回答同一个计数问题，证明了多种相互关系。看了下面的内容，你也许会认为组合性证明法真的非常重要！

问题：从 n 名曲棍球球员（球衣号码为 1~n）中选择若干名球员加入体育联合会代表团，要求代表团中至少包含 1 名球员，一共有多少种选择方案？

第一种解法：每名球员都有参加或者不参加代表团这两个选择，

因此选择方案应该是 2^n 种。但所有球员均不参加的情况是不允许的，还需要减去 1。所以，一共有 2^n-1 种选择方案。

第二种解法：考虑参加者的球衣号码最大的情况。如果 1 是最大号码，选择方案只有 1 种；如果 2 是最大号码，选择方案有 2 种（2号球员可能独自参加，也可能和 1 号球员一起参加）；3 是最大号码时，选择方案有 4 种（3 号球员必须参加，1 号和 2 号球员各有两个选择）。以此类推，n 是最大球衣号码时，选择方案有 2^{n-1} 种，因为 n号球员必须参加，1 号至 $n-1$ 号球员各有两个选择（参加和不参加）。加到一起，一共有 $1+2+4+\cdots+2^{n-1}$ 种选择方案。

由于这两种解法都是正确的，因此必然会得出相同的答案。也就是说，$1+2+4+\cdots+2^{n-1}=2^n-1$。 ☺

不过，最简单的证明方法可能是单纯的代数运算，这让我们不禁回想起把循环小数表示成分数形式的那个方法。

代数证明：

$$令 S = 1 + 2 + 4 + 8 + \cdots + 2^{n-1}$$

两边同时乘以 2，就会得到：

$$2S = 2 + 4 + 8 + \cdots + 2^{n-1} + 2^n$$

用第二个等式减去第一个等式，除了第一个等式的第一项和第二个等式的最后一项外，其余各项都被消掉了，因此：

$$S = 2S - S = 2^n - 1 \qquad\qquad \square$$

我们刚刚证明的定理其实是二进制表示方法的关键内容。二进制表示方法非常重要，计算机就是利用它来存储和处理数字的。二进制表示方法的理论依据是，所有数字都可以表示成 2 的不同次幂相加的唯一形式。例如：

$$83 = 64 + 16 + 2 + 1$$

在把十进制转化成二进制时，每个 2 的幂次方用数字 1 表示，缺位的幂次方用数字 0 表示。在这个例子中，$83 = (1 \times 64) + (0 \times 32) + (1 \times 16) + (0 \times 8) + (0 \times 4) + (1 \times 2) + (1 \times 1)$。因此，83 的二进制表示就是：

$$83 = (1010011)_2$$

我们怎么知道所有正数都可以这样表示呢？假设从 1 到 99 的所有数字都可以表示成 2 的不同次幂相加的唯一形式，我们怎么知道 100 是否可以表示成这种唯一形式呢？首先，我们在 100 以内找到 2 的最高次幂，这个数字应该是 64。（64 是必不可少的吗？是的，因为即使我们把 1、2、4、8、16、32 全部选上，它们的和也只有 63。）选好 64 之后，我们还需要用 2 的不同次幂相加得到 36，才能凑成 100。根据假设，我们可以用 2 的不同次幂相加的唯一形式表示 36，因此，100 也必然有唯一的二进制表示。[我们怎么表示 36 呢？先找到 2 的最高次幂，然后得到 36 = 32 + 4。因此，100 = 64 + 32 + 4 的二进制表示就是 $(1100100)_2$。] 我们可以将这个过程推而广之，从而证明所有的正数都有唯一的二进制表示。

谜一般的质数

上文中我们证明了所有的正整数都可以表示成 2 的不同次幂相加的唯一形式。从某种意义上讲，你可以把 2 的幂次方看作建筑材料，通过加法运算，搭建起正整数这座大厦。接下来，我们将会看到质数通过乘法运算扮演了一个类似的角色：所有正整数都可以表示成质数乘积的唯一形式。2 的幂次方很容易确认，不会给数学界带来多少意外发现。质数则不同，它们复杂得多，还有很多未解之谜。

质数是只有 1 和它本身这两个正约数的正整数。排在前几位的质数是：

2，3，5，7，11，13，17，19，23，29，31，37，41，43，47，53⋯

1 只有一个约数，就是它本身，因此 1 不是质数。（人们认为 1 不是质数，还有一个更重要的原因，稍后揭晓。）请注意，2 是唯一一个既是偶数又是质数的数字。因此，有人可能会认为 2 是最奇怪的质数。

有 3 个或 3 个以上约数的正整数叫作"合数"，因为它们可以被分解成多个因数相乘的形式。排在前几位的合数是：

4，6，8，9，10，12，14，15，16，18，20，21，22，24，25，26，
27，28，30⋯

例如,4 有 3 个约数：1，2 和 4。6 有 4 个约数：1,2,3 和 6。注意，1 既不是质数，也不是合数。数学界把 1 称为"计数单位"（unit），它是所有整数的约数。

所有合数都可以表示成质数乘积的形式。比如，$120 = 6 \times 20$，由于 6 和 20 是合数，可以表示成质数乘积的形式，即 $6 = 2 \times 3$，$20 = 2 \times 2 \times 5$。因此：

$$120 = 2 \times 2 \times 2 \times 3 \times 5 = 2^3 \times 3^1 \times 5^1$$

有意思的是，无论我们以何种方式开始，质因数分解的最后结果都是一样的。这就是"唯一分解定理"（unique factorization theorem）得出的结论。唯一分解定理亦称"算术基本定理"（fundamental theorem of arithmetic），指任何一个大于 1 的正整数都能分解成有限个质数的乘积的唯一形式。

顺便告诉大家，我们认为 1 不是质数的真正原因就在于这条定理。例如，12 可以分解成 $2 \times 2 \times 3$，也可以分解成 $1 \times 1 \times 2 \times 2 \times 3$，

如果把 1 视为质数，那么质因数分解就无法得出唯一的结果。

　　一旦知道某个数字如何分解，就可以了解到关于这个数字的很多信息。小时候，我最喜欢的数字是 9，但在成长的过程中，我最喜欢的数字也在不断"成长"，而且越来越复杂（例如，$\pi = 3.141\,59\cdots$，$\varphi = 1.618\cdots$，$e = 2.718\,28\cdots$，以及没有小数表达式的 i，等等。我们将在本书第 10 章讨论这些数字。）在接触无理数之前，我一度非常喜欢 2 520 这个数字，因为在可以被从 1 到 10 的所有数字整除的数中，它是最小的一个。它的质因数分解表达式是：

$$2\,520 = 2^3 \times 3^2 \times 5^1 \times 7^1$$

　　只要知道某个数字的质因数分解结果，就可以立刻说出它有多少个正约数。例如，2 520 的约数必然是 $2^a \times 3^b \times 5^c \times 7^d$ 的形式，其中 a 是 0、1、2、3（4 种可能），b 是 0、1、2（3 种可能），c 是 0、1（2 种可能），d 是 0、1（2 种可能）。因此，根据乘法法则，2 520 有 $4 \times 3 \times 2 \times 2 = 48$ 个正约数。

延伸阅读

　　算术基本定理的证明需要利用质数的某个属性（所有数论教科书都会在第 1 章证明这个属性）：如果 p 是质数，而且是两个或两个以上数字乘积的一个约数，那么 p 至少是其中一个乘数的约数。例如，

$$999\,999 = 333 \times 3\,003$$

　　999 999 是 11 的倍数，因此 11 必然是 333 或者 3 003 的约数。（的确如此，因为 $3\,003 = 11 \times 273$。）然而，有的合数并不具有这个属性。例如，$60 = 6 \times 10$ 是 4 的倍数，但 4 既不是 6

的约数，也不是 10 的约数。

为了证明质因数分解的唯一性，我们先做一个相反的假设：某个数字的质因数分解结果不止一个。假设 N 是有两个质因数分解结果的最小数字，例如：

$$p_1 p_2 \cdots p_r = N = q_1 q_2 \cdots q_s$$

其中，所有的 p_i 和 q_j 项都是质数。因为 N 肯定是 p_1 的倍数，所以 p_1 肯定是某个 q_j 项的约数。为了方便起见，我们假定 p_1 是 q_1 的约数。由于 q_1 是质数，因此肯定有 $q_1 = p_1$。把上面的等式除以 p_1，就会得到：

$$p_2 \cdots p_r = \frac{N}{p_1} = q_2 \cdots q_s$$

这说明 $\frac{N}{p_1}$ 也有两个质因数分解结果，但我们假设 N 才是有两个质因数分解结果的最小数字，因此两者是矛盾的。□

延伸阅读

在有的数字系统中，并不是所有的数字都有唯一的质因数分解结果。例如，火星人长了两个脑袋，因此他们只使用偶数：

2，4，6，8，10，12，14，16，18，20，22，24，26，28，30…

在火星人的数字系统中，6 和 10 被视为质数，因为它们不能分解成更小的偶数。在这种数字系统中，质数和合数严格地交替出现。4 的所有倍数都是合数（因为 $4k = 2 \times 2k$），其他的所有偶数（包括 6、10、14、18 等）都是质数，因为它们无法分解成两个更小的偶数。但是，我们来看 180 这个数字：

$$6 \times 30 = 180 = 10 \times 18$$

在火星人的数字系统中，180 有两种不同的质因数分解结果，这证明火星数字系统中的质因数分解不具有唯一性。

真……

……有意思!

1~100 中有 25 个质数，101~200 中有 21 个质数，210~300 中有 16 个质数。随着数字越来越大，质数出现的频率越来越低。（但是，这种减少的趋势无法预测。例如，在 301~400 和 401~500 中，分别有 16 和 17 个质数，而 1 000 001~1 000 100 中只有 6 个质数。）这是有道理的，因为大数有多个约数的可能性更大。

我们可以证明，有时候连续 100 个数字之中也没有一个质数。如果愿意花时间寻找，你甚至可以发现连续 1 000 或者 100 万个数字中也没有一个质数。你不相信的话，我可以立刻为你提供连续 99 个合数（尽管在这之前就已经出现过同类现象了）。观察下面这 99 个连续数字。

$$100! + 2，100! + 3，100! + 4，\cdots，100! + 100$$

因为 $100! = 100 \times 99 \times 98 \times \cdots \times 3 \times 2 \times 1$，所以它肯定可以被

2~100 的所有数字整除。接下来，我们以 100! + 53 为例。由于 53 是 100! 的约数，因此它肯定也是 100! + 53 的约数。同理可证，对于所有的 $2 \leqslant k \leqslant 100$，100! + k 都必然是 k 的倍数，也就是说，它们都是合数。

延伸阅读

注意，我们在上述证明过程中根本没有提到 100! + 1 是不是质数的问题，但我们其实是可以做出判断的。在这里，我们要应用一个非常棒的定理——"威尔逊定理"（Wilson's theorem）。这条定理指出，当且仅当 $(n-1)!$ + 1 是 n 的倍数时，n 为质数。用几个比较小的数字加以检验，就会发现确实如此。1! + 1 = 2 是 2 的倍数，2! + 1 = 3 是 3 的倍数，3! + 1 = 7 不是 4 的倍数，4! + 1 = 25 是 5 的倍数，5! + 1 = 121 不是 6 的倍数，6! + 1 = 721 是 7 的倍数，等等。由于 101 是质数，根据威尔逊定理，100! + 1 是 101 的倍数，因此它是合数。也就是说，从 100! 至 100! + 100 的 101 个连续数字都是合数。

既然随着数字越来越大，质数的出现频率越来越低，人们自然会想，当数字大到一定程度时，会不会就没有质数了呢？两千多年前，欧几里得告诉我们并非如此。但不能因为他是欧几里得我们就相信他的话，我们还是尽情享受证明的乐趣吧。

定理：质数有无穷多个。

证明：我们反过来假设质数的个数是有限的。既然质数的个数有限，就必然存在最大的质数，我们将这个数字记作 P。现在，观察 $P!$ + 1 这个数字。由于从 2 到 P 的所有数字都可以整除 $P!$，因此它们都不可能整除 $P!$ + 1。这样一来，$P!$ + 1 就必然有一个大于 P 的约数为质数，而我们假设 P 是最大的质数，两者是矛盾的！ □

尽管我们永远也无法找到一个最大的质数，但这并不能阻止数学家和计算机科学家寻找更大质数的努力。在我创作本书的时候，已知的最大质数有 17 425 170 位数。把这个数字写下来，可以写成大约 100 本跟本书大小、厚度差不多的书。不过，我们也可以把它表示为：

$$2^{57\,885\,161} - 1$$

我们之所以能把它以如此简单的形式表达出来，是因为我们可以准确地判断出 $2^n - 1$ 或 $2^n + 1$ 是不是质数。

延伸阅读

根据伟大的数学家皮埃尔·德·费马（Pierre de Fermat）的证明，如果 p 是奇质数，那么 $2^{p-1} - 1$ 必然是 p 的倍数。我们用前几个奇质数来验证一下。取质数 3、5、7、11，我们发现：$2^2 - 1 = 3$ 是 3 的倍数，$2^4 - 1 = 15$ 是 5 的倍数，$2^6 - 1 = 63$ 是 7 的倍数，$2^{10} - 1 = 1\,023$ 是 11 的倍数。对于合数，我们知道，如果 n 是偶数，那么 $2^{n-1} - 1$ 必然是奇数，不可能是 n 的倍数。我们再用前几个奇合数 9、15 和 21 验证一下，结果发现：$2^8 - 1 = 255$ 不是 9 的倍数，$2^{14} - 1 = 16\,383$ 不是 15 的倍数，$2^{20} - 1 = 1\,048\,575$ 不是 21 的倍数（就连 3 的倍数都不是）。根据费马的这条定理，如果知道 $2^{N-1} - 1$ 不是数字 N 的倍数，那么我们甚至不需要找出 N 的约数，就可以根据这个属性确定 N 不是质数！但是，这条定理反过来却不成立。确实有些合数从某些方面来看像质数（这类数字被称为"伪质数"）。最小的伪质数是 $341 = 11 \times 31$，它就具备 $2^{340} - 1$ 是 341 的倍数这个属性。伪质数有无穷多个，尽管它们出现的频率比较低，但好在我们已经找到了甄别办法。

质数有很多应用，尤其在计算机科学领域。在几乎所有加密算法（包括为互联网金融交易保驾护航的公钥加密系统）中，质数都发挥了核心作用。很多加密算法都利用了这样一个事实：我们可以很快地判断出某个数字是否为质数，但我们还没有找到快速分解大数字的方法。例如，如果我随机选取两个 1 000 位的质数相乘，答案是一个 2 000 位数，任何人、任何计算机（除非量子计算机被人们成功地制造出来）几乎都不可能根据这个乘积找出原来的两个质数。人们认为，基于人类无法分解大数字这个特点编制而成的密码（例如公钥加密系统）具有很高的安全性。

几千年来，质数之美一直让人类魂牵梦绕。古希腊人说，如果某个数字等于所有真约数（除自身以外的约数）之和，这个数字就是"完全数"（perfect number）。例如，6 的真约数是 1、2、3，它们的和正好是 6，因此 6 是一个完全数。第二个完全数是 28，它的真约数 1、2、4、7、14 的和正好是 28。接下来的两个完全数是 496 和 8 128。完全数有什么规律呢？不妨考察它们的质因数分解结果。

$$6 = 2 \times 3$$
$$28 = 4 \times 7$$
$$496 = 16 \times 31$$
$$8\ 128 = 64 \times 127$$

看出其中的规律了吗？被乘数是 2 的幂次方，乘数是比被乘数的 2 倍小 1 的质数。（因此，在上述算式中我们没有看到 8×15 或者 32×63，因为 15 和 63 都不是质数。）我们可以用下面这条定理对这个规律加以概括。

定理： 如果 2^n-1 是质数，那么 $2^{n-1} \times (2^n-1)$ 是完全数。

延伸阅读

证明：令 $p = 2^n - 1$，p 是质数，我们的目标是证明 $2^{n-1}p$ 是完全数。$2^{n-1}p$ 的真约数有哪些呢？不含 p 的约数只有 $1, 2, 4, 8, \cdots$，2^{n-1}，它们的和为 $2^n - 1 = p$。其他约数（不包括 $2^{n-1}p$）则都包含 p，这些约数的和为 $p(1 + 2 + 4 + 8 + \cdots + 2^{n-2}) = p(2^{n-1} - 1)$。因此，所有真约数的和为：

$$p + p(2^{n-1} - 1) = p\left[1 + (2^{n-1} - 1)\right] = 2^{n-1}p$$

证明完毕。　　　　　　　　　　　　　　　　　　　　□

伟大的数学家莱昂哈德·欧拉（Leonhard Euler，1707—1783）证明了所有完全数都是偶数。在我创作本书的时候，人们已经发现了 48 个完全数，而且全部是偶数。是否存在完全奇数呢？目前，还没有人知道这个问题的答案。有人认为，如果完全奇数真的存在，它们的位数将超过 300。不过，还没有人证明完全奇数肯定不存在。

关于质数，有很多表述简单但却悬而未决的问题。前面已经说过，关于斐波那契数列中的质数是否有无穷多个的问题，现在还没有答案。[已经有人证明斐波那契数列中只有两个完全平方数（1 和 144）和两个完全立方数（1 和 8）。] 还有一个未解难题被称为"哥德巴赫猜想"（Goldbach's conjecture），即所有大于 2 的偶数都是两个质数之和。目前没有人可以证明这个猜想，但是有人证明，如果有反例存在，那么这个数字至少是 19 位数。[不久前，人们在一个比较相似的问题上取得了突破。2013 年，法国数学家哈罗德·贺夫高特（Harald Helfgott）证明了所有大于 7 的奇数都至多是三个奇质数之和。] 最后再介绍一个未解难题。我们把差为 2 的两个质数定义为"孪生质数"（twin primes）。排在前面的几对孪生质数分别是 3 和 5，5 和 7，11 和

13，17 和 19，29 和 31，等等。你知道为什么 3、5、7 是唯一的"质数三胞胎"吗？尽管已经有人证明末位数是 1（或者 3、7、9）的质数有无穷多个［古斯塔夫·狄利克雷（Gustav Dirichlet）提出的一个命题的特例］，但孪生质数是否有无穷多对的问题仍未找到答案。

在结束本章之前，我们来看一个有点儿可疑的证明，但是我希望大家能相信这个命题。

命题： 所有正整数都值得关注！

证明： 人们一致认为前几个正整数值得关注。例如，1 是第一个正整数，2 是第一个偶数，3 是第一个奇数，4 是唯一一个名副其实的数字（它的英文单词"FOUR"正好有 4 个字母）。我们反过来假设有的正整数不值得关注，那么必然有第一个不值得关注的正整数，我们把它记作 N。但是，作为第一个不值得关注的正整数，N 必然因此引起关注！因此，不值得我们关注的正整数是不存在的！ ☺

第 7 章

开脑洞的几何学

7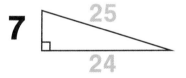

答案出人意料的小测试

我先向大家介绍一个可以作为魔术表演素材的几何问题，请在一张纸上完成以下步骤：

第一步：画一个四边形。4 条边不得交叉，并按顺时针方向将 4 个角分别标记为 *A*、*B*、*C* 和 *D*（参见下图）。

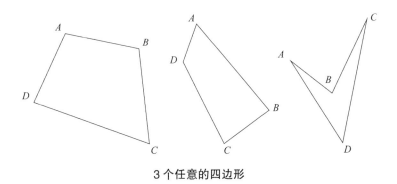

3 个任意的四边形

第二步：把 4 条边 $\overline{AB}$、$\overline{BC}$、$\overline{CD}$ 和 $\overline{DA}$ 的中点分别标记为 *E*、*F*、*G* 和 *H*。

第三步：如下图所示，连接各边中点，构成一个新的四边形 *EFGH*。

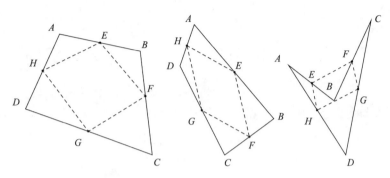

四边形各边中点的连线一定会构成一个平行四边形

无论你相信与否，*EFGH* 一定是平行四边形。换句话说，$\overline{EF}$ 一定平行于 $\overline{GH}$，$\overline{FG}$ 一定与 $\overline{HE}$ 平行。（此外，$\overline{EF}$ 和 $\overline{GH}$ 的长度相同，$\overline{FG}$ 与 $\overline{HE}$ 的长度也相同。）从上图就可以看出这些特点，不过大家最好自己动手画几幅图验证一下。

这样的意外发现在几何学中比比皆是。做出一些非常简单的假设，然后运用一些并不复杂的逻辑证明，往往就会得出一些非常完美的结果。我们做一个小测验，看看大家在几何方面的直觉能力怎么样。有的问题有非常直观的答案，但有的问题却有令人意想不到的答案（即使拥有一定的几何知识，看到这些答案时，你也会感到惊讶）。

问题 1： 一位农民准备修建周长为 52 英尺[①]的矩形篱笆墙。这个矩形的长和宽各是多少时，它的面积最大？

A）正方形（各边边长均为 13 英尺）。

B）长宽比接近于黄金比例 1.618(比如，长 16 英尺，宽 10 英尺)。

C）尽可能地长（长和宽分别接近于 26 英尺和 0 英尺）。

D）以上篱笆围成的面积都是相同的。

---

① 1 英尺≈0.304 8 米。——编者注

　　问题 2：观察下图中的两条灰色平行线，其中 X 和 Y 在下面那条直线上。要求在上方的那条直线上选择一点，使该点与 X、Y 构成的三角形周长最小。应选择哪个点？

　　A）点 A（位于 X 和 Y 中点的正上方）。

　　B）点 B（使 B、X 和 Y 构成直角三角形）。

　　C）尽可能地远离 X 和 Y（如点 C）。

　　D）位置无所谓，因为所有三角形的周长都相同。

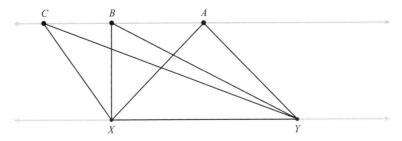

上方直线上的哪个点（与点 X、Y 一起）构成的三角形周长最小？哪个点构成的三角形面积最大？

　　问题 3：上图中，要使三个点构成的三角形面积最大，应选择哪个点？

　　A）点 A。

　　B）点 B。

　　C）尽可能地远离 X 和 Y。

　　D）位置无所谓，因为所有三角形的面积都相同。

　　问题 4：橄榄球场上两个球门之间的距离是 360 英尺。一条长为 360 英尺的绳子两端分别系在两个球门柱根部。如果绳子增加 1 英尺，那么球场正中间处的绳子可以抬到多高？

A）离地面的高度不到 1 英寸①。

B）其高度正好可以让人从下面爬过去。

C）其高度正好可以让人从下面走过去。

D）其高度足以通过一辆卡车。

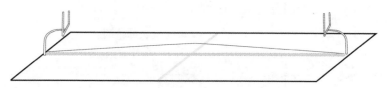

长为 361 英尺的绳子两端分别系在相距 360 英尺的两个球门柱根部，球场中间的绳子可以抬到多高？

下面给出了这 4 个问题的答案。我认为前两个问题的答案十分直观，而后两个则会让大多数人大吃一惊。在本章的后半部分，我会对这些答案一一做出解释。

问题 1 答案：A。周长一定时，要使矩形面积最大，各条边的长度应该相等。因此，最佳选择是正方形。

问题 2 答案：A。选择位于 X 和 Y 中点正上方的点 A，三点构成的三角形 XAY 的周长最小。

问题 3 答案：D。所有三角形的面积都相同。

问题 4 答案：D。球场正中间的绳子可以抬至离地面 13 英尺处，足够大多数卡车从下方通过。

---

① 1 英寸≈2.54 厘米。——编者注

借助简单的代数运算，就可以解释问题 1 的答案。如果矩形上下两条边的长度为 b，在右两条边的长度为 h，它的周长就是 $2b + 2h$，也就是 4 条边的边长之和。面积表示由 4 条边围成的图形大小，为 bh。（我们在后文中将详细讨论图形的面积。）由于周长必须是 52 英尺，因此 $2b + 2h = 52$，也就是说：

$$b + h = 26$$

既然 $h = 26 - b$，那么我们希望得到的最大面积 bh 等于：

$$b(26 - h) = 26b - b^2$$

b 取何值才能使上面这个等式的值最大呢？利用本书第 11 章介绍的微积分知识，我们很容易就能找到答案。但是，利用第 2 章介绍的完全平方数，也能算出 b 的值。b 的值有了之后，就可以算出矩形的面积是：

$$26b - b^2 = 169 - (b^2 - 26b + 169) = 169 - (b - 13)^2$$

当 $b = 13$ 时，矩形的面积是 $169 - 0^2 = 169$。当 $b \neq 13$ 时，矩形的面积为：

$$169 - (\text{某个不为 0 的数})^2$$

从 169 中减去某个正数，得数肯定小于 169。因此，当 $b = 13$，$h = 26 - b = 13$ 时，矩形的面积最大。在问题 1 中，农民的篱笆周长是否为 52 英尺，这是一个无关紧要的条件，这也正是几何学令人惊讶的一个方面。我们可以借助相同的方法证明这样一个问题：要使周长为 p 的矩形面积最大，矩形的最佳形状应该是正方形，其各边边长均为 $p/4$。

为了解释其他几个问题，我们需要先思考几个看似自相矛盾的研究成果，研究几何学的几个经典问题。三角形的内角和为什么是180°？勾股定理到底指什么？如何判断两个三角形的形状是否相同？三角形的形状是否相同，有什么重要意义？

你不可不知的几何学经典定理

几何学的起源要追溯至古希腊时期。几何学（geometry）的名称来源于"土地"（geo）和"测量"（metria）这两个词语，而且几何学最初应用于土地勘测与天文学研究。但是，古希腊人是演绎和推理大师，他们把几何学发展成现在这种艺术形式。欧几里得汇总了当时（大约是公元前300年）已知的所有几何学研究成果，编写出有史以来最成功的教科书之一——《几何原本》（*The Elements*）。这本书介绍的诸多理念，包括数学严谨性、逻辑演绎、公理、证明方法等，在数学界沿用至今。

欧几里得在这本书的开头给出了五条公理（亦称"公设"，即我们可以视作常识的命题）。一旦我们接受了这些公理，就可以根据它们推导出几乎所有的几何学真理。下面就是欧几里得的五条公理。（事实上，他对第五条公理的表述略有不同，但我们在这里给出的与之等价。）

公理1：任意两点都可以用唯一一条线段连接。

公理2：任意线段的两端都可以无限延长，变成直线。

公理3：以任意点O为圆心且经过任意点P的圆只有一个。

公理4：所有直角都是90°。

公理5：经过直线l外一点P，有且只有一条直线与l平行。

延伸阅读

有必要告诉大家，我们在本章讨论的是"平面几何"（plane geometry，亦称欧几里得几何），也就是说，我们假设自己身处的环境是一个平面，如 x–y 平面。但是，如果改变某些公理，我们仍然可以得到某些有趣又有用的数学体系，例如以球面上的点为研究对象的球面几何。球面几何中的"直线"是周长最大的圆（称作大圆），因此，所有的直线都会相交，不存在平行直线。如果对公理 5 做出修改——至少有两条直线经过点 P 且与 l 平行，平面几何就会变成"双曲几何"（hyperbolic geometry）。双曲几何自成体系，有专属的美丽定理。艺术家埃舍尔（Escher）就是利用它创作出大量的版画杰作。下面向大家展示的是运用双曲几何法则绘制而成的一幅图（该图片作者是道格拉斯·邓汉姆）。

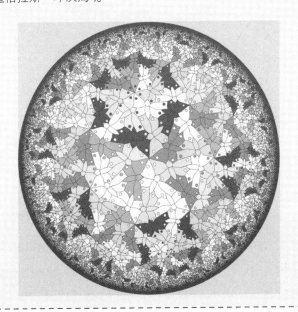

事实上，还有一些欧几里得在《几何原本》中没有提到的公理，我将根据需要，把它们介绍给大家。本章的目的不是取代几何学教材，因此我不会从最基础的几何学内容开始——讲解。我认为大家对点、直线、角、圆、周长和面积等概念都有直观的认识，我也尽可能地不使用术语和数学符号，以便大家把注意力集中在几何学中最值得关注的内容上。

例如，我假设大家已经知道（或者说愿意接受）圆为 360° 这个事实。角的度数在 0° 到 360° 之间。大家想一想时钟的指针，时针和分针的末端在圆心处重合，1 点钟时它们呈现的是 1/12 个圆，因此夹角是 30°；3 点钟时它们呈现的是 1/4 个圆，因此夹角是 90°。90° 的角叫作直角，此时，我们称构成这个角的直线或线段相互垂直。6 点钟时，两根指针形成一条直线，夹角为 180°。

三个角的度数分别为 30°、90° 和 180°

在这里，我要向大家介绍一个有用的符号。连接点 A 和点 B 的线段通常被标记为 $\overline{AB}$，而表示线段长度时则去掉上方的横线，例如，$\overline{AB}$ 的长度是 AB。

两条直线相交时，会形成 4 个角，如下图所示。这些角有什么特点呢？可以看出，两个邻角（如角 a 和角 b）加到一起就会变成一条直线，直线的角度为 180°。因此，角 a 与角 b 的和肯定是 180°。这样的两个角叫作"互补角"。

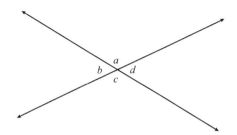

两条直线相交，邻角的和为 180°。不相邻的两个角（叫作对顶角）度数相同。图中角 a 与角 c、角 b 和角 d 形成两对对顶角

其他几对邻角同样具有这种属性。也就是说：

$$a + b = 180°$$
$$b + c = 180°$$
$$c + d = 180°$$
$$d + a = 180°$$

用第一个等式去减第二个等式，得到 $a - c = 0$。也就是说：

$$a = c$$

用第二个等式去减第三个等式，就会得到：

$$b = d$$

两条直线相交，不相邻的两个角叫作"对顶角"。我们刚刚证明的就是"对顶角定理"：对顶角度数相等。

我们接下来的任务是证明任意三角形的内角和为 180°。在开始证明之前，我先介绍平行线的几条属性。如果两条直线永远不会相交，我们就说它们相互平行。（记住，直线的两端可以无限延伸。）下图所示的是两条平行线 l_1 和 l_2，第三条直线 l_3 不与它们平行，而与它们分

别交于点 P 和点 Q。仔细观察就会发现，直线 l_3 与直线 l_1、l_2 形成的角的度数相同。也就是说，我们认为 $a = e$。我们把角 a 与角 e 称作"同位角"。（角 b 和角 f、角 c 和角 g、角 d 和角 h 也互为同位角。）同位角看起来显然度数相等，但根据欧几里得的五大公理，我们却无法加以证明。因此，我们需要一条新公理。

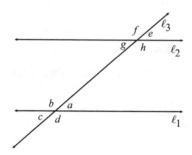

同位角的度数相等。在图中，$a = e$，$b = f$，$c = g$，$d = h$

同位角公理：同位角的度数相等。

结合同位角公理和对顶角定理，我们知道在上图中：

$$a = c = g = e$$
$$b = d = h = f$$

很多书都为相等的两个角赋予了特殊的名称，例如，形成 Z 字形的角 a 与角 g 被称为"内错角"。至此，我们已经证明任意角都与它的对顶角、同位角和内错角的度数相等。接下来，我们利用这个结果证明几何学的一个基本定理。

定理：任意三角形的内角和都是 180°。

证明：观察下图所示三角形 ABC，它的三个内角分别是角 a、角 b 和角 c。过点 B 画一条直线，并使它与经过点 A、点 C 的直线平行。

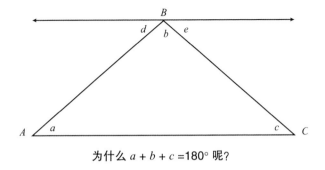

为什么 $a + b + c = 180°$ 呢?

角 d、角 b 和角 e 形成一条直线，因此 $d + b + e = 180°$。角 a 与角 d 是内错角，角 c 与角 e 也是内错角，因此 $d = a$，$e = c$，$a + b + c = 180°$。证明完毕。　　　　　　　　　　　　　　　　　　　　　□

延伸阅读

"三角形内角和为 180°"是平面几何的一个重要定理，但在其他几何学中未必成立。例如，假设我们在地球上画一个三角形。从北极开始，沿着任意经线到达赤道，然后向右，跨越 1/4 个地球后再向右转，最终回到北极。这个三角形其实包含三个直角，内角和为 270°。在球面几何中，三角形的内角和不是固定值，而与三角形的面积直接相关。

在几何教学活动中，学生们经常需要证明两个不同的图形是全等的。如果一个几何图形经过平移、旋转或翻转后可以得到另一个图形，我们就说这两个图形是全等的。例如，下图中的三角形 ABC 和三角形 DEF 就是全等三角形，因为通过平移，三角形 DEF 恰好可以与三角形 ABC 完全重合。本书中的图形，如果两条边（或两个角）上有同等数量的短线标记，就表明它们的长度（或角度）相同。

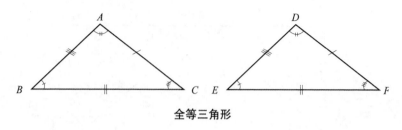

全等三角形

我们用符号≅表示全等，例如，△*ABC* ≅ △*DEF*的意思是，这两个三角形的边长和角度完全相同。具体来说，*AB*、*BC*、*CA*分别等于*DE*、*EF*、*FD*，角*A*、角*B*、角*C*的度数分别与角*D*、角*E*、角*F*相等。我们在上图中相等的角上标记了相同的符号，相等的边也做了同样的处理。

一旦知道某些边和角相等之后，我们就会知道其余的边和角肯定也相等。例如，如果你知道两个三角形的三对边都相等，有两对角也相等（比如，∠*A* = ∠*D*，∠*B* = ∠*E*），那么第三对角必然相等，它们是全等三角形。如果知道有两对边的边长相等，比如*AB* = *DE*，*AC* = *DF*，而且这两条边的夹角也相等，在这个例子中就是∠*A* = ∠*D*，就必然存在以下关系：*BC* = *EF*，∠*B* = ∠*E*，∠*C* = ∠*F*。我们把它称作SAS公理，SAS代表"边—角—边"。

SAS公理不是定理，因为我们不能用已有的公理对其进行证明。但是，一旦我们接受这条公理，我们就可以对SSS（边—边—边）、ASA（角—边—角）、AAS（角—角—边）等重要定理做出严谨的证明。要确保全等，相等的那个角就必须是两对相等的边的夹角，因此我们不能推导出所谓的"SSA定理"。SSS定理非常有意思：如果两个三角形的三条边相等，那么它们的三个角也相等。

接下来，我们用SAS公理来证明非常重要的等腰三角形定理。如果某个三角形有两条边相等，我们就说它是一个"等腰三角形"。既然说到等腰三角形，我再向大家介绍其他几种三角形。三条边都相等的三角形叫作"等边三角形"。有一个角为 90° 的三角形叫作"直角三角形"。如果三个内角都小于 90°，这个三角形就是"锐角三角形"。如果有一个内角大于 90°，我们就称它为"钝角三角形"。

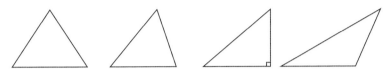

等边三角形，锐角三角形，直角三角形，钝角三角形

等腰三角形定理：如果等腰三角形 *ABC* 的边长 *AB = AC*，那么这两条边所对的角一定相等。

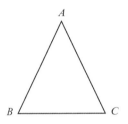

等腰三角形定理：如果 *AB = AC*，那么 ∠*B* = ∠*C*

证明：如图所示，从 *A* 处画一条直线平分 ∠*A*（这条直线叫作"角平分线"），与 $\overline{BC}$ 交于点 *X*。

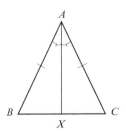

证明等腰三角形定理时，先画出角平分线，

然后利用 SAS 公理证明两个小三角形全等

我们认为 BAX 与 CAX 是全等三角形，这是因为 $BA = CA$（ABC 是等腰三角形），$\angle BAX = \angle CAX$（AX 是角平分线），且 $AX = AX$（这不是输入错误。$\overline{AX}$ 是两个小三角形的公共边，长度必然相同）。因此，根据 SAS 公理，这两个小三角形是全等的。由于 $\triangle BAX \cong \triangle CAX$，因此其余的边和角也必然相等，即 $\angle B = \angle C$。证明完毕。 □

延伸阅读

利用 SSS 定理也可以证明等腰三角形定理。先取 $\overline{BC}$ 的中点 M，令 $BM = MC$，再画出线段 $\overline{AM}$。由于 $BA = CA$（等腰三角形），$AM = AM$，$MB = MC$（M 为中点），因此，根据 SSS 定理，$\triangle BAM \cong \triangle CAM$，它们的角也都相等，即 $\angle B = \angle C$。

两个三角形全等，说明 $\angle BAM = \angle CAM$，因此 $\overline{AM}$ 也是角平分线。此外，由于 $\angle BMA = \angle CMA$，而且它们的和是 180°，因此它们都等于 90°。也就是说，在等腰三角形中，A 的角平分线也是 $\overline{BC}$ 的"垂直平分线"。

顺便告诉大家，等腰三角形定理的逆命题也是正确的：如果 $\angle B = \angle C$，那么 $AB = AC$。证明过程是：从 A 画一条角平分线至点 X。由于 $\angle B = \angle C$（条件），$\angle BAX = \angle CAX$（角平分线），$AX = AX$，因此根据 AAS 定理，我们断定 $\triangle BAX \cong \triangle CAX$。由此可知，$AB = AC$，$ABC$ 是等腰三角形。

等边三角形的所有边都相等，因此等腰三角形定理适用于等边三角形，从而证明等边三角形的三个内角都相等。由于三角形的内角和是 180°，因此我们可以得出下面的推论。

推论：等边三角形的三个内角都是 60°。

根据 SSS 定理，如果两个三角形 ABC 和 DEF 的三对边都相等（$AB =$

DE，*BC* = *EF*，*CA* = *FD*），那么它们的内角肯定也相等（∠*A* = ∠*D*，∠*B* = ∠*E*，∠*C* = ∠*F*）。它的逆命题也成立吗？如果三角形*ABC*和*DEF*的三对角都相等，那么它们的三对边也都相等吗？如下图所示，答案显然是否定的。

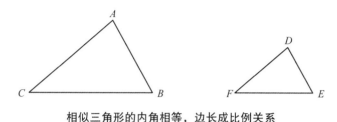

相似三角形的内角相等，边长成比例关系

内角度数对应相等的三角形叫作"相似三角形"。如果三角形*ABC*和*DEF*相似（记作△*ABC*∽△*DEF*，或者是 *ABC*∽*DEF*），那么∠*A* = ∠*D*，∠*B* = ∠*E*，∠*C* = ∠*F*。从本质上看，如果两个三角形相似，那么一个三角形是另一个三角形的缩小版。因此，如果△*ABC*∽△*DEF*，那么其对应边长成比例关系，比例因子为正数 *k*。也就是说，*DE* = *kAB*，*EF* = *kBC*，*FD* = *kCA*。

接下来，我们用这些知识来解答本章开头小测试中的问题 2。假设有两条平行线，下方那条直线上有一个线段$\overline{XY}$。我们需要完成的任务是在上方那条直线上找到点*P*，使三角形*XYP*的周长最小。

定理： 上方直线上的点*P*位于$\overline{XY}$中点正上方时，三角形*XYP*的周长最小。

尽管微积分可以帮助我们解决这个问题，但是过程比较复杂，若利用"映像"原理，我们就可以轻轻松松地找出正确答案。（后面的证明非常有意思，但是过程比较长，大家阅读时可以浏览一下，也可以跳过不读。）

证明： 假设*P*是上方直线上的任意一点，*Z*为上方直线上的一个固定点，且点 Z 位于点 Y 的正上方。（更精确的说法是：$\overline{YZ}$ 垂直于上下两条直线且与上方直线交于点 Z，如下图所示。）Y' 位于 $\overline{YZ}$ 的延长线上，且 $Y'Z = ZY$。换句话说，上方那条直线就像一面大镜子，Y' 是 Y 经过点 Z 形成的映像。

我断定 PZY 和 PZY' 是全等三角形，因为 $PZ = PZ$，$\angle PZY = 90° = \angle PZY'$，$ZY = ZY'$，因此，根据 SAS 定理，两个三角形全等，$PY = PY'$。

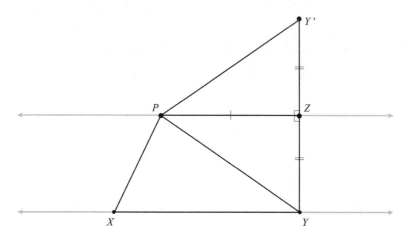

由于三角形 PZY 和 PZY' 全等（SAS 定理），因此必然有 $PY = PY'$

三角形 YXP 的周长是三个边长之和：

$$YX + XP + PY$$

我们已经证明 $PY = PY'$，因此三角形周长也等于：

$$YX + XP + PY'$$

因为边长 YX 与点 P 的位置无关，因此我们只需考虑 $XP + PY'$ 的值最小时点 P 所在的位置。

仔细观察就可以发现，线段 $\overline{XP}$ 和 $\overline{PY'}$ 构成了由 X 至 Y' 的一条弯曲路径。由于两点之间直线距离最短，因此，从 X 至 Y' 画一条直线就可

以确定点 P 的最佳位置点 P^*，即这条直线与上面那条直线的交点，如下图所示。但是，我们的任务还没有全部完成，因为我们还需要证明点 P^* 位于 $\overline{XY}$ 中点的正上方。

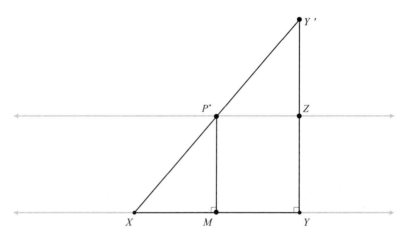

三角形 MXP^* 和 YXY' 相似，二者的比例因子为 2

把 P^* 正下方的那个点记作 M，就有 $\overline{P^*M}$ 垂直于 $\overline{XY}$）。由于上下两条直线平行，因此 $P^*M = ZY$。（凭直觉可以得出这个结论，因为平行线之间的距离是一定的。也可以这样证明：画出线段 $\overline{MZ}$，根据 AAS 定理可知三角形 MYZ 与 ZP^*M 全等。）

要证明 M 是 $\overline{XY}$ 的中点，我们先要证明三角形 MXP^* 与 YXY' 相似。$\angle MXP^*$ 与 $\angle YXY'$ 是同一个角，$\angle P^*MX$ 与 $\angle Y'YX$ 都是直角，因此这两个角也是相等的。由于三角形内角和为 180°，其中有两对角相等，那么第三对角也必然相等。这两个相似三角形的比例因子是多少呢？通过构造性证明法，可以得出：

$$YY' = YZ + ZY' = 2YZ = 2MP^*$$

因此，比例因子为 2。也就是说，XM 是 XY 的 1/2，M 是 $\overline{XY}$ 的中点。

所以，位于上方直线上且使三角形 XYP 的周长最小的点 P^* 正好在

$\overline{XY}$中点的正上方。证明完毕。 □

有时，我们也可以利用代数知识来解决几何问题。例如，假设平面上有线段$\overline{AB}$，其中A的坐标是$(a_1，a_2)$，B的坐标是$(b_1，b_2)$，M是$\overline{AB}$的中点，如下图所示。那么，M的坐标为：

$$M = \left(\frac{a_1+b_1}{2}，\frac{a_2+b_2}{2} \right)$$

例如，如果$A = (1，2)$，$B = (3，4)$，那么$\overline{AB}$的中点$M = [(1 + 3)/2, (2 + 4)/2] = (2，3)$。

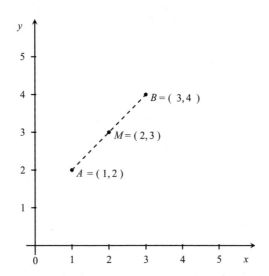

取线段两个端点坐标的平均值，即可找到线段中点的坐标

我们利用这个事实来证明三角形的一个重要属性。画一个三角形，然后用线段连接各边中点，其中有什么特点？下面这条定理给出了答案。

三角形中点定理：对于任意三角形ABC，用线段连接$\overline{AB}$的中点和$\overline{BC}$的中点，该线段与三角形的第三条边$\overline{AC}$平行。此外，如果$\overline{AC}$的长度为b，连接中点的那条线段的长度就为$b/2$。

证明：如下图所示，以点 A 为原点 $(0, 0)$、边 $\overline{AC}$ 所在直线为横轴画出坐标系，点 C 的坐标是 $(b, 0)$。假设点 B 的坐标为 (x, y)，那么 $\overline{AB}$ 的中点坐标为 $(x/2, y/2)$，$\overline{BC}$ 的中点坐标为 $[(x + b)/2, y/2]$。由于这两个中点的纵坐标相同，连接它们的线段必然是水平的，与边 $\overline{AC}$ 平行。此外，这条线段的长度为 $(x + b)/2 - x/2 = b/2$。证明完毕。　□

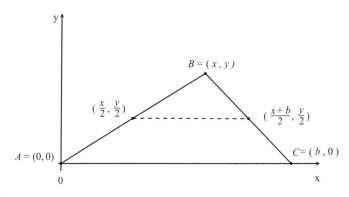

三角形两边中点的连线与第三边平行，且长度是第三边的 1/2

三角形中点定理揭示了本章开头的那个魔术的奥秘：连接四边形 $ABCD$ 各边的中点，所形成的四边形 $EFGH$ 一定是平行四边形。为什么？我们从四边形的顶点 A 至顶点 C 画一条对角线，如下图所示，这条对角线会把四边形分成三角形 ABC 和三角形 ADC。

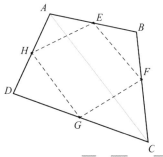

根据三角形中点定理，$\overline{EF}$ 和 $\overline{GH}$ 都与 $\overline{AC}$ 平行

　　观察三角形*ABC*和*ADC*。根据三角形中点定理，我们发现$\overline{EF}$与$\overline{AC}$平行，$\overline{AC}$与$\overline{GH}$平行，因此$\overline{EF}$与$\overline{GH}$平行。（而且，$\overline{EF}$与$\overline{GH}$都是$\overline{AC}$的一半，因此它们的长度相等。）同理，如果从*B*向*D*画一条对角线，就会发现$\overline{FG}$与$\overline{HE}$平行，且长度相等。因此，*EFGH*是平行四边形。

　　上面这些定理大多都是关于三角形的，实际上，几何学的很多内容都以三角形为研究对象。三角形是最简单的多边形，其次是四边形、五边形等。有*n*条边的多边形有时被称作"*n*边形"（*n*–gon）。我们已经证明三角形的内角和是180°，那么超过三条边的多边形的内角和是多少呢？正方形、矩形、平行四边形等四边形有4条边。矩形的4个内角都是90°，因此它的内角和必然是360°。下面这条定理对任意一个四边形来说都是正确的，你也可以说它是一条结论。

　　定理：任意四边形的内角和为360°。

　　证明：如图所示，取任意四边形，顶点分别为*A*、*B*、*C*、*D*。连接*A*、*C*两个顶点，该四边形就会被分割成两个三角形。这两个三角形的内角和均为180°，因此，该四边形的内角和为$2 \times 180° = 360°$。　□

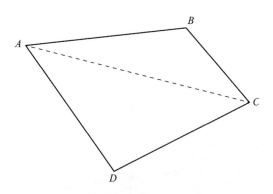

任意四边形的内角和为360°

　　下面我再介绍一条定理，就可以揭示其中的规律。

定理：任意五边形的内角和为 540°。

证明：如下图所示，观察顶点为 A、B、C、D、E 的任意五边形。连接 A 和 C，五边形就会被分割成一个三角形和一个四边形。我们知道，三角形 ABC 的内角和为 180°，四边形 ACDE 的内角和为 360°，因此，五边形的内角和为 180°+ 360°= 540°。证明完毕。　　□

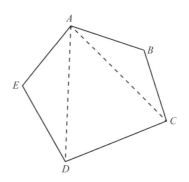

任意五边形的内角和为 540°

利用归纳性证明法计算 n 边形的内角和，或者通过连接 A 与其他顶点将 n 边形分割成 n – 2 个三角形，由此我们可以得出下面这条定理。

定理：n 边形的内角和为 180(n – 2)°。

这条定理有一个神奇的应用。画一个八边形，在其内部任意位置标记 5 个点。连接顶点和这 5 个点，使八边形内只包含三角形。（这项操作叫作"三角形分割"。）下面有三个八边形，前两个给出了不同的三角形分割方案，最后一个留给大家自己动手操作。

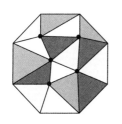
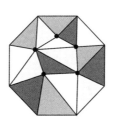
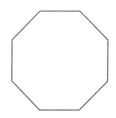

在我给出的两个示例中，都包含 16 个三角形。你在第三个八边形里取 5 个点之后，无论这些点处于什么位置，只要你严格按照要求操作，最后都会得到 16 个三角形。（如果你没有得到 16 个三角形，那么请你仔细检查八边形内部，确保所有图形都只有三个顶点。如果某个图形看上去像三角形，但实际上是一个四边形，那么你必须在其中添加一个线段，将它分割成两个三角形。）其中的道理可用下面这条定理解释。

定理：如果一个多边形有 n 条边，内部有 p 个点，利用这些边和点对该多边形进行三角形分割操作之后，得到的三角形数量一定是 $2p + n - 2$ 个。

在上例中，$n = 8$，$p = 5$，根据这个定理，得到的三角形数量必然是 $10 + 8 - 2 = 16$ 个。

证明：假设 n 边形经三角形分割操作后得到 T 个三角形。我们通过两种方法解答下面的统计问题，从而证明 $T = 2p + n - 2$。

问题：所有三角形的内角和是多少?

答案 1：由于一共有 T 个三角形，每个三角形的内角和为 $180°$，因此所有三角形的内角和为 $180T°$。

答案 2：分两种情况考虑。包围多边形内部各点的角必然绕该点一周，因此这些角的和是 $360p°$。与此同时，我们知道 n 边形的内角和为 $180(n-2)°$，因此所有三角形的内角和为 $360p + 180(n-2)°$。

由于这两个答案相等，因此:

$$180T = 360p + 180(n-2)$$

两边同时除以 180，就会得到:

$$T = 2p + n - 2$$

证明完毕。 ☺

多边形的周长和面积

多边形的周长是所有边长之和。例如，如果矩形的底边长度为 b，高为 h，它的周长就是 $2b + 2h$，这是因为这个矩形有两条长度为 b 的边和两条长度为 h 的边。那么，这个矩形的面积是多少呢？我们把 1×1 方格的面积（平方单位）定义为 1。如下图所示，如果 b 和 h 是正整数，那么我们可以把这个图形分割成 bh 个 1×1 方格，因此它的面积是 bh。一般来说，对于底边为 b、高为 h 的任意矩形（其中 b 和 h 是正数，但不一定是整数），我们将它的面积定义为 bh。

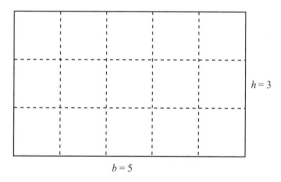

底为 b、高为 h 的矩形周长是 $2b + 2h$，面积是 bh

延伸阅读

在本章中，我们一直在利用代数知识解释几何问题。不过，几何学有时候也可以帮助我们解释代数问题。思考一下这样一个代数问题：如果 x 可以取任意正数，那么 $x + 1/x$ 的最小值是多少？如果 $x = 1$，上式就等于 2；如果 $x = 1.25$，上式就等于 $1.25 + 0.8 = 2.05$；如果 $x = 2$，得数就是 2.5。这些数据似乎表明最小值是 2，这个答案是正确的，但我们如何证明呢？在本书第 11 章中，我们可以通过微积分直截了当地解决这个问题。但是，只要动动脑筋，我们也可以借助简单的几何知识，轻轻松松地完成这项任务。

下图是一个中间有空洞的正方形。整个图形由 4 个长方块拼成，每个长方块的边长分别为 x 和 $1/x$。整个图形（包括中间的空洞）的面积是多少？

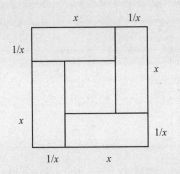

一方面，由于该图形是边长为 $x + 1/x$ 的正方形，因此它的面积为 $(x + 1/x)^2$。另一方面，每个长方块的面积是 1，这个图形的面积至少是 4。也就是说：

$$(x + 1/x)^2 \geqslant 4$$

从而得出 $x + 1/x \geqslant 2$。证明完毕。☺

从矩形面积的计算方法，我们几乎可以推导出所有几何图形面积的计算方法。我们先来推导三角形面积的计算方法。

定理： 底为 b、高为 h 的三角形的面积为 $\dfrac{1}{2}bh$。

下图中的 3 个三角形的底都是 b，高都是 h，因此它们的面积相等。从本质上讲，这与本章开头小测试中的问题 3 相同。对于很多人来说，这是一个让他们吃惊的事实。

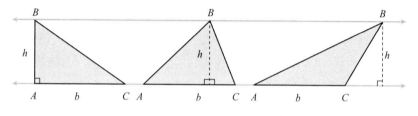

底为 b、高为 h 的三角形的面积是 $\frac{1}{2}bh$。

无论直角三角形、锐角三角形还是钝角三角形，都遵循这个规律

根据角 A 与角 C 的大小，可以将这个问题分成 3 种情况考虑。如果角 A 或角 C 是直角，我们可以复制三角形 ABC，并把两个三角形放在一起（如下图所示），构成面积为 bh 的矩形。由于三角形 ABC 的面积是矩形面积的 1/2，因此三角形的面积必然等于 $\frac{1}{2}bh$。

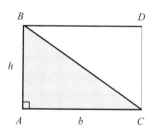

两个底为 b、高为 h 的三角形可以构成一个面积为 bh 的矩形

如果角 A 和角 C 都是锐角，我们也可以做出巧妙的证明。如下图所示，从点 B 向 $\overline{AC}$ 画一条垂线（被称作三角形 ABC 的高），交点为 X，那么垂线的长度为 h。

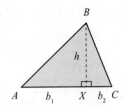

$\overline{AC}$ 可以分成 $\overline{AX}$ 和 $\overline{XC}$ 两条线段，它们的长度分别是 b_1 和 b_2，因此 $b_1 + b_2 = b$。由于 BXA 和 BXC 都是直角三角形，因此从第一种情况可知，它们的面积分别是 $\frac{1}{2}b_1 h$ 和 $\frac{1}{2}b_2 h$。那么，三角形 ABC 的面积为：

$$\frac{1}{2}b_1 h + \frac{1}{2}b_2 h = \frac{1}{2}(b_1 + b_2)h = \frac{1}{2}bh$$

如果角 A 或角 C 是钝角，情况就会如下图所示。

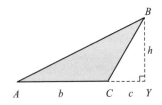

如果三角形 ABC 是锐角三角形，我们就把它表示成两个直角三角形的和；如果它是钝角三角形，我们就把它表示成两个直角三角形（ABY 和 CBY）的差。大直角三角形 ABY 的底是 $b + c$，它的面积为 $\frac{1}{2}(b+c)h$，小直角三角形 CBY 的面积为 $\frac{1}{2}ch$，所以三角形 ABC 的面积是：

$$\frac{1}{2}(b+c)h - \frac{1}{2}ch = \frac{1}{2}bh$$

证明完毕。☺

勾股定理与想象力

勾股定理可能是最著名的几何定理，也是最著名的数学定理之一，因此我必须用一节的篇幅对它进行专门介绍。在直角三角形中，与直角相对的边叫作斜边，另外两边叫作直角边。下面这个直角三角形的直角边是 $\overline{BC}$ 和 $\overline{AC}$，斜边是 $\overline{AB}$，它的边长分别是 a、b 和 c。

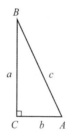

勾股定理：如果直角三角形的直角边长为 a 和 b，斜边长为 c，就有：

$$a^2 + b^2 = c^2$$

据说勾股定理的证明方法超过 300 种，本书将介绍其中最简单的几种。大家在阅读时，可以略过某些证明方法。我希望大家在看完之后，会觉得其中至少有一种证明方法非常有意思，并且夸赞道："这个证明方法真是太棒了！"

证明方法 1：在下图中，我们将 4 个直角三角形拼成一个大正方形。

问题：这个大正方形的面积是多少?

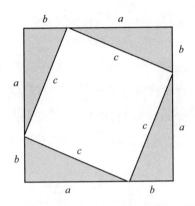

用两种方法计算大正方形的面积。比较两个答案，勾股定理就会浮出水面

答案 1：这个大正方形的边长是 $a + b$，因此它的面积是 $(a + b)^2 = a^2 + 2ab + b^2$。

答案 2：换个角度思考，大正方形包含 4 个三角形，每个三角形的面积为 $ab/2$，中间还有一个倾斜的正方形，面积为 c^2。（中间的那个图形为什么是正方形呢？我们知道它的 4 条边都相等，如果将这个图形旋转 90°，根据对称原理，图形保持不变，因此这个图形的 4 个内角都相等。同时，由于四边形的内角和为 360°，所以每个角都是 90°。）因此，大正方形的面积是 $4(ab)/2 + c^2 = 2ab + c^2$。

综合上述两种答案，就会得到：

$$a^2 + 2ab + b^2 = 2ab + c^2$$

两边同时减去 $2ab$：

$$a^2 + b^2 = c^2$$

证明完毕。 ☺

证明方法 2：我们把上图中的三角形按照下图所示方式重新排列。在上图中没有被三角形覆盖的面积是 c^2，而在第二幅图中没有被三角

形覆盖的面积是 $a^2 + b^2$。因此，$c^2 = a^2 + b^2$。证明完毕。　☺

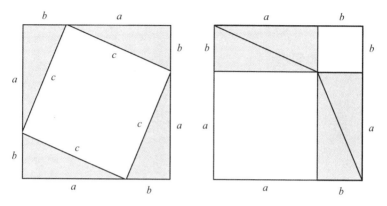

比较两个图中空白区域的面积，就可以得到 $a^2 + b^2 = c^2$

证明方法 3：如下图所示，我们再次调整三角形的位置，让它们拼成一个面积为 c^2、结构更紧凑的正方形。（这之所以是一个正方形，是因为它的 4 个角都是角 A 和角 B 结合形成的，而且这两个角的和是 $90°$。）前文已经计算过，这 4 个三角形的面积是 $4(ab/2) = 2ab$，位于中央位置的那个倾斜正方形的面积是 $(a - b)^2 = a^2 - 2ab + b^2$，两者相加的和是 $2ab + (a^2 - 2ab + b^2) = a^2 + b^2$。证明完毕。　☺

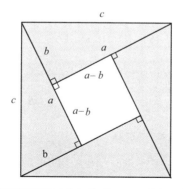

该图形的面积既可以表示为 c^2，又可以表示为 $a^2 + b^2$

证明方法 4: 下面给出的是一种相似性证明法, 即在证明过程中会利用相似三角形。如下图所示, 从直角 C 向斜边画垂直线段 $\overline{CD}$。我们观察发现, 三角形 ADC 包含一个直角和角 A, 因此它的第三个内角必然和角 B 相等。同理, 三角形 CDB 包含一个直角和角 B, 因此它的第三个内角必然和角 A 相等。也就是说, 这 3 个三角形彼此相似:

$$\triangle\, ACB \sim \triangle\, ADC \sim \triangle\, CDB$$

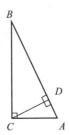

两个小三角形都与大三角形相似

注意, 表示这些三角形时字母次序不能出错。我们知道, $\angle ACB = \angle ADC = \angle CDB = 90°$, 它们都是直角。同理, $\angle A = \angle BAC = \angle CAD = \angle BCD$, $\angle B = \angle CBA = \angle DCA = \angle DBC$。比较三角形 ACB 和 ADC 的边长, 就会得到:

$$AC\,/\,AB = AD\,/\,AC \Rightarrow AC^2 = AD \times AB$$

比较三角形 ACB 和 CDB 的边长, 就会得到:

$$CB\,/\,BA = DB\,/\,BC \Rightarrow BC^2 = DB \times AB$$

两个等式相加, 就会得到:

$$AC^2 + BC^2 = AB \times (AD + DB)$$

由于 $AD + DB = AB = c$，因此：

$$b^2 + a^2 = c^2 \qquad \qquad ☺$$

下面介绍的是一种纯粹的几何证明方法，不需要使用代数知识，但要求我们有图形想象能力。

证明方法 5：如下图所示，画出面积分别为 a^2 和 b^2 的两个正方形，并将它们并排放置，因此它们的总面积是 $a^2 + b^2$。我们对这个图形进行分割处理，把它变成两个直角三角形（直角边长分别是 a 和 b，斜边长为 c）和一个看上去比较奇怪的图形。注意，这个奇怪图形底部的那个角肯定是 $90°$。我们想象在大正方形的左上角和小正方形的右上角分别装上铰链。

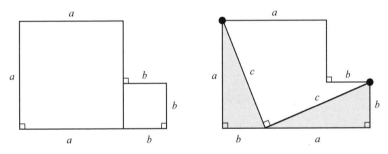

这两个正方形的面积为 $a^2 + b^2$，经过分割处理，它们可以变成……

接下来，想象左下角的那个三角形逆时针旋转 $90°$，停留在大正方形的上方。然后，另一个三角形顺时针旋转 $90°$，使它的直角正好与两个正方形构成的直角重合（如下图所示）。这样一来，我们就会得到一个倾斜的正方形，它的面积为 c^2。因此，$a^2 + b^2 = c^2$。证明完毕。 ☺

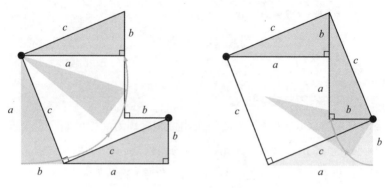

……一个面积为 c^2 的正方形

现在，我们可以解答本章开头小测试中的问题 4 了。利用勾股定理，即可算出系在相距 360 英尺的两个球门柱根部的长度为 361 英尺的绳子可以抬高多少。

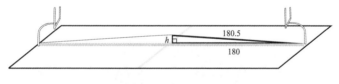

根据勾股定理，$h^2 + 180^2 = 180.5^2$

球场中央到球门柱的距离是 180 英尺。如上图所示，绳子抬至最高处之后，所构成的直角三角形的一条直角边长为 180 英尺，斜边长为 180.5 英尺。根据勾股定理，经过简单的代数运算，就可以得出：

$$h^2 + 180^2 = 180.5^2$$

$$h^2 + 32\,400 = 32\,580.25$$

$$h^2 = 180.25$$

$$h = \sqrt{180.25} \approx 13.43 \text{ 英尺}$$

因此，大多数卡车都可以轻松地从绳子下方通过！

魔术时间到了！

在本章开头，我为大家介绍了一个魔术，下面我再介绍一个根据几何原理设计的魔术。勾股定理的大多数证明方法都是在保持面积不变的前提下重新排列几何图形的各个组成部分，从而得到一个不同的图形。先请大家思考一个悖论。如下图所示，把一个 8×8 的正方形分割成 4 块（每块的边长都是 3、5 或 8 的斐波那契数列中的数字），然后重新排列，拼成一个 5×13 的矩形。（大家不妨自己动手试一试！）但是，第一个图形的面积是 8×8＝64，第二个图形的面积却是 5×13＝65，这怎么可能？问题出在哪里呢？

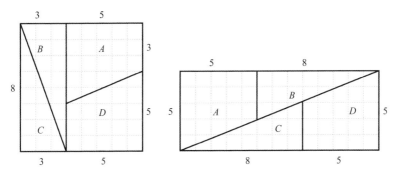

一个面积为 64 的正方形可以重新排列成一个面积为 65 的矩形吗？

奥秘就在那个 5×13 矩形的对角"线"上，它其实不是直线。例如，图中三角形 C 的斜边斜率为 3/8＝0.375（横坐标增加了 8，纵坐标增加了 3），而图形 D（梯形）的斜边斜率为 2/5＝0.4（横坐标增加了 5，纵坐标增加了 2）。由于两个斜边的斜率不同，因此它们不会构成一条直线。此外，梯形 A 与三角形 B 也存在同样的情况。仔细观察下图中的三角形，就会发现在两条"近似对角线"之间，多出了一点儿面积。这些面积分布在一个很长的区域内，大小正好是一个单位。

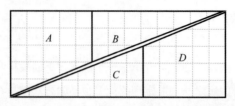

矩形多出来的那一个单位的面积就分布在对角线周围

我们在本章推导出关于三角形、正方形、矩形和其他多边形的众多属性，这些属性都建立在直线的基础之上。如果我们研究的是圆和其他曲线类图形，就需要借助三角学、微积分等更复杂的几何概念，也无法回避一个充满吸引力的数字——π。

第 8 章

永不止步的 π

3.141 592 653 589…

一条能绕地球一周的绳子

在上一章的开头，为了测试大家在矩形及三角形等方面的几何直觉能力，我提出了 4 个问题，最后一个问题是用绳子连接橄榄球场两端的球门柱。本章将专门讨论圆这种几何图形，请大家拿出一条绳子，用它环绕地球一周！

问题 1：假设我们有一条刚好可以绕地球一周的长绳子（约为 25 000 英里[①]长）。在打结时，我们把绳子的长度增加 10 英尺。如果要求绳子距赤道的高度全部相同，这个高度应该是多少？

A）离地面不到 1 英寸。

B）正好可以让人从下面爬过去。

C）正好可以让人从下面走过去。

D）足够一辆卡车从下方通过。

---

① 　1 英里≈1.609 3 千米。——编者注

问题2：如下图所示，X和Y是圆上的两个固定点，Z是"优弧"（major arc，指X和Y之间的那条长弧，而不是短弧）上的一个点。要使$\angle XZY$最小，点Z的位置如何确定？

A）点A（与X、Y的中点相对）。

B）点B（点X通过圆心的映射）。

C）点C（与点X尽可能接近）。

D）无所谓。无论点Z在什么位置上，$\angle XZY$都相同。

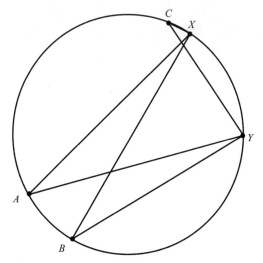

如何在X和Y之间的优弧上选取一点，使构成的角度数最大？

$\angle XAY$、$\angle XBY$、$\angle XCY$，还是所有角的度数都相同？

要解答这两个问题，我们需要进一步了解圆的相关属性。（即使没有圆的相关知识，你也能找出这两道题的正确答案，分别是B和D。但是，要弄清楚为什么它们是正确答案，就需要对圆的知识有所了解。）如下图所示，点O和正数r就可以定义一个圆：圆上的所有点与O的距离都是r。点O是"圆心"，r是圆的"半径"。为方便起见，数学界把从点O至点P的线段$\overline{OP}$也称作半径。

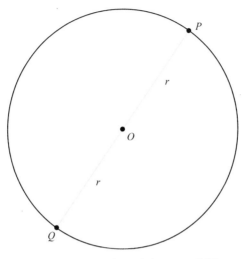

圆心为 O、半径为 r、直径 D = 2r 的圆

冰激凌和比萨饼中的 π

对于任意圆而言，直径 D 是半径的两倍：

$$D = 2r$$

绕圆一周的长度叫作圆周，记作 C。从上图可以看出，由 P 沿圆周至 Q 的距离大于 D，由 Q 沿圆周回到 P 的距离同样大于 D，因此 C 大于 2D。仔细观察的话，你甚至可以确定 C 比 3D 还要大一点儿。（不过，我们可能需要戴上三维眼镜，才能看得清楚。太遗憾了！）

如果想比较圆形物体的周长与直径之间的关系，我们可以用绳子绕物体一周，然后测量绳子的长度，再除以直径就可以了。无论这个圆形物体是硬币、玻璃杯的杯底、餐盘还是呼啦圈，我们最后都会得到：

$$C / D \approx 3.14$$

我们把这个常量定义为 π（读作 "pie"），表示圆的周长与直径的比值：

$$\pi = C / D$$

对于任意圆，π 的值都是相同的！当然，你也可以把上式变成任意圆的周长公式。对于周长为 D（或半径为 r）的任意圆，都有：

$$C = \pi D \text{ 或 } C = 2\pi r$$

π 的值为：

$$\pi = 3.141\,59\cdots$$

在后文中，我们将给出 π 的更多位数的小数值，还将讨论它的数字属性。

延伸阅读

有趣的是，人的眼睛在估算圆的周长时往往不太准确。比如，大家随便找一个喝水用的大玻璃杯试一试。凭肉眼观察，你能判断出玻璃杯的高度和周长哪个更大吗？大多数人觉得高度大于周长，但真实情况是周长大于高度。不信的话，大家可以伸出拇指和中指，测量一下杯子的直径，就会发现杯子的高度不到直径的 3 倍。

现在，我们可以回答本章开头提出的问题 1 了。如果我们把地球的赤道看作一个标准的圆，周长 $C = 25\,000$ 英里，它的半径就是：

$$r = \frac{C}{2\pi} = \frac{25\,000}{6.28} \approx 4\,000 \text{ 英里}$$

不过，要回答这个问题，地球的半径是多少并不重要，我们需要知道的是在周长增加 10 英尺的情况下，半径会增加多少。如果周长增加 10 英尺，圆的大小会略有增加，半径增加的量是 10/(2π) = 1.59 英尺。因此，绳子的高度只够你从下方爬过去（除非你是凌波舞高手，否则你无法从绳子下方走过去）。令人惊讶的是，这个问题的答案竟然与地球的实际周长没有任何关系。把地球换成其他星球或者任何尺寸的球体，答案都不会有变化！例如，如果圆的周长 C = 50 英尺，它的半径就是 50/(2π) ≈ 7.96 英尺。周长增加 10 英尺后，圆的半径就会变成 60/(2π) ≈ 9.55 英尺，约增加 1.59 英尺。

延伸阅读

下面，再向大家介绍圆的另一个重要特性。

定理： 令 X 和 Y 为圆上完全相对的两个点，那么对于圆上的任意一点 P，都有 ∠XPY = 90°。

例如，下图中的 ∠XAY、∠XBY 和 ∠XCY 都是直角。

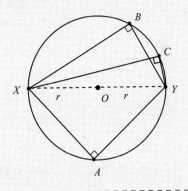

证明： 连接 O 和 P，设 $\angle XPO = x$，$\angle YPO = y$。根据题意，我们需要证明 $x + y = 90°$。

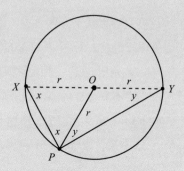

由于 $\overline{OX}$ 和 $\overline{OP}$ 是圆的半径，长度都是 r，因此三角形 XPO 是等腰三角形。根据等腰三角形定理，$\angle OXP = \angle XPO = x$。同理，$\overline{OY}$ 也是半径，且 $\angle OYP = \angle YPO = y$。由于三角形 XYP 的内角和为 $180°$，也就是说 $2x + 2y = 180°$，即 $x + y = 90°$。证明完毕。 ☺

这条定理是"圆心角定理"的一个特例。在几何学中，圆心角定理是我最喜欢的定理之一，我将在下一个"延伸阅读"中详细介绍这个定理。

利用圆心角定理，我们可以找出本章开头的问题 2 的答案。令 X 和 Y 为圆上任意两点。以 X 和 Y 为端点的弧有两条，长的那条叫作优弧，短的那条叫作劣弧。圆心角定理指出，在 X 与 Y 之间的优弧上任取一点 P，$\angle XPY$ 的度数保持不变。具体来说，$\angle XPY$ 的度数是圆心角 $\angle XOY$ 的一半。如果 Q 是 X 与 Y 之间的劣弧上的一点，则 $\angle XQY = 180° - \angle XPY$。

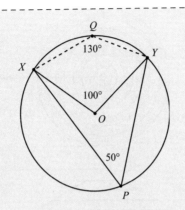

例如，如果∠XOY = 100°，那么X、Y与优弧上的任意点P构成的∠XPY = 50°，X、Y与劣弧上的任意点Q构成的∠XQY = 130°。

知道圆的周长之后，就可以推导出圆的一个重要公式：面积计算公式。

定理：半径为r的圆的面积为πr^2。

学校老师可能会要求我们死记硬背这个公式，但是，如果了解这个公式成立的理由，就可能会取得更令人满意的效果。严谨的证明需要使用微积分知识，但即使不用微积分，也可以给出一个令人信服的证明过程。

证明方法 1：如下图所示，把圆看成一系列同心环。按图中所示方向，从顶部向下切割这个圆，一直切至圆心处，然后将它展开，形成一个类似三角形的图形。这个三角形的面积是多少呢？

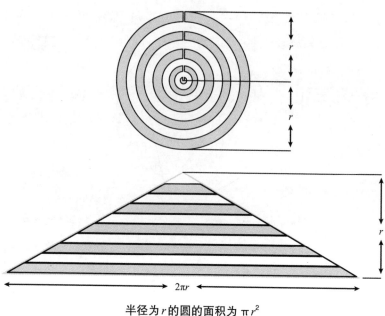

半径为 r 的圆的面积为 πr^2

底为 b、高为 h 的三角形面积是 $\frac{1}{2}bh$。上面这个类似三角形的图形的底是 $2\pi r$（圆的周长）、高是 r（从圆心至该结构底部的距离）。随着同心环的数量不断增加，切开的圆与三角形越来越接近，因此圆的面积是：

$$\frac{1}{2}bh = \frac{1}{2}(2\pi r)(r) = \pi r^2$$

证明完毕。

这么美妙的定理，一定要反复证明才行！这个证明方法把圆看作一个洋葱，接下来我们把圆变成比萨饼。

证明方法 2：将圆分成很多个大小相等的部分，然后将上、下半圆分成的部分穿插在一起。下图显示的是 8 等分和 16 等分的情况。

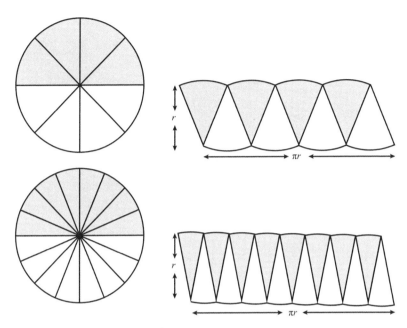

圆的面积为 πr^2 的另一个证明方法（比萨饼法）

随着等分的数量不断增加，每等分的形状与高为 r 的三角形越来越接近。将下半个圆分割而成的这些"三角形"（仿佛一排石笋）与上半个圆分割而成的"三角形"（像一排钟乳石）穿插在一起，形成的图形与矩形十分接近。矩形的高为 r，底等于周长的 1/2，即 πr。（为了让最后的图形更像矩形，而不是平行四边形，我们将最左边的"钟乳石"分成两半，将其中一半移到最右边。）等分数越多，最后得到的图形就越接近矩形，因此圆的面积是：

$$bh = (\pi r)(r) = \pi r^2$$

证明完毕。☺

我们经常需要描述圆的平面坐标图。如下图所示，以 $(0, 0)$ 为圆心、以 r 为半径的圆可以用方程式

$$x^2 + y^2 = r^2$$

来表示。为什么呢？我们令 (x, y) 为圆上的任意一点，然后画一个直角边长为 x 和 y、斜边长为 r 的三角形。根据勾股定理，我们知道 $x^2 + y^2 = r^2$。

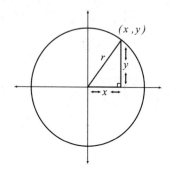

以 $(0,0)$ 为圆心、以 r 为半径的圆的方程式为 $x^2 + y^2 = r^2$，面积为 πr^2

当 $r = 1$ 时，上图这个圆被称为"单位圆"（unit circle）。如下图所示，我们拉伸单位圆，使它在水平方向和垂直方向上分别变为原来的 a 倍和 b 倍，就会得到椭圆。

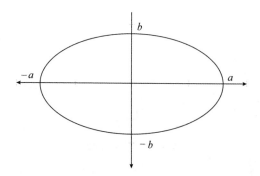

椭圆的面积为 πab

椭圆的方程式为：

$$\frac{x^2}{a^2} + \frac{y^2}{b^2} = 1$$

由于单位圆的面积是 π，椭圆是单位圆拉伸 ab 倍后的结果，因此它的面积是 πab。注意，当 $a = b = r$ 时，所得到的图形就是半径为 r 的圆。根据椭圆的面积公式 πab，我们可以算出圆的面积，即 πr^2。

下面向大家介绍椭圆的几个有趣的属性。利用两枚大头针、一个线圈和一支铅笔，就可以画出椭圆。首先，将两枚大头针钉在纸上或硬纸板上，然后将线的两头固定在大头针上，不要绷得太紧。如下图所示，将铅笔放到线圈的某个位置上并拉紧线圈，形成一个三角形，然后让铅笔运动一周。在运动的过程中，铅笔要始终拉紧线圈。最终得到的图形就是一个椭圆。

椭圆的焦点，即两枚大头针所在的两个点，具有非常神奇的特性。如果你将一个弹珠或台球放在其中一个焦点上，然后朝任意方向击打它。这个弹珠或台球在椭圆上反弹一次之后，运动方向就会朝向椭圆的另一个焦点。

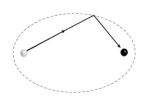

行星、彗星等天体的运行轨道都是椭圆形的。

延伸阅读

有意思的是，椭圆的周长没有一个简单的计算公式。但是，数学界的天才人物拉马努金（Srinivasa Ramanujan，1887—1920）找到了下面这个美妙的计算公式。以前文中描述的椭圆为例，它的周长约为：

$$\pi \left[3a + 3b - \sqrt{(3a + b)(3b + a)}\right]$$

注意，当 $a = b = r$ 时，上式就会变成 $\pi(6r - \sqrt{16r^2}) = 2\pi r$，与圆的周长计算公式不谋而合。

在三维物体中也能发现 π 的身影。以圆柱体（例如，一盒罐头）为例。半径为 r、高为 h 的圆柱体体积（即该物体所占空间大小）是：

$$V_{圆柱体} = \pi r^2 h$$

这个公式显然是成立的，因为我们可以把圆柱体看作由面积为 πr^2 的圆不停叠加（就像饭店经常把圆形杯垫叠放成一摞）形成的高为 h 的物体。

那么，圆柱体的表面积怎么计算呢？换句话说，把圆柱体的表面（包括顶面和底面）刷上油漆，需要多少呢？这个答案无须记忆，因为把圆柱体分成三个部分，就可以轻松地找到答案。顶面和底面的面积都是 πr^2，加起来就是 $2\pi r^2$。在求剩下部分的面积之前，我们将圆柱体从上向下切开，展开后就会得到一个底为 $2\pi r$、高为 h 的矩形。也就是说，圆柱体的侧面面积就是这个矩形的面积，即 $2\pi rh$。因此，圆柱体的表面积为：

$$A_{圆柱体} = 2\pi r^2 + 2\pi rh$$

　　球体是一个三维物体，球面上的所有点到球心的距离都相等。半径为 r 的球体体积是多少呢？这样的球体可以被装进半径为 r、高为 $2r$ 的圆柱体之中，因此它的体积必然小于 $\pi r^2(2r) = 2\pi r^3$。运气好的话，你会发现它正好是圆柱体体积的 2/3（当然，微积分也可以帮你找到这个答案）。换句话说，球体的体积是：

$$V_{球体} = \frac{4}{3}\pi r^3$$

　　球体的表面积计算公式非常简单，不过推导过程却非常复杂：

$$A_{球体} = 4\pi r^2$$

　　接下来，我要告诉你们，在冰激凌和比萨饼中也能找到 π。想象你的手里正拿着一个圆筒冰激凌，它的高是 h，顶部的那个圆的半径是 r。如下图所示，令圆筒的尖头到该圆上任意一点的"斜高"（slant height）为 s。（根据勾股定理，可以算出 s 的值，因为 $h^2 + r^2 = s^2$。）

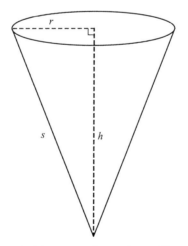

圆锥体的体积是 $\pi r^2 h/3$，表面积是 πrs

这样的圆锥体可以被放到半径为 r、高为 h 的圆柱体里面，因此，它的体积小于 $\pi r^2 h$ 并不是一件奇怪的事。但是，如果我说它的体积正好是圆柱体体积的 1/3，大家肯定会感到吃惊（不借助微积分的话，我们凭直觉无法发现这个秘密）。换句话说：

$$V_{圆锥体} = \frac{1}{3} \pi r^2 h$$

尽管不使用微积分也可以推导出圆锥体的表面积计算公式，但我还是直接把这个公式介绍给大家，让大家尽情领略其简约之美吧：

$$A_{圆锥体} = \pi rs$$

最后，我送给大家一个美味的比萨饼。如图所示，它的半径是 z，厚度是 a，请问它的体积是多少？

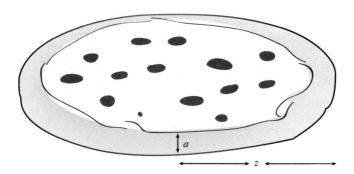

半径是 z、厚度是 a 的比萨饼体积是多少？

这个比萨饼可以被视为一个比较少见的圆柱体，半径为 z，高度为 a，因此它的体积是：

$$V = \pi z^2 a$$

大家看出这个答案中暗藏的玄机了吗？如果没有，我再写一遍：

$$V = pi\, z\, z\, a$$

π 的身影随处可见

我们前文中介绍的这些面积、周长和体积公式之中都有 π 的身影，对此我们不会感到奇怪。但是，在很多我们意想不到的数学领域，竟然也可以看到这个神奇的数字。例如，我们在本书第 4 章讨论的 $n!$。$n!$ 的主要作用是统计某些离散量，与圆没有任何特殊关系。我们知道这个数字的增长速度非常快，而且还没有一个有效捷径可以快速算出它的具体数值。例如，我们仍然需要进行数千个乘法运算才能算出 100 000! 的数值。但是，我们可以利用"斯特林公式"（Stirling's approximation），估计 $n!$ 的近似值：

$$n! \approx \left(\frac{n}{e} \right)^n \sqrt{2\pi n}$$

其中，e = 2.718 28⋯（也是一个非常重要的无理数，我们将在本书第 10 章对它进行详细讨论）。例如，用电脑计算 64!，可以得出：$64! = 1.269 \times 10^{89}$。根据斯特林公式，$64! \approx (64 / e)^{64} \sqrt{128\pi} = 1.267 \times 10^{89}$。（计算某个数的 64 次幂，是否有简便方法呢？有的！因为 $64 = 2^6$，因此我们只需要对 64 / e 进行 6 次平方运算就可以了。）

著名的"钟形曲线"（bell curve），如下图所示，在统计学以及所有的实验科学中都可见到。它的高是 $1/\sqrt{2\pi}$，关于它的其他特性，我们将在本书第 10 章再做具体讨论。

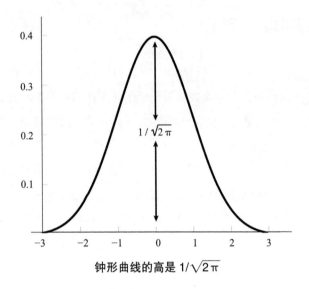

钟形曲线的高是 $1/\sqrt{2\pi}$

一些无穷级数求和问题中也常常可以看到 π。莱昂哈德·欧拉第一个找到了正整数倒数的平方求和公式：

$$1 + 1/2^2 + 1/3^2 + 1/4^2 + \cdots = 1 + 1/4 + 1/9 + 1/16 + \cdots = \pi^2/6$$

如果上式各项再进行一次平方运算，就可以得到正整数倒数的 4 次幂的求和公式：

$$1 + 1/16 + 1/81 + 1/256 + 1/625 + \cdots = \pi^4/90$$

事实上，人们已经找到了正整数倒数的偶数次幂（$2k$）的求和公式，即 π^{2k} 与某个有理数的乘积。

正整数倒数的奇数次幂的求和公式呢？我们将在本书第 12 章证明正整数倒数的和是无穷大的，但是它们高于 1 次的奇数次幂之和，例如 3 次幂：

$$1 + 1/8 + 1/27 + 1/64 + 1/125 + \cdots = ?$$

这个结果并非无穷大。不过，至今还没有人找到一个简便的求和公式。

奇怪的是，π 还出现在一些与概率有关的问题中。例如，如果你随机选择两个非常大的数字，它们没有公共的质因数的概率比 60% 大一点儿。具体来说，这个概率是 6/π² =0 .607 9…，正好是某个无穷级数和的倒数。

π 的近似值

如果仔细测量，我们也可以通过实验的方式得出 π 的值比 3 大一点儿的结论。但是，我们难免会想到两个问题：如果没有实际测量数据，我们可以证明 π 的值与 3 比较接近吗？是否可以用某个分数或者简单的公式来表示 π 的值呢？

第一个问题的答案是肯定的。画一个半径为 1 的圆，我们知道这个圆的面积是 π × 1² = π。在下图中，我们画了一个边长为 2 的正方形，并把圆完全包围起来。圆的面积肯定小于正方形的面积，由此可证 π < 4。

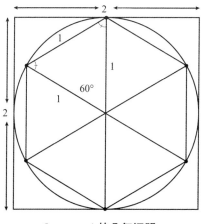

3 < π < 4 的几何证明

与此同时，这个圆还包含一个六边形，且六边形的顶点均匀地分布在圆周上。这个内接六边形的周长是多少呢？我们可以将该六边形分割成 6 个三角形，分别包含一个圆心角 360°/6 = 60°，且有两条边是圆的半径（长度为 1），因此这些三角形都是等腰三角形。根据等腰三角形定理，另外两个角相等，也都是 60°。因此，这些三角形都是等边三角形，且边长为 1。六边形的周长是 6，小于圆的周长 2π。也就是说，6 < 2π，即 π > 3。综合前面的几何证明，就有：

$$3 < \pi < 4$$

延伸阅读

我们可以增加多边形的边数，从而把 π 的值限定在更小的范围之内。例如，如果把包围圆的正方形改成六边形，就可以得出 $\pi < 2\sqrt{3} = 3.46\cdots$

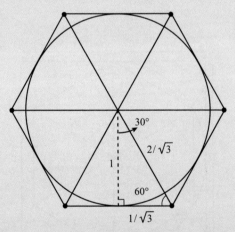

同样，这个六边形可以分割成 6 个等边三角形，每个等边三角形又可以分割成两个全等的直角三角形。如果这些直角三

角形较短的直角边长为 x，那么它的斜边长就是 $2x$。根据勾股定理，$x^2 + 1 = (2x)^2$。解方程式就可以求出 x 的值：$x = 1/\sqrt{3}$。也就是说，六边形的周长是 $12 / \sqrt{3} = 4\sqrt{3}$。由于六边形的周长大于圆的周长 2π，因此 $\pi < 2\sqrt{3}$。（有趣的是，如果比较圆与六边形的面积，也会得出相同的结果。）

伟大的古希腊数学家阿基米德（公元前 287~公元前 212）利用这个结果，把内接和外切多边形的边数增加至 12、24、48 和 96，最终证明 $3.141\,03 < \pi < 3.142\,71$。这个不等式也可以写成下面这种更加清楚明了的形式：

$$3\frac{10}{71} < \pi < 3\frac{1}{7}$$

很多分数都可以用来近似表示 π 的值。例如：

$$\frac{314}{100} = 3.14 \qquad \frac{22}{7} = 3.\overline{142\,857} \qquad \frac{355}{113} = 3.141\,592\,92\cdots$$

我最欣赏的是最后一个分数，它不仅正确地给出了 π 的小数点后的 6 位小数，而且整个分数重复使用了前三个奇数（1、3、5 各出现两次），这三个奇数还是按先后次序排列的！

利用分数准确地表示 π 的值，自然是一个令人感兴趣的课题（当然，这个分数的分子和分母都必须是整数，否则这个问题就太简单了，比如 $\pi = \frac{\pi}{1}$）。1768 年，约翰·海因里希·朗伯（Johann Heinrich Lambert）证明这个任务是无法完成的，因为他发现 π 是一个无理数。那么，它是否可以写成某个数的平方根或者立方根的形式呢？例如，$\sqrt{10} = 3.162\cdots$ 就与 π 的值非常接近。但是，1882 年，费迪南德·冯·林得曼（Ferdinand von Lindemann）证明 π 不仅是一个无理数，还是一个"超越数"（transcendental number），也就是说，它不是任何整数系数多项式的根。例如，$\sqrt{2}$ 是无理数，但它不是超越数，因为它是多项式 $x^2 - 2$ 的一个根。

尽管 π 不能表示成分数的形式，但它可以表示成分数的和或者乘积，前提是需要使用无穷多个分数！例如，我将在本书第 12 章告诉大家：

$$\pi = 4\left(1 - \frac{1}{3} + \frac{1}{5} - \frac{1}{7} + \frac{1}{9} - \frac{1}{11} + \cdots\right)$$

上述公式非常美观，但在计算 π 的值时却没有多大的实际价值，因为即使在 300 项之后，计算结果与 π 的接近程度还不如 22/7。下面，我再向大家介绍一个令人吃惊的公式——"沃利斯公式"（Wallis's formula）。这个公式将 π 表示为无穷乘积的形式，尽管它也是在很多项之后才趋近于 π 的值。

$$\pi = 4\left(\frac{2}{3} \times \frac{4}{3} \times \frac{4}{5} \times \frac{6}{5} \times \frac{6}{7} \times \frac{8}{7} \times \frac{8}{9} \cdots\right)$$
$$= 4\left(1 - \frac{1}{9}\right)\left(1 - \frac{1}{25}\right)\left(1 - \frac{1}{49}\right)\left(1 - \frac{1}{81}\right)\cdots$$

关于圆周率的超级记忆法

很多年来，π 牵动着无数人的心（它还是检测超级计算机的计算速度与准确率的一个手段）。截至目前，π 的值已经被精确到小数点后好几万亿位了。当然，我们不需要这么高的精确程度。只要将 π 的值精确到小数点后第 40 位，就可以将已知宇宙空间的周长精确到氢原子半径的程度。

人们对 π 的追逐几乎已经达到了狂热的程度。3 月 14 日被许多人视为"圆周率日"（因为这一天可以写成 3.14 的形式），还正好是艾尔伯特·爱因斯坦的生日。每年的这一天，很多人都会以 π 的名义举行庆祝活动。通常，在圆周率晚会上，人们会展示、品尝以数学为主题的馅饼，装扮成爱因斯坦的模样，当然，少不了背诵圆周率比赛。学生们通常会记住 π 的小数点后的几十位数字，但是比赛的获胜者却能背出上百位。顺便告诉大家，目前背诵圆周率的世界纪录保持者是中国的吕超，他在 2005 年背诵圆周率至小数点后 67 890 位！据《吉尼斯世界纪录大全》称，吕超为此准备了 4 年时间，背出这些数字所花的时间超过 24 个小时。

下面我为大家列出圆周率的前 100 位数字：

π = 3. 141 592 653 589 793 238 462 643 383 279 502 884 197 169 399 375
105 820 974 944 592 307 816 406 286 208 998 628 034 825 342 117 067…

长期以来，为了记忆圆周率，人们发挥创造力，想出了各种各样的办法。有的人使用造句的方法，借助句子中每个单词的字母数来记忆圆周率。其中广为人知的句子有："How I wish I could calculate pi（这句话对应圆周率的前 7 位数字 3.141 592）"[①] "How I want a drink, alcoholic of course, after the heavy lectures involving quantum machanics（这句话对应圆周率的前 15 位数字）"。

最令人难忘的是迈克·基斯（Mike Keith）于 1995 年提出的一个方法：一首以埃德加·爱伦·坡的《乌鸦》（*The Raven*）为原型写作的诗歌。通过它，人们可以轻松记住圆周率的前 740 位数字。诗的标题加上第一节，对应 42 个数字，其中"disturbing"这个单词包含 10 个

[①] 这是借助句子中每个单词的字母数来记忆圆周率的一个例子，若译成中文则无法说明问题，所以保留英文。本章后文中出现的英文诗歌、句子、代码也是同样的用途。——编者注

字母，对应数字 0。

Poe, E. Near a Raven

Midnights so dreary, tired and weary.

Silently pondering volumes extolling all by-now obsolete lore.

During my rather long nap—the weirdest tap!

An ominous vibrating sound disturbing my chamber's antedoor.

"This," I whispered quietly, "I ignore."

基斯再接再厉，把他的诗作升级为可以辅助记忆圆周率的前 3 835 位数字的 "*Cadaeic Cadenza*"。（注意，如果把 c 换成 3，a 换成 1，d 换成 4，诸如此类，"cadaeic" 就会变成 3.141 593。）它的开头是《乌鸦》的仿写诗歌，后面还有其他诗歌 [例如刘易斯·卡罗尔的《废话》（*Jabberwocky*）] 的仿写诗。最近，基斯又完成了他的新作：*Not a Wake: A Dream Embodying π's Digits Fully for 10 000 Decimals*（注意各单词的长度）。

用单词的长度来帮助记忆圆周率的方法有一个非常明显的问题：即使你能记住这些句子、诗歌或者故事，但要立即说出每个单词包含多少个字母，并不是一件轻而易举的事。我想要告诉大家："How I wish I could elucidate to others. There are often superior mnemonics!"（我希望大家明白：巧妙出色的记忆方法比比皆是。）

我最喜欢的记忆数字的方法名叫 "基本记忆系统"（major system）。这种记忆法将每个数字与一个或多个辅音对应起来，具体如下：

1 = t 或 d

2 = n

3 = m

4 = r

5 = l

6 = j、ch 或 sh

7 = k 或 g

8 = f 或 v

9 = p 或 b

10 = s 或 z

人们甚至想出了一些办法，帮助我们记住这种记忆法。我的朋友托尼·马洛什科维普斯（Tony Marloshkovips）给出了这样一些建议：字母 t（或者与之发音比较接近的字母 d）向下的笔画只有 1 笔；n 有 2 笔向下；m 有 3 笔向下；"four"（4）最后一个字母是 r；伸出 5 根手指，大拇指和食指就会构成一个 l；反写的"6"看上去像 j；两个"7"凑到一起可以形成一个 k；溜冰时经常会留下一个数字（figure）"8"；将"9"翻过来倒过去就会得到 p 或者 b；"zero（0）"的首字母是 z。如果你不喜欢这些方法，你也可以将上面这些辅音字母按次序串起来，就会得到我的（虚拟）好友托尼·马洛什科维普斯的英文名字。

利用这个编码系统，我们可以在辅音中插入元音，从而把数字变成单词。例如，数字 31 对应的辅音是 m 和 t（或者 m 和 d），它可以变成下面这些英语单词：

31 = mate，mute，mud，mad，maid，mitt，might，omit，muddy

注意，像"muddy""mitt"这样的单词是可以接受的，因为 d 或 t 这两个发音只出现一次，所以拼写时有几个字母出现并不重要。由于

h、w 和 y 等辅音没有出现在编码表中，因此它们可以像元音一样自由使用。也就是说，我们还可以把 31 变成 "humid" "midway" 等单词。注意，尽管一个数字经常可以变成不同的单词，但每个单词只代表一个数字。

圆周率 π 的前三位数对应的辅音是 m、t 和 r，它可以变成以下单词：

314 = meter, motor, metro, mutter, meteor, midyear, amateur

圆周率的前 5 位数 314 15 可以变成 "my turtle"。同理，我们可以把 π 的前 24 位数 314 159 265 358 979 323 846 264 变成：

My Turtle Pancho will, my love, pick up my new mover Ginger

之后的 17 位数 338 327 950 288 419 71 则变成：

My movie monkey plays in a favorite bucket

我很喜欢再接下来的 19 位数，即 693 993 751 058 209 749 4，因为这些数字可以变成一些比较长的单词：

Ship my puppy Michael to Sullivan's backrubber

随后的 18 位数，即 459 230 781 640 628 620，可以变成：

A really open music video cheers Jerry F. Jones

之后的 24 位数，即 899 862 803 482 534 211 706 7，可以变成：

Have a baby fish knife so Marvin will marinate the goose chick!

就这样，我们把圆周率 π 的前 100 位数字变成了 5 个莫名其妙的英文句子！

基本记忆法用来记忆日期、电话号码、信用卡账号等非常有效。大家可以试试看，只需稍加练习，你的数字记忆能力就会大大增强。

　　数学界一致认为 π 是数学领域中最重要的数字之一。但是，仔细研究那些包含 π 的公式和应用，就会发现在大多数情况下，π 都会被乘以 2。因此，人们引入了希腊字母 τ（读作 "tao-wu"），并规定：

$$\tau = 2\pi$$

　　很多人认为，如果时光可以倒流，数学公式和三角学的重要概念中可能不会出现 π，而代之以更简单的 τ。鲍勃·帕莱（Bob Palais）与迈克尔·哈特尔（Michael Hartl）分别写作文章（《π 是错误的》《τ 宣言》），以简洁巧妙又轻松愉快的语言阐释了这种想法。他们认为，圆是用半径来定义的，圆的周长与半径之比是 $C / r = 2\pi = \tau$，并以此作为"核心论点"，提出了改弦更张的要求。现在，有的教科书被加上了"允许使用 τ"的说明，所以在公式中会同时出现 π 和 τ。（很多教师和学生都认为，尽管使用新的常量可能会引起一些麻烦，但是 τ 使用起来确实比 π 更方便。）这项运动在接下来的几十年里会有什么样的进展呢，我们不妨拭目以待。τ 的拥护者们（自称"拥 τ 派"）坚信真理掌握在他们手中，但是他们经常自诩宽宏大量，表示可以容忍传统的做法。

　　下面，我将给出 τ 的前 100 位数，为后文中出现的记忆法做准备。请注意，τ 的前三个数字 6 和 28 都是完全数（参见本书第 6 章）。这是不是巧合呢？当然是巧合，但至少是一种很有意思的巧合。

$\tau=$ 6.283 185 307 179 586 476 925 286 766 559 005 768 394 338 798 750
211 641 949 889 184 615 632 812 572 417 997 256 069 650 684 234 135⋯

　　2012 年，13 岁的伊森·布朗（Ethan Brown）在一个基金项目成立活动上背诵出 τ 的前 2 012 位数，创造了一项世界纪录。他使用的就是语音编码记忆法，不过他没有编写长句子，而是创作了一幅幅视觉图像，每个句子都包含主语、谓语（全部是进行时）和宾语。例如，τ 的前 7 位数 628 318 5，变成 "An ocean vomiting a waffle"。下面是他为 τ 的前 100 位数创作的视觉图像：

An ocean vomiting a waffle（大海呕吐出一块华夫饼）

A mask tugging on a bailiff（面具戴在法警脸上）

A shark chopping nylon（鲨鱼正在撕咬尼龙）

Fudge coaching a cello（软糖在指导大提琴演奏）

Elbows selling a couch（手肘在销售长沙发）

Foam burying a mummy（泡沫在埋一具木乃伊）

Fog paving glass（雾在铺玻璃）

A handout shredding a prop（救济品压垮了支柱）

FIFA beautifying the Irish（国际足联美化爱尔兰队）

A doll shooing a minnow（布娃娃用嘘声赶走米诺鱼）

A photon looking neurotic（光子看望神经病人）

A puppy acknowledging the sewage（小狗承认自己随地大小便）

A peach losing its chauffeur（桃子与它的司机走散了）

Honey marrying oatmeal（蜂蜜嫁给了麦片）

为了让这些视觉图像更易于记忆，布朗还采用了"记忆宫殿"（memory palace）法，想象自己正在学校里漫步，沿着走廊走进不同的教室，每个教室里都有 3~5 个对象，它们正在做一些莫名其妙的事情。最终，他把这些数字变成了 60 个场所里发生的 272 个视觉图像。他为背诵这 2 012 位数字准备了 4 个月的时间。最终，他用时 73 分钟完成了这项任务。

在本章结束之前，我们为 π 举行一场音乐庆典吧。我这样说，是为了给拉里·莱塞的仿写诗歌《美国派》(*American Pi*) 增加一点儿抒情的味道。下面这首歌大家只能唱一遍，因为 π 不是循环小数。

很久很久以前，

我依然记得，数学课让我昏昏欲睡，

因为我们遇到的所有数字，

要么是有尽的，要么是循环小数，

但是，也许有的数字会不一样吧？

就在这时，老师说："你能不能

计算出这个圆的面积？"

尽管我费了九牛二虎之力，

也无法用分数来表示这个数值。

我不记得自己是否流下了眼泪，

我不停地尝试，不断缩小范围。

但是，某个东西触动了我的心灵深处，

那一天，我第一次知道了！

π，π，数字 π，

22/7 是一个非常棒的尝试。

你也许希望找到一个准确的分数，

但是，它的小数展开永不止步，

它的小数展开永不止步。

π，π，数字π，

3.141 592 653 589。

你也许希望找到一个准确的分数，

但是，它的小数展开永不止步！

第 9 章

用途多多的三角学

$$20° = \pi / 9$$

如何测量一座山的高度

三角学可以帮助我们解决经典几何学无法搞定的几何问题。例如，请大家考虑下面这个问题。

问题：利用量角器和袖珍计算器测量附近山峰的高度。

我会给出 5 种解题方法，其中前 3 种方法几乎不需要使用任何数学知识！

方法 1（暴力测量法）：爬到山顶，将计算器扔到山脚下（需要力气足够大），测量计算器落到地面所需的时间（也许你会听到山下传来爬山者的尖叫声）。如果测量结果为 t 秒，同时我们不考虑空气阻力和终端速度等因素，那么根据标准物理学方程式，我们可以计算出山的高度大约是 $16t^2$ 英尺。但是，由于空气阻力和终端速度等因素的影响力非常显著，因此你的计算结果准确度不高。此外，你的计算器也可能找不回来了。而且，如果应用这个方法，你还需要计时设备，这个计时设备可能正好安装在你的计算器上。这个方法的好处是无须使用量角器。

方法 2（户外运动爱好者问询法[①]）：找到一名态度友好的护林员，把那个漂亮的量角器送给她，请她告诉你这座山的高度。如果找不到护林员，就在附近找一名皮肤黝黑的男士，这样的人长期在户外活动，或许知道这个问题的答案。这个方法的好处是可以让你交到一名新朋友，而且不需要牺牲你的计算器。此外，如果你对这位皮肤黝黑的户外运动爱好者的答案有所怀疑，你还可以爬到山顶，用第一种方法测量山峰的高度。这个方法的缺点是你将失去量角器，还有可能受到行贿指控。

方法 3（指示牌法）：在使用第一种和第二种方法之前，看看附近是否有说明山峰高度的指示牌。这个方法的好处是无须牺牲任何物品。☺

当然，如果你对这些方法都不感兴趣，那么你只能借助数学方法了。本章将告诉大家如何利用数学方法解决此类问题。

三角学、三角形和三角函数

"trigonometry"（三角学）的希腊字根是"trigon"和"metria"，意思是三角形测量。我们先来分析一些经典的三角形。

等腰直角三角形。等腰直角三角形包含一个 90° 的角，且另外两个角必须相等。也就是说，除直角以外的两个角都是 45°（因为三角形的内角和为 180°）。因此，我们把等腰直角三角形称为 45–45–90 三角形。如果两个直角边长为 1，根据勾股定理，斜边的长度必然是 $\sqrt{1^2+1^2}=\sqrt{2}$。注意，如下图所示，所有等腰直角三角形的边长比都是 $1:1:\sqrt{2}$。

---

① 作者特意使用"tan gent"（户外运动爱好者）这个表达，目的是让读者联想到"tangent"（正切）一词。——译者注

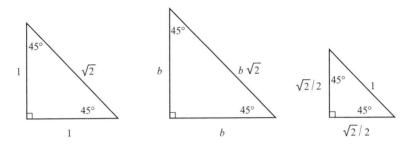

45 – 45 – 90 三角形的边长比是 1∶1∶$\sqrt{2}$

30 – 60 – 90 三角形。等边三角形的所有边长都相等，所有角都是 60°。如下图所示，如果将等边三角形分成两个完全相等的部分，所得到的两个直角三角形的三个内角分别是 30°、60° 和 90°。如果等边三角形的边长为 2，直角三角形的斜边长就是 2，短直角边的边长是 1。根据勾股定理，长直角边的边长为 $\sqrt{2^2-1^2}=\sqrt{3}$。因此，所有 30 – 60 – 90 三角形的边长比都是 1∶$\sqrt{3}$∶2（我把它记作 1∶2∶$\sqrt{3}$）。具体地说，如果斜边长度为 1，那么另外两边的长度分别为 1/2 和 $\sqrt{3}/2$。

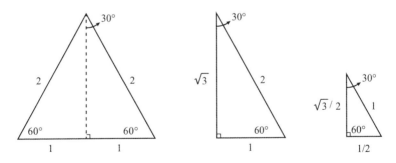

30–60–90 三角形的边长比是 1∶$\sqrt{3}$∶2

延伸阅读

如果正整数a、b和c满足$a^2 + b^2 = c^2$，那么我们把(a, b, c)称为"勾股数"（Pythagorean triple）[①]。勾股数有无穷多个，其中最小、最简单的勾股数是$(3, 4, 5)$。当然，我们可以把这个勾股数扩大正整数倍，从而得到$(6, 8, 10)$或$(9, 12, 15)$或$(300, 400, 500)$等勾股数。但是，我们关注的是更有价值的例子。下面介绍一种得到勾股数的方法。取任意正整数m、n，使$m > n$。接下来，令

$$a = m^2 - n^2 \qquad b = 2mn \qquad c = m^2 + n^2$$

注意，$a^2 + b^2 = (m^2 - n^2)^2 + (2mn)^2 = m^4 + 2m^2n^2 + n^4 = (m^2 + n^2)^2 = c^2$，也就是说，$(a, b, c)$是勾股数。例如，如果$m = 2, n = 1$，就会得到$(3, 4, 5)$。如果$(m, n) = (3, 2)$，就有勾股数$(5, 12, 13)$；如果$(m, n) = (4, 1)$，就有$(15, 8, 17)$；如果$(m, n) = (10, 7)$，就有$(51, 140, 149)$。令人吃惊的是，所有的勾股数都可以通过这个方法得到（所有数论课程都会证明这个结论）。

三角学建立在两个重要函数的基础之上，即正弦（sine）函数和余弦（cosine）函数。如图所示，已知直角三角形ABC，c表示斜边长度，a、b分别表示$\angle A$、$\angle B$对应直角边的长度。

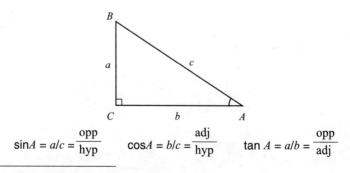

$$\sin A = a/c = \frac{\text{opp}}{\text{hyp}} \qquad \cos A = b/c = \frac{\text{adj}}{\text{hyp}} \qquad \tan A = a/b = \frac{\text{opp}}{\text{adj}}$$

---

① 勾股数，也叫"毕氏三元数"。——译者注

对于角 A（由于 ABC 是直角三角形，该角必然是锐角），我们把 $\angle A$ 的正弦函数（记作 $\sin A$）定义为：

$$\sin A = \frac{a}{c} = \frac{\text{角 } A \text{ 对应直角边的长度}}{\text{斜边长度}} = \frac{\text{opp}}{\text{hyp}}$$

同理，我们把 $\angle A$ 的余弦函数定义为：

$$\cos A = \frac{b}{c} = \frac{\text{角 } A \text{ 相邻直角边的长度}}{\text{斜边长度}} = \frac{\text{adj}}{\text{hyp}}$$

（注意，含有角 A 的所有直角三角形都与原三角形 ABC 相似，边长的比例关系都相同，因此角 A 的正弦函数和余弦函数与三角形的大小没有关系。）

除正弦函数和余弦函数之外，三角学中使用最多的函数就是正切（tangent）函数。我们把 $\angle A$ 的正切函数定义为：

$$\tan A = \frac{\sin A}{\cos A}$$

对于直角三角形，有：

$$\tan A = \frac{\sin A}{\cos A} = \frac{a/c}{b/c} = \frac{a}{b} = \frac{\text{角 } A \text{ 对应直角边的长度}}{\text{角 } A \text{ 相邻直角边的长度}} = \frac{\text{opp}}{\text{adj}}$$

关于正弦、余弦和正切函数，有非常多种记忆方法，最常见的是 "SOH CAH TOA"，其中 SOH 表示正弦为对边（O）/斜边（H），CAH、TOA 与之类似。我的中学老师教给我的口诀是 "Oscar Has A Heap of Apples"（奥斯卡有一堆苹果），表示正弦、余弦和正切函数分别对应 OH、AH 和 OA。我的朋友对这个口诀进行了修改，把它变成："Olivia Has A Hairy Old Aunt！（奥莉维亚的姑姑是一个粗鲁的老妇人！）"

例如，在下面这个 3 – 4 – 5 三角形中，有：

$$\sin A = \frac{3}{5} \qquad \cos A = \frac{4}{5} \qquad \tan A = \frac{3}{4}$$

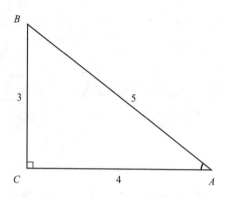

对于 3 – 4 – 5 三角形而言，sin$A$ = 3 / 5，cos$A$ = 4 / 5，tan A = 3 / 4

那么，这个三角形的∠B呢？计算角B的正弦与余弦，就会发现：

$$\sin B = \frac{4}{5} = \cos A \qquad \cos B = \frac{3}{5} = \sin A$$

从计算结果可以看出，sin$B$ = cos$A$，cos$B$ = sin$A$。这并不是巧合，因为对于∠A而言，另一个锐角的对边和邻边正好与之相反，但是斜边保持不变。由于∠A + ∠B = 90°，对于任意锐角，我们都可以得到：

$$\sin (90° - A) = \cos A \qquad \cos (90° - A) = \sin A$$

例如，如果三角形ABC的∠A = 40°，那么它的余角∠B = 50°且 sin 50° = cos 40°，cos 50° = sin 40°。换句话说，角B的正弦等于角A的余弦。

除此以外，你们可能还需要记住另外三个函数，不过它们的使用频率低于前三个函数。这三个函数[分别是正割（secant）、余割（cosecant）和余切（cotangent）]，它们的定义为：

$$\sec A = \frac{1}{\cos A} \qquad \csc A = \frac{1}{\sin A} \qquad \cot A = \frac{1}{\tan A}$$

我们可以轻松证明正割与余割、正切与余切之间的关系和正弦与余弦之间的关系相似，也就是说，对于直角三角形中的所有锐角，都有 $\sec (90° - A) = \csc A$，$\tan (90° - A) = \cot A$。

学会计算正弦之后，就可以通过余角计算所有角的余弦，进而求出正切和其他三角函数。但是，如何计算正弦呢？比如，$40°$ 的正弦是多少？最简单的方法是利用计算器。我的计算器告诉我 $\sin 40° = 0.642\cdots$，这个数值是如何计算出来的呢？在本章结尾，我将解释其中的奥秘。

有些三角函数的值需要我们记住，而不需使用计算器。前面已经证明，30–60–90 三角形的边长比为 $1 : \sqrt{3} : 2$，因此：

$$\sin 30° = 1/2 \qquad \sin 60° = \sqrt{3}/2$$

还有：

$$\cos 30° = \sqrt{3}/2 \qquad \cos 60° = 1/2$$

由于 $45 - 45 - 90$ 三角形的边长比 $1 : 1 : \sqrt{2}$，因此：

$$\sin 45° = \cos 45° = 1/\sqrt{2} = \sqrt{2}/2$$

由于 $\tan A = \dfrac{\sin A}{\cos A}$，因此我们只需记住 $\tan 45° = 1$ 和 $\tan 90°$ 不存在（因为 $\cos 90° = 0$），而无须记住其他正切函数的值。

在利用三角学计算山的高度之前，我们先解决一个简单的问题：计算树的高度。

如下图所示，假设你与树的距离是 10 英尺，树的顶部与地面形成的仰角为 $50°$。（顺便告诉大家，大多数智能手机都有可以测量角度的应用程序。利用量角器、吸管和回形针等简单工具，也可以制成一个有效的角度测量仪器——测角器。）

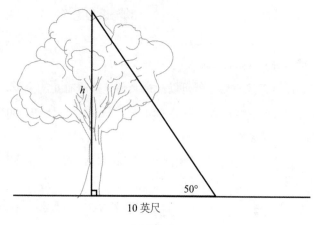

树有多高?

如果树的高度为 h, 就有:

$$\tan 50° = \frac{h}{10}$$

因此, $h = 10 \tan 50°$。利用计算器可以算出它的值为 $10 \times 1.19\cdots \approx$ 11.9, 也就是说树的高度约为 11.9 英尺。

现在, 我们准备利用第四种数学方法, 解决前面提出的山高问题。我们面临的难题是, 我们不知道自己与大山中心点之间的距离。从本质上看, 我们有两个未知因素(大山的高度、大山与我们之间的距离), 因此我们需要收集两个信息。如下图所示, 假设从我们所在的位置看山顶的仰角是 40°, 然后背向大山走 1 000 英尺, 这时的仰角变成 32°。接下来, 我们利用这些信息来计算山的近似高度。

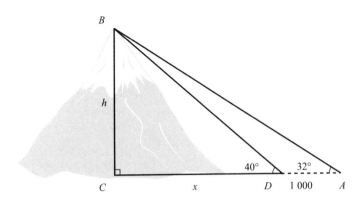

方法 4（正切法）：如果山的高度为 h，我们最初与大山之间的距离为 x（x 是 $\overline{CD}$ 的长度）。观察直角三角形 BCD，我们知道 $\tan 40° \approx 0.839$，因此：

$$\tan 40° \approx 0.839 = \frac{h}{x}$$

也就是说，$h = 0.839x$。根据三角形 ABC，有：

$$\tan 32° \approx 0.625 = \frac{h}{x+1\,000}$$

因此，$h = 0.625\,(x + 1\,000) = 0.625x + 625$。

从两个等式中消去 h，就可以得到：

$$0.839x = 0.625x + 625$$

该方程式的解为 $x = 625\,/\,(0.214) \approx 2\,920$。也就是说，$h$ 的近似值为 $0.839 \times 2\,920 = 2\,450$。因此，山的高度约为 2 450 英尺。

单位圆、正弦定理与余弦定理

到目前为止，我们都是利用直角三角形来定义各个三角函数的，而且我强烈建议大家无须思考，因为你们只要记住这些定义即可。但是，这些定义有一个缺点：只在角的度数为 0°~90° 时（直角三角形一定有一个 90° 角和两个锐角），我们才能求出它的正弦、余弦和正切。本节将讨论如何利用单位圆来定义三角函数，这种定义法可以帮助我们求出任意角的正弦、余弦和正切。

请大家回顾一下单位圆的定义：以圆点 (0, 0) 为圆心，以 1 为半径的圆。在上一章，我们利用勾股定理推导出单位圆的方程式为 $x^2 + y^2 = 1$。如下图所示，假设从点 (1, 0) 开始沿圆周逆时针方向运动构成的锐角 A 在单位圆上所对应的点为 (x, y)，请大家确定该点的坐标。

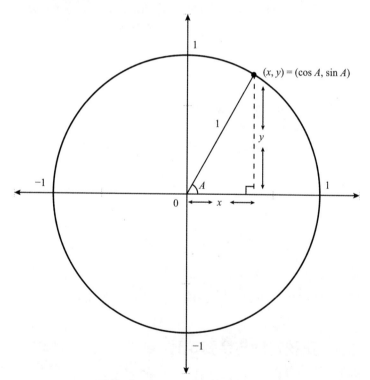

单位圆上与角 A 对应的点 (x, y) 的坐标为：$x = \cos A$，$y = \sin A$

画一个直角三角形，然后根据余弦和正弦函数，就可以求出 x 和 y。具体来说，就是：

$$\cos A = \frac{\text{adj}}{\text{hyp}} = \frac{x}{1} = x$$

$$\cos A = \frac{\text{opp}}{\text{hyp}} = \frac{y}{1} = y$$

换句话说，点 (x, y) 等于 $(\cos A, \sin A)$。[推而广之，如果圆的半径为 r，那么 $(x, y) = (r\cos A, r\sin A)$。]

我们可以把上述结论推广至任意角，把 $(\cos A, \sin A)$ 定义为角 A 在单位圆上的对应点。（换言之，角 A 与单位圆交点的横坐标与纵坐标分别为 $\cos A$ 和 $\sin A$。）我们用下图来表示这个结论。

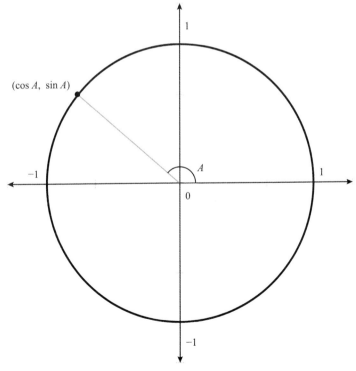

$\cos A$ 与 $\sin A$ 的一般定义

在下图中，我们以 30° 为单位，将单位圆分成若干等分，再标记出 45° 的坐标，因为它们分别对应我们之前研究的特殊三角形的内角。我们列出了 0°、30°、45°、60° 和 90° 的余弦和正弦，具体如下：

$(\cos 0°, \sin 0°) = (1, 0)$

$(\cos 30°, \sin 30°) = (\sqrt{3}/2, 1/2)$

$(\cos 45°, \sin 45°) = (\sqrt{2}/2, \sqrt{2}/2)$

$(\cos 60°, \sin 60°) = (1/2, \sqrt{3}/2)$

$(\cos 90°, \sin 90°) = (0, 1)$

我们还会发现，当这些角成倍扩大时，我们可以根据第一象限的情况来求其他象限角的三角函数值。

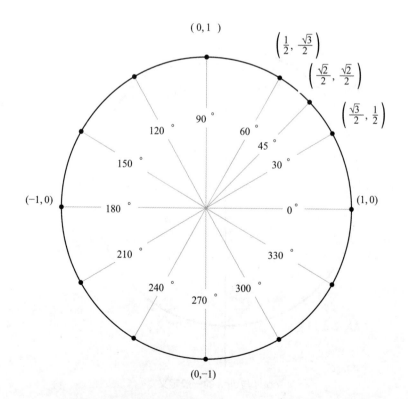

由于角的度数增加或减少 360° 时，角的坐标实际上没有发生变化（只不过沿圆周运动了一圈）。因此，对于任意角，都有：

$$\sin (A \pm 360°) = \sin A \qquad \cos (A \pm 360°) = \cos A$$

负角的运动方向是顺时针方向。例如，–30° 与 330° 的坐标相同。请注意，沿顺时针方向运动 A 度，与沿逆时针方向运动 A 度，最后的横坐标相同，而纵坐标的正负号相反。换句话说，对于任意角 A：

$$\cos (-A) = \cos A \qquad \sin (-A) = -\sin A$$

例如，$\cos (-30°) = \cos 30° = \sqrt{3}/2$，$\sin (-30°) = -\sin 30° = -1/2$

角 A 关于 y 轴映射，就会得到补角 180° $-A$。此时，单位圆上对应点的纵坐标保持不变，而横坐标变成相反数。换句话说：

$$\cos (180° - A) = -\cos A \qquad \sin (180° - A) = \sin A$$

例如，当 A = 30° 时，从上式可知：

$$\cos 150° = -\cos 30° = -\sqrt{3}/2 \qquad \sin 150° = \sin 30° = 1/2$$

我们利用类似方法，继续定义其他三角函数，例如，$\tan A = \sin A / \cos A$。

x 轴和 y 轴将平面分成 4 个象限，我们把它们分别称为第一象限、第二象限、第三象限和第四象限。其中，第一象限的角为 0°~90°，第二象限的角为 90°~180°，第三象限的角为 180°~270°，第四象限的角为 270°~360°。请注意，第一象限、第二象限的正弦函数为正值，第一象限、第四象限的余弦函数为正值，因此，第一象限、第三象限的正切函数为正值。有的学生想出了一句口诀："All Students Take Calculus"（所有学生都要学习微积分），以首字母（A、S、T、C）对应各象限中数值为正值的三角函数（即所有三角函数、正弦、正切、余弦）。

值得我们学习的最后一批词汇与反三角函数有关，因为反三角函数可以帮助我们确定角的度数。例如，1 / 2 的反正弦函数 arc sin(1 / 2) 表示角 A 的正弦函数 sin$A$ = 1 / 2。我们知道 sin 30° = 1 / 2，因此：

$$\text{arc } \sin(1 / 2) = 30°$$

反正弦函数 arc sin 对应的角一定在 –90° 与 90° 之间，但我们必须知道，在这个区间之外，还有一些角的正弦函数值一样，例如 sin 150° = 1/2。同样，在 30° 或 150° 的基础上加上 360° 的倍数之后，正弦函数的值保持不变，仍然是 1/2。

对于下图所示的 3–4–5 三角形，利用三角函数与计算器，可以通过 3 种不同方法计算出角 A 的度数：

$$\angle A = \text{arc } \sin(3 / 5) = \text{arc } \cos(4 / 5) = \text{arc } \tan(3 / 4) \approx 36.87° \approx 37°$$

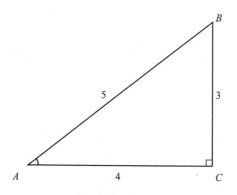

利用反三角函数和边长可以求出角的度数。

在本例中，由于 tan A = 3 / 4，因此 $\angle A$ = arc tan (3 / 4) ≈ 37°

接下来，我们就可以利用这些三角函数来解决问题了。在几何学中，给定任意直角三角形的直角边长之后，我们就可以根据勾股定理求出其斜边的长度。在三角学中，我们可以利用"余弦定理"（law of cosines），对任意三角形进行类似运算。

定理（余弦定理）：对于任意三角形 *ABC*，已知两条边的边长分别为 *a* 和 *b*，两边的夹角为 *C*，则第三边的边长满足下列等式：

$$c^2 = a^2 + b^2 - 2ab \cos C$$

例如，在下图中，三角形 *ABC* 两条边的边长分别为 21 和 26，两边夹角为 15°。根据余弦定理，第三边的长度 *c* 必然满足：

$$c^2 = 21^2 + 26^2 - 2\,(21)\,(26) \cos 15°$$

由于 cos 15° ≈ 0.965 9，因此上述方程式可以化简为 $c^2 = 62.21$，即 $c ≈ 7.89$。

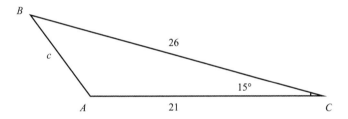

延伸阅读

证明：在证明余弦定理时，我们需要考虑∠*C* 是直角、锐角或钝角这三种情况。如果∠*C* 是直角，那么 cos *C* = cos 90° = 0，此时余弦定理简化为 $c^2 = a^2 + b^2$，与勾股定理一致。

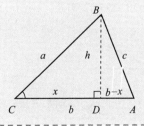

如上图所示，如果 $\angle C$ 是锐角，从 B 向 $\overline{AC}$ 画垂线并与 $\overline{AC}$ 交于点 D，就可将三角形 ABC 分割成两个直角三角形。根据上图，在三角形 CBD 中，由勾股定理可知 $a^2 = h^2 + x^2$，也就是说：

$$h^2 = a^2 - x^2$$

从三角形 ABD 可以得到 $c^2 = h^2 + (b-x)^2 = h^2 + b^2 - 2bx + x^2$，即：

$$h^2 = c^2 - b^2 + 2bx - x^2$$

综合上面两个等式，消去 h^2，可以得到：

$$c^2 - b^2 + 2bx - x^2 = a^2 - x^2$$

也就是说：

$$c^2 = a^2 + b^2 - 2bx$$

从直角三角形 CBD 可以得出 $\cos C = x/a$，即 $x = a \cos C$。由此可知，当 $\angle C$ 是锐角时：

$$c^2 = a^2 + b^2 - 2ab \cos C$$

如下图所示，当 $\angle C$ 是钝角时，我们可以在三角形的外部构建直角三角形 CBD。

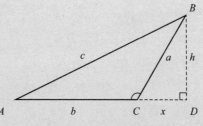

对直角三角形 CBD 和 ABD 分别运用勾股定理，可以得到 $a^2 =$

$h^2 + x^2$，且 $c^2 = h^2 + (b + x)^2$。消去 h^2，可以得到：

$$c^2 = a^2 + b^2 + 2bx$$

从三角形 CBD 可知，$\cos(180° - C) = x/a$，即 $x = a\cos(180° - C) = -a\cos C$。因此，我们再一次证明下面这个等式成立。

$$c^2 = a^2 + b^2 - 2ab\cos C \qquad ☺$$

顺便告诉大家，我们还可以根据一个非常简洁的公式求出上述三角形的面积。

推论： 对于任意三角形 ABC，已知两条边的边长分别为 a 和 b，两边的夹角为 C，有：

三角形 ABC 的面积 $= \dfrac{1}{2} ab\sin C$

延伸阅读

证明： 底为 b、高为 h 的三角形面积是 $\dfrac{1}{2} bh$。在证明余弦定理时，我们考虑了三角形的 3 种情况。在这 3 种情况下，三角形的底边都是 b，因此我们现在需要确定 h 的值。如果 $\angle C$ 是锐角，通过观察可知，$\sin C = h/a$，即 $h = a\sin C$。如果 $\angle C$ 是钝角，有 $\sin(180° - C) = h / a$，即 $h = a\sin(180° - C) = a\sin C$，结果同上。如果 $\angle C$ 是直角，则 $h = a$。由于 $C = 90°$，且 $\sin 90° = 1$，因此 $h = a\sin C$。也就是说，在这 3 种情况下，都有 $h = a\sin C$。因此，三角形的面积等于 $\dfrac{1}{2} ab\sin C$。证明完毕。　　　□

根据推论，我们发现：

$$\sin C = \frac{2 \times 三角形 ABC 的面积}{ab}$$

因此，

$$\frac{\sin C}{c} = \frac{2 \times 三角形 ABC 的面积}{abc}$$

换句话说，对于三角形 ABC 来说，(sin C) / c 等于三角形 ABC 面积的两倍与所有边长乘积的商。不过，这个结论对角 C 没有任何特定要求，换成 (sinB) / b 或者 (sinA) / a，结论同样成立。因此，我们实际上证明了下面这条特别有用的定理。

定理 [正弦定理（law of sines）**]**：在任意三角形 ABC 中，如果 3 条边的边长分别为 a、b、c，则有：

$$\frac{\sin A}{a} = \frac{\sin B}{b} = \frac{\sin C}{c}$$

$$\frac{a}{\sin A} = \frac{b}{\sin B} = \frac{c}{\sin C}$$

有了正弦定理，在计算山的高度时，我们就多了一种方法。如下图所示，我们重点考虑我们最初所在的位置与山顶之间的距离 a。

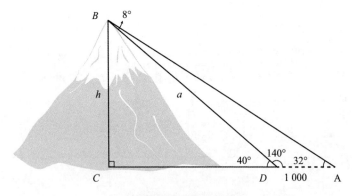

利用正弦定理计算山的高度

方法 5（正弦定理法）：在三角形 ABD 中，$\angle BAD = 32°$，$\angle BDA = 180° - 40° = 140°$，因此 $\angle ABD = 8°$。根据正弦定理：

$$\frac{a}{\sin 32°} = \frac{1\,000}{\sin 8°}$$

两边同时乘以 $\sin 32°$，就会得到 $a = 1\,000 \sin 32° / \sin 8° \approx 3\,808$ 英尺。同时，由于 $\sin 40° \approx 0.642\,8 = h / a$，因此：

$$h = a \sin 40° \approx 3\,808 \times 0.642\,8 = 2\,448$$

也就是说，山的高度约为 2 450 英尺，与前面的计算结果一致。

延伸阅读

下面这个公式名叫"海伦公式"（Heron's formula），也值得大家花时间学习。根据这个公式，我们可以求出边长分别为 a、b、c 的三角形面积。如果先求出三角形的"半周长"（semi-perimeter）

$$s = \frac{a + b + c}{2}$$

海伦公式就会变得十分简单。根据海伦公式，如果三角形的边长分别为 a、b、c，那么它的面积为：

$$\sqrt{s(s-a)(s-b)(s-c)}$$

例如，如果三角形的边长分别为 3、14、15（π 的前 5 位数字），那么它的半周长 $s = (3 + 14 + 15) / 2 = 16$。因此，三角形的面积为 $\sqrt{16(16-3)(16-14)(16-15)} = \sqrt{416} \approx 20.4$。

通过代数运算和余弦定理，可以推导出海伦公式。

妙趣横生的三角恒等式

三角函数之间有很多非常有意思的关系，我们称之为"三角恒等式"。前文中已经介绍了一些三角恒等式，例如：

$$\sin(-A) = -\sin A \qquad \cos(-A) = \cos A$$

还有一些有意思的恒等式可以推导出重要的公式，接下来我们将探讨这些公式。第一个恒等式来自单位圆公式：

$$x^2 + y^2 = 1$$

由于点 $(\cos A, \sin A)$ 位于单位圆上，因此它肯定满足上述关系，也就是说 $(\cos A)^2 + (\sin A)^2 = 1$。这可能是最重要的三角恒等式了。

定理：对于任意角 A，都有：

$$\cos^2 A + \sin^2 A = 1$$

到目前为止，我们一直在用字母 A 来表示任意角，但是这个字母本身没有任何特殊的地方。上述恒等式也经常用其他字母来表示，例如：

$$\cos^2 x + \sin^2 x = 1$$

此外，人们还经常使用希腊字母 θ：

$$\cos^2 \theta + \sin^2 \theta = 1$$

我们有时甚至不使用任何变量，例如，我们可以把它简写成：

$$\cos^2 + \sin^2 = 1$$

在证明其他恒等式之前，我们先利用勾股定理计算一条线段的长度。它是证明这个恒等式的关键，其计算结果本身也具有非常重要的价值。

定理（距离公式）：令 L 为点 (x_1, y_1) 与 (x_2, y_2) 之间的线段长度，那么：

$$L = \sqrt{(x_2 - x_1)^2 + (y_2 - y_1)^2}$$

例如，点 $(-2, 3)$ 与 $(5, 8)$ 之间的线段长度为 $\sqrt{[5 - (-2)]^2 + (8 - 3)^2} = \sqrt{7^2 + 5^2} = \sqrt{74} \approx 8.6$。

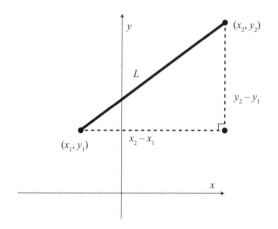

根据勾股定理，$L^2 = (x_2 - x_1)^2 + (y_2 - y_1)^2$

证明：如上图所示，以点 (x_1, y_1) 与 (x_2, y_2) 之间的线段为斜边画一个直角三角形。三角形底边的长度为 $x_2 - x_1$，高为 $y_2 - y_1$。因此，根据勾股定理，斜边 L 满足：

$$L^2 = (x_2 - x_1)^2 + (y_2 - y_1)^2$$

也就是说，$L = \sqrt{(x_2 - x_1)^2 + (y_2 - y_1)^2}$。证明完毕。 □

注意，即使 $x_2 < x_1$ 或 $y_2 < y_1$，上述公式仍然成立。例如，当 $x_1 = 5$，$x_2 = 1$ 时，x_1 与 x_2 之间的差是 4。尽管 $x_2 - x_1 = -4$，但它的平方同样是 16，因此两者的差是正数还是负数并不重要。

延伸阅读

如果一个盒子的大小为 $a \times b \times c$，那么它的对角线有多长呢？令 O、P 为盒子底面对角线的两个端点。因为底面是一个 $a \times b$ 的矩形，因此对角线 $\overline{OP}$ 的长度为 $\sqrt{a^2 + b^2}$。

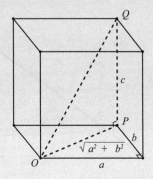

从点 P 沿垂直方向向上运动长为 c 的距离，就会到达与点 O 相对的点 Q。要求出点 O 与点 Q 的距离，就需要利用三角形 OPQ。该三角形是直角三角形，直角边的长度分别为 $\sqrt{a^2 + b^2}$ 和 c。因此，根据勾股定理，线段 $\overline{OQ}$ 的长度为：

$$\sqrt{\left(\sqrt{a^2 + b^2}\right)^2 + c^2} = \sqrt{a^2 + b^2 + c^2}$$

接下来，我们证明一个既美观又重要的三角恒等式。该定理的证明过程比较复杂，如果你不想了解，可以跳过不读。好消息是，如果这一次你不怕麻烦完成证明工作，那么后面更多恒等式的证明都将迎刃而解。

定理：对于任意角 A 与角 B，都有：

$$\cos (A - B) = \cos A \cos B + \sin A \sin B$$

证明：如下图所示，在以 O 为圆心的单位圆上取点 P 和 Q，它们的

坐标分别为 $(\cos A, \sin A)$、$(\cos B, \sin B)$。那么 $\overline{PQ}$ 的长度 c 有什么特点呢?

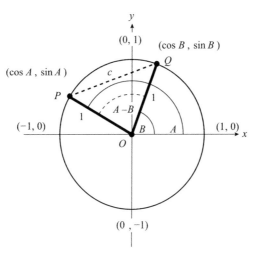

此图可用于证明 $\cos (A - B) = \cos A \cos B + \sin A \sin B$

通过观察可以发现，在三角形 OPQ 中，$\overline{OP}$ 和 $\overline{OQ}$ 都是单位圆的半径，长度为 1，两者的夹角 $\angle POQ$ 的度数为 $A - B$。因此，根据余弦定理:

$$c^2 = 1^2 + 1^2 - 2 \, (1) \, (1) \cos (A - B)$$
$$= 2 - 2 \cos (A - B)$$

与此同时，根据距离公式，c 必然满足:

$$c^2 = (x_2 - x_1)^2 + (y_2 - y_1)^2$$

因此，点 $P\,(\cos A, \sin A)$ 与点 $Q\,(\cos B, \sin B)$ 之间的距离 c 也满足:

$$c^2 = (\cos B - \cos A)^2 + (\sin B - \sin A)^2$$
$$= \cos^2 B - 2 \cos A \cos B + \cos^2 A + \sin^2 B - 2 \sin A \sin B + \sin^2 A$$
$$= 2 - 2 \cos A \cos B - 2 \sin A \sin B$$

最后一步利用了 $\cos^2 B + \sin^2 B = 1$ 和 $\cos^2 A + \sin^2 A = 1$ 这两个恒等式。

消去两个等式中的 c^2，就会得到：

$$2 - 2\cos(A - B) = 2 - 2\cos A \cos B - 2\sin A \sin B$$

两边同时减去 2，然后同时除以 –2，就会得到：

$$\cos(A - B) = \cos A \cos B + \sin A \sin B \qquad \square$$

延伸阅读

上述证明建立在余弦定理的基础上，同时假设 $0° < A - B <$ 180°。但是，没有这些前提条件，我们同样可以证明 $\cos(A-B)$ 公式。把上述证明过程中的三角形 POQ 沿顺时针方向旋转 B 度，所得到的三角形 $P'OQ'$ 与原三角形全等，且点 Q' 在 x 轴上，其坐标为 $(1, 0)$。

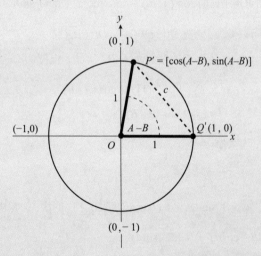

由于 $\angle P'OQ' = A - B$，因此 P' 的坐标是 $[\cos(A - B), \sin(A - B)]$。根据距离公式：

$$c^2 = [\cos(A - B) - 1]^2 + [\sin(A - B) - 0]^2$$

$$= \cos^2 (A - B) - 2 \cos (A - B) + 1 + \sin^2 (A - B)$$

$$= 2 - 2 \cos (A - B)$$

因此，无须运用余弦定理，也无须对角 $A - B$ 做出任何假设，我们就可以断定 $c^2 = 2 - 2 \cos (A - B)$。其余证明过程同上。

注意，当 $A = 90°$ 时，由于 $\cos 90° = 0$，$\sin 90° = 1$，因此 $\cos (A - B)$ 公式会变成：

$$\cos (90° - B) = \cos 90° \cos B + \sin 90° \sin B$$

$$= \sin B$$

如果用 $90° - B$ 替换上式中的 B，就会得到：

$$\cos B = \cos 90° \cos(90° - B) + \sin 90° \sin (90° - B)$$

$$= \sin (90° - B)$$

根据前文中的证明，我们知道当 B 是锐角时，上式成立。现在，通过上面的代数运算，我们知道对于任意角 B，上式都成立。同理，如果用 $-B$ 替换 $\cos (A - B)$ 公式中的 B，由于 $\cos (-B) = \cos B$，且 $\sin (-B) = -\sin B$，那么：

$$\cos (A + B) = \cos A \cos (-B) + \sin A \sin (-B)$$

$$= \cos A \cos B - \sin A \sin B$$

如果令上式中的 $B = A$，就会得到"二倍角公式"（double angle formula）：

$$\cos (2A) = \cos^2 A - \sin^2 A$$

因为 $\cos^2 A = 1 - \sin^2 A$，$\sin^2 A = 1 - \cos^2 A$，所以我们还可以得到：

$$\cos (2A) = 1 - 2 \sin^2 A, \cos (2A) = 2 \cos^2 A - 1$$

利用这些余弦恒等式，我们可以推导出相关的正弦恒等式。例如：

$$\sin (A + B) = \cos [90° -(A + B)] = \cos [(90 ° -A) -B]$$
$$= \cos (90° -A) \cos B + \sin (90 ° -A) \sin B$$
$$= \sin A \cos B + \cos A \sin B$$

令 $B = A$，即可得到正弦二倍角公式：

$$\sin (2A)= 2 \sin A \cos A$$

用 $-B$ 替换 B，就有：

$$\sin (A–B) = \sin A \cos B – \cos A \sin B$$

现在，我们把本章学到的恒等式总结如下：

有用的三角恒等式

勾股定理：	$\cos^2 A + \sin^2 A = 1$
负角：	$\cos (–A) = \cos (360° –A) = \cos A$
	$\sin (–A) = \sin (360° –A) = – \sin A$
补角：	$\cos (180° –A) = –\cos A$
	$\sin (180° –A) = \sin A$
余角：	$\cos (90° –A) = \sin A$
	$\sin (90° –A) = \cos A$
两角差的余弦公式：	$\cos (A – B) = \cos A \cos B + \sin A \sin B$
两角和的余弦公式：	$\cos (A + B) = \cos A \cos B – \sin A \sin B$
两角和的正弦公式：	$\sin (A + B) = \sin A \cos B + \cos A \sin B$
两角差的正弦公式：	$\sin (A – B) = \sin A \cos B – \cos A \sin B$
二倍角公式：	$\cos (2A) = \cos^2 A – \sin^2 A$
	$\cos (2A) = 1–2 \sin^2 A$
	$\cos (2A) = 2 \cos^2 A–1$
	$\sin (2A)= 2 \sin A \cos A$
三角形 ABC：	面积 $= \frac{1}{2} ab \sin C$
余弦定理：	$c^2 = a^2 + b^2 – 2ab \cos C$
正弦定理：	$\frac{\sin A}{a} = \frac{\sin B}{b} = \frac{\sin C}{c}$

我必须再次提醒大家，尽管我们利用角 A 或角 B 来表示这些恒等式，但这些字母本身没有任何特别之处。使用其他任何字母，对这些恒等式都不会产生影响。例如，$\cos(2u) = \cos^2 u - \sin^2 u$ 或者 $\sin(2\theta) = 2\sin\theta\cos\theta$ 同样成立。

弧度、三角函数图像与经济周期

到目前为止，我们在讨论几何学与三角学问题时，所有角的度数都在 0°～360° 这个范围内。但是，如果我们认真地观察单位圆，就会发现 360 这个数字没有什么特别之处。古巴比伦人之所以选择这个数字，可能是因为他们使用的是六十进制，而且这个数字与一年的天数比较接近。实际上，在数学和大多数科学领域，人们更喜欢使用"弧度"（radians）作为角的度量单位。弧度的定义是：

$$2\pi \text{ 弧度} = 360°$$

或者

$$1 \text{ 弧度} = \frac{180°}{\pi}$$

对于"拥 τ 派"来说，由于 $\tau = 2\pi$，因此：

$$1 \text{ 弧度} = \frac{360°}{2\pi} = \frac{360°}{\tau}$$

换算成数字的话，1 弧度约等于 57°。为什么弧度比度用起来更加得心应手呢？在一个半径为 r 的圆上，2π 弧度的角对应的弧长就是整个圆周，即 $2\pi r$。如果我们把这个角分成若干等分，我们得到的弧长就是 $2\pi r$ 的若干分之一。具体来说，1 弧度对应的弧长为 $2\pi r(1/2\pi) = r$，m 弧度对应的弧长为 mr。总之，对单位圆而言，角的弧度与角对应的弧长相等。这非常方便!

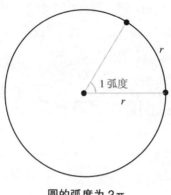

圆的弧度为 2π

在下图的单位圆中,我们以弧度为度量单位标出了一些常用的角。

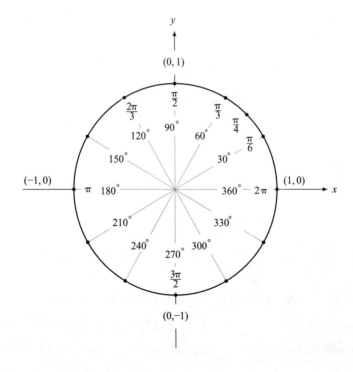

下面给出 τ 版本示意图，供大家比较。

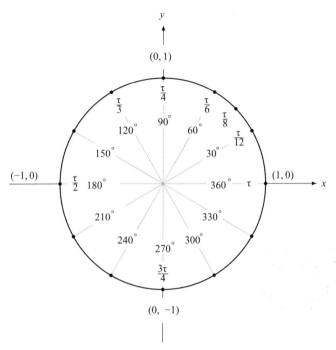

从上图可以发现部分数学界人士喜爱 τ 胜过 π 的原因。90° 是 1/4 个圆，换算成弧度就是 τ/4；120° 是 1/3 个圆，换算成弧度就是 τ/3。的确，人们之所以选择 τ 这个字母，是因为它很容易让人们联想到 "turn"（一圈）这个单词。例如，360° 表示一个圆圈，弧度是 τ；60° 表示 1/6 个圆圈，弧度是 τ/6。

此外，大家还会发现，用弧度替换度之后，三角函数的计算公式会变得简洁许多。例如，我们可以通过下列公式来计算正弦和余弦函数的值：

$$\sin x = x - x^3/3! + x^5/5! - x^7/7! + x^9/9! - \cdots$$

$$\cos x = 1 - x^2/2! + x^4/4! - x^6/6! + x^8/8! - \cdots$$

但是，x 必须以弧度为度量单位，上述公式才成立。在微积分中，我们将发现正弦函数 $\sin x$ 的导数就是其对应的余弦函数 $\cos x$。同样，前提条件也是 x 的单位必须是弧度。在画三角函数 $y = \sin x$ 和 $y = \cos x$ 的图像时，x 通常以弧度为单位。

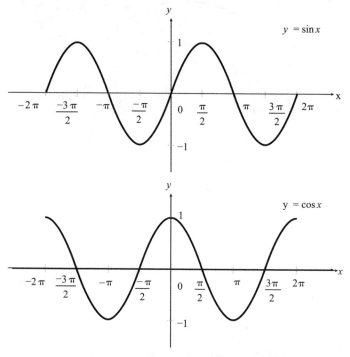

$\sin x$ 和 $\cos x$ 的图像，变量 x 以弧度为度量单位

由于正弦和余弦函数具有循环的特性，因此它们的图像每隔 2π 个单位就会重复一次。（"拥 τ 派"再得一分！）之所以如此，是因为角 $x + 2\pi$ 与角 x 其实是一回事儿。我们称这些图像的周期是 2π。此外，如果将余弦函数图像向左移动 $\pi/2$ 个单位，就会与正弦函数图像完全重合。这是因为 $\pi/2$ 弧度等于 $90°$，也就是说：

$$\sin x = \cos(\pi/2 - x)$$
$$= \cos(x - \pi/2)$$

例如，$\sin 0 = 0 = \cos(-\pi/2)$，$\sin \pi/2 = 1 = \cos 0$。

因为 $\tan x = \sin x / \cos x$，所以在 $\cos x = 0$ 时（x 为 $\pi/2$ 的奇数倍时）$\tan x$ 无解。如下图所示，正切函数图像的周期是 π。

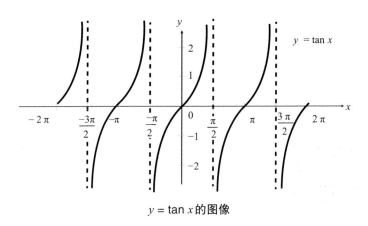

$y = \tan x$ 的图像

综合运用正弦函数和余弦函数，几乎可以为所有呈现周期性变化的函数绘制图像。因此，在为气温等季节性变化、经济数据以及声波、水波、电波、心率等物理现象建模时，三角函数图像都可以发挥极其重要的作用。

最后，我再表演一个魔术，将三角学与 π 之间的神秘联系展现给大家。在计算器上输入尽可能多的 5，我的计算器最多可以输入 16 个 5，即 5 555 555 555 555 555。接下来，取这个数字的倒数，我的计算器给出的答案是：

$$1 / 5\,555\,555\,555\,555\,555 = 1.8 \times 10^{-16}$$

按下计算器上的正弦键（角度模式），然后读出得数的前几位数字

（如果前面是一串零，那么统统忽略不计）。我的计算器上显示的是：

$$3.141\ 592\ 653\ 589\ 8 \times 10^{-18}$$

你会发现这些数字（在小数点后面、这些数字前面，有 17 个零）正好是 π 的前若干位数！事实上，如果你一开始在计算器中输入任意多个 5（不能少于 5 个），最后的结果就是 π。

通过本章的学习，我们发现三角学可以帮助我们更好地理解三角形和圆。三角函数彼此之间形成了各种各样美轮美奂的关系，它们与数字 π 之间还有着千丝万缕的联系。在接下来的一章，我们将会发现三角函数与另外两个重要的数字同样有着不可分割的联系。这两个数字就是无理数 e = 2.718 28… 和虚数 i。

第 10 章

盒子外面的 i 和 e

$$e^{i\pi} + 1 = 0$$

最美数学公式

数学和科学杂志经常通过读者调查的方式，评选出最美的数学公式。结果，名列榜首的无一例外是莱昂哈德·欧拉提出的"欧拉公式"：

$$e^{i\pi} + 1 = 0$$

有人把它称作"上帝的公式"，因为组成这个公式的可能是数学领域最重要的 5 个数字：0 和 1 是算术的基础，π 是三角学中最重要的数字，e 是微积分中最重要的数字，i 可能是代数中最重要的数字。而且，这个概念运用了加法、乘法和幂次方等基本运算。我们对 0、1 和 π 已经不陌生了，但还需要通过本章的学习，掌握无理数 e 和虚数 i 的概念。希望大家读完本章的内容之后，可以熟练地掌握这个公式的含义，认为它跟 1 + 1 = 2 一样简单（至少不会觉得它比 cos 180° = −1 更难理解）。

延伸阅读

在这里，我把有资格竞选"最美公式"的其他数学公式介绍给大家。这些公式大多会出现在本书中，有的我们在前文中已经讨论过了，有的则会出现在本书的后续章节中。下面的第一和第二个公式的提出者也是欧拉。

1. 在任意多面体（由平面、直线和顶点组成的立体图形）中，其顶点数 V、棱数 E 和面数 F 满足：

$$V - E + F = 2$$

例如，立方体有 8 个顶点、12 条棱和 6 个面，满足 $V - E + F = 8 - 12 + 6 = 2$。

2. $1 + 1/4 + 1/9 + 1/16 + 1/25 + \cdots = \pi^2/6$

3. $1 + 1/2 + 1/3 + 1/4 + 1/5 + \cdots = \infty$

4. $0.999\,99\cdots = 1$

5. 计算 $n!$ 近似值的斯特林公式：

$$n! \approx \left(\frac{n}{e}\right)^n \sqrt{2\pi n}$$

6. 确定斐波那契数列的第 n 个数字的比内公式：

$$F_n = \frac{1}{\sqrt{5}}\left[\left(\frac{1+\sqrt{5}}{2}\right)^n - \left(\frac{1-\sqrt{5}}{2}\right)^n\right]$$

虚数 i 是 −1 的平方根

虚数 i 非常神秘，原因在于：

$$i^2 = -1$$

第一次听说这个数字的神奇属性时，人们往往认为这是不可能的。一个数字自乘之后，积竟然为负数，这怎么可能呢？所有人都知道，$0^2 = 0$，负数与自身的乘积必然是正数。但是，不要急于否定，想一想，你是不是也曾认为负数是不可能存在的（在几百年的时间里，数学界几乎都是这样认为的）？比 0 还小是什么意思？比没有还少，这怎么可能呢？最后，你把数字看成实数线（real line）上的"住户"，如下图所示，正数居住在 0 的右边，负数居住在 0 的左边。在理解 *i* 的含义时，我们也要跳出思维的"盒子"（或者说摆脱实数线的束缚）。只有这样，我们才会发现 *i* 具有实实在在的意义。

虚数 *i*："我就在这里！"

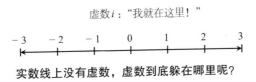

实数线上没有虚数，虚数到底躲在哪里呢？

我们把 *i* 称为虚数。如果一个数字的平方是负数，我们就说这个数字是虚数。例如，虚数 $2i$ 满足 $(2i)(2i) = 4i^2 = -4$。对于虚数而言，代数运算的规则不变。例如：

$$3i + 2i = 5i, \qquad 3i - 2i = 1i = i, \qquad 2i - 3i = -1i = -i,$$

再例如：

$$3i \times 2i = 6i^2 = -6, \qquad \frac{3i}{2i} = 3/2$$

顺便告诉大家，我们要注意一个问题：$-i$ 的平方也是 -1，因为 $(-i)(-i) = i^2 = -1$。实数与虚数相乘，会得到我们预期的结果，例如，$3 \times 2i = 6i$。

实数与虚数相加时，会有什么结果呢？例如，3 加 $4i$ 的和是多少？答案就是：$3 + 4i$。这个答案没有办法进一步化简（就像 $1 + \sqrt{3}$

没有办法化简一样）。$a + bi$ 这种形式的数字（其中 a、b 是实数）叫作"复数"（complex numbers）。注意，实数与虚数可被视为复数的特例（分别是 $b = 0$ 和 $a = 0$ 时的情况）。也就是说，实数 π 和虚数 $7i$ 都是复数。

接下来，我们举几个运算过程比较复杂（但不是特别复杂）的例子。先来看加减运算：

$$(3 + 4i) + (2 + 5i) = 5 + 9i$$
$$(3 + 4i) - (2 + 5i) = 1 - i$$

进行乘法运算时，我们可以应用本书第 2 章介绍的 FOIL 法则：

$$(3 + 4i)(2 + 5i) = 6 + 15i + 8i + 20i^2$$
$$= (6 - 20) + (15 + 8)i$$
$$= -14 + 23i$$

有了复数之后，所有的二次多项式 $ax^2 + bx + c$ 都有两个根（或者一个重根）。根据二次方程求根公式，在

$$x = \frac{-b \pm \sqrt{b^2 - 4ac}}{2a}$$

时，二次多项式等于 0。我们在第 2 章说过，如果二次根号下的数字为负数，那么二次多项式没有实根。但是现在，负数的平方根已经不再是一个问题了。例如，方程式 $x^2 + 2x + 5$ 的根为：

$$x = \frac{-2 \pm \sqrt{4 - 20}}{2} = \frac{-2 \pm \sqrt{-16}}{2} = \frac{-2 \pm 4i}{2} = -1 \pm 2i$$

顺便说一句，当 a、b 或 c 为复数时，二次方程求根公式仍然成立。

二次多项式至少有一个根，尽管有时候它的根是复根。下面这条定理指出，几乎所有多项式都具有这个特点。

定理（代数基本定理）：任何一次或多次多项式 $p(x)$ 在 $p(z) = 0$

时都有根 *z*。

注意，一次多项式 $3x - 6$ 可以分解成 $3(x - 2)$ 的形式，其中 2 是 $3x - 6$ 的唯一根。一般地，如果 $a \neq 0$，多项式 $ax - b$ 就可以分解成 $a[x - (b / a)]$ 的形式，其中 b / a 是 $ax - b$ 的根。

同样，所有的二次多项式 $ax^2 + bx + c$ 都可以分解成 $a(x - z_1)(x - z_2)$ 的形式，其中 z_1 和 z_2 是二次多项式的根（可能是复根，也可能是重根）。代数基本定理描述的这个规律适用于任意次的多项式。

推论：所有 $n \geqslant 1$ 的多项式都可以分解成 n 个部分。具体来说，如果 $p(x)$ 是 n 次多项式，且 $a \neq 0$，那么必然存在 n 个数 z_1, z_2, $\cdots$, z_n，满足 $p(x) = a(x - z_1)(x - z_2)\cdots(x - z_n)$。数字 z_i 是 $p(z_i) = 0$ 时多项式的根。

这条推论的意思是，所有 $n \geqslant 1$ 的多项式都至少有一个、至多有 n 个不同的根。例如，多项式 $x^4 - 16$ 是四次多项式，可以分解成：

$$x^4 - 16 = (x^2 - 4)(x^2 + 4) = (x - 2)(x + 2)(x - 2i)(x + 2i)$$

它有 4 个不同的根，即 2、–2、$2i$ 和 $-2i$。多项式 $3x^3 + 9x^2 - 12$ 的次数是 3，但它的因式分解的结果为：

$$3x^3 + 9x^2 - 12 = 3(x^2 + 4x + 4)(x - 1) = 3(x + 2)^2(x - 1)$$

因此，它只有两个不同的根，即 –2 和 1。

复数的加减乘除运算

利用"复平面"（complex plane），可以将复数表示成图像的形式。复平面与代数中的 (x, y) 平面非常相似，不过 y 轴被虚轴代替，上面有 0、$\pm i$、$\pm 2i$ 等数字，如下图所示。

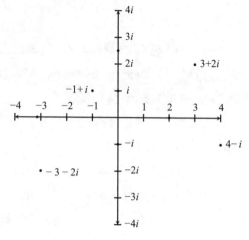

复平面上的点

我在前文中说过，复数的加法、减法和乘法运算都非常简单。我们还可以把复数看作复平面上的点，然后进行几何运算。

例如，我们以下面这道加法题为例：

$$(3 + 2i) + (-1 + i) = 2 + 3i$$

从下图可以看出，以点 0、$3 + 2i$、$2 + 3i$ 和 $-1 + i$ 为顶点的四边形是一个平行四边形。

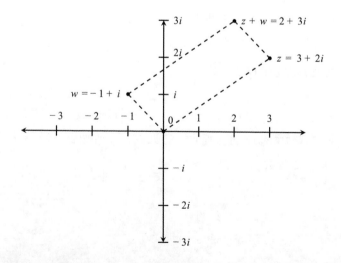

通常，我们在用几何方法进行复数 *z*、*w* 的加法运算时，可以如上图所示，通过画平行四边形的方式达到我们的目的。在进行 *z* − *w* 的减法运算时，可以如下图所示先画出点 −*w*，再进行点 *z* 与点 −*w* 的加法运算。

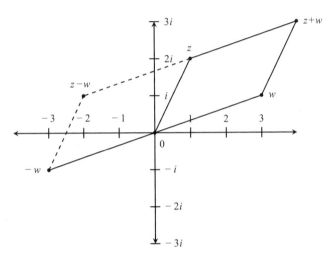

用画平行四边形的方式完成复数的加法与减法运算

在用几何方法进行复数的乘法和除法运算时，首先需要确定它们的大小。我们把原点与点 *z* 之间线段的长度定义为复数 *z* 的"模"，记作 |*z*|。具体来说，如果 *z* = *a* + *bi*，那么根据勾股定理：

$$|z| = \sqrt{a^2 + b^2}$$

如下图所示，点 $3 + 2i$ 的模为 $\sqrt{3^2 + 2^2} = \sqrt{13}$。注意，$3 + 2i$ 对应的角 θ 满足 $\tan\theta = 2/3$。也就是说，$\theta = \tan^{-1} 2/3 \approx 33.7°$，约为 0.588 弧度。

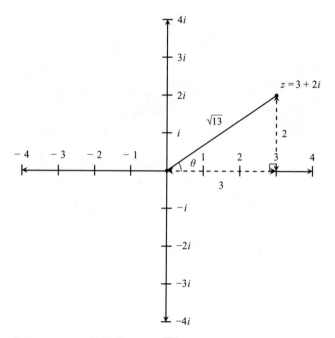

复数 $z = 3 + 2i$ 的模为 $|z| = \sqrt{13}$，角 θ 的正切函数 $\tan\theta = 2/3$

如果在复平面上画出模为 1 的所有点，如下图所示，就会得到一个单位圆。圆上的复数与角 θ 之间有什么关系呢？我们在第 9 章讨论过，笛卡儿平面上的这个点被记作 $(\cos\theta, \sin\theta)$。在复平面上，这个点变成 $\cos\theta + i\sin\theta$。同理，所有模为 R 的复数都可以写成：

$$z = R\,(\cos\theta + i\,\sin\theta)$$

我们把它称作复数的"极坐标形式"。也许现在告诉你为时尚早，但是到了本章结尾，你就会知道它还等于 $Re^{i\theta}$。（这算不算欧拉公式的"剧透"呢？）

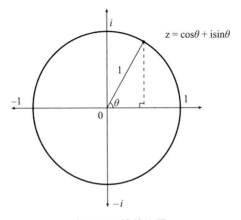

$$z = \cos\theta + i\sin\theta$$

复平面上的单位圆

令人意想不到的是，复数可以进行乘法运算，模也可以进行乘法运算。

定理：如果 z_1、z_2 是复数，那么 $|z_1 z_2| = |z_1||z_2|$。换言之，乘积的模就是模的乘积。

延伸阅读

证明：令 $z_1 = a + bi$，$z_2 = c + di$，则 $|z_1| = \sqrt{a^2 + b^2}$，$|z_2| = \sqrt{c^2 + d^2}$。因此：

$$|z_1 z_2| = |(a+bi)(c+di)| = |(ac-bd)+(ad+bc)i|$$

$$= \sqrt{(ac-bd)^2 + (ad+bc)^2}$$

$$= \sqrt{(ac)^2 + (bd)^2 - 2abcd + (ad)^2 + (bc)^2 + 2abcd}$$

$$= \sqrt{(ac)^2 + (bd)^2 + (ad)^2 + (bc)^2}$$

$$= \sqrt{(a^2+b^2)(c^2+d^2)}$$

$$= \sqrt{(a^2+b^2)}\sqrt{(c^2+d^2)}$$

$$= |z_1||z_2|$$

例如：

$$|(3 + 2i)(1 - 3i)| = |9 - 7i| = \sqrt{9^2 + (-7)^2} = \sqrt{130}$$
$$= \sqrt{13}\sqrt{10} = |(3 + 2i)||(1 - 3i)|$$

积对应的角是多少呢？复数 z 与 x 轴正方向构成的角常被记作 arg z。例如，我们在前面计算过 arg $(3 + 2i) = 0.588$ 弧度。同理，由于 $1 - 3i$ 位于第四象限，其对应的角 θ 满足 $\tan\theta = -3$，因此 arg $(1 - 3i) =$ arc tan $(-3) = -71.56° = -1.249$ 弧度。

请注意，$(3 + 2i)(1 - 3i) = 9 - 7i$ 对应的角为 arc tan $(-7/9) = -37.87° = -0.661$ 弧度，恰好等于 $0.588 + (-1.249)$。但是，下面这条定理告诉我们，这其实并不是巧合！

定理：如果 z_1、z_2 是复数，那么 arg $(z_1 z_2) =$ arg $(z_1) +$ arg (z_2)。换言之，积的角就是角的和。延伸阅读中给出的证明需要用到上一章的三角恒等式。

延伸阅读

证明：令复数 z_1、z_2 的模分别是 R_1 和 R_2，对应的角分别是 θ_1 和 θ_2，则 z_1、z_2 的极坐标形式分别是：

$$z_1 = R_1(\cos\theta_1 + i\sin\theta_1) \qquad z_2 = R_2(\cos\theta_2 + i\sin\theta_2)$$

因此：

$$z_1 z_2 = R_1(\cos\theta_1 + i\sin\theta_1)R_2(\cos\theta_2 + i\sin\theta_2)$$
$$= R_1 R_2[\cos\theta_1\cos\theta_2 - \sin\theta_1\sin\theta_2 + i(\sin\theta_1\cos\theta_2 + \sin\theta_2\cos\theta_1)]$$
$$= R_1 R_2[\cos(\theta_1 + \theta_2) + i\sin(\theta_1 + \theta_2)]$$

在运算过程中，我们利用了上一章的 $\cos(A + B)$ 和 $\sin(A + B)$ 这两个三角恒等式。从上面的证明可以看出，$z_1 z_2$ 的模是 $R_1 R_2$（前面已经证明过），角是 $\theta_1 + \theta_2$。证明完毕。 □

　　总之，复数相乘时，两数的模相乘，两数对应的角相加。例如，如果乘数是 i，则模保持不变，角增加 90°。注意，如果相乘的两个数字是实数，则正数的角为 0°（或者说 360°），负数的角为 180°。两个 180° 的角相加，和为 360°，这表明两个负数的乘积是正数。虚数的角为 90° 和 –90°（或者 270°）。因此，虚数自乘时，角必然是 180°[因为 90° + 90° = 180°，或 –90° + (–90°) = –180°，–180° 与 180° 没有任何不同]，乘积是负数。最后，请大家注意，如果 z 的角为 θ，那么 $1/z$ 的角就必然是 $-\theta$。（为什么呢？因为 $z \times 1/z = 1$，所以 z 与 $1/z$ 对应的角相加必然等于 0°。）因此，复数进行除法运算时，只需对模进行除法运算，对角进行减法运算。也就是说，z_1/z_2 的模是 R_1/R_2，角是 $\theta_1 - \theta_2$。

很抱歉，你拨打的号码是虚号！
如果想要拨打实号，请先将手机
旋转 90°。

e、复利与里氏震级

如果你有科学计算器，请做一做下面这个实验。

　　1. 在计算器里输入一个你熟悉的七位数（可以是电话号码、证件号码，也可以将你喜欢的某个一位数字连续输入 7 次）。

　　2. 取这个数字的倒数（按下计算器的"$1/x$"键）。

　　3. 将得到的结果加上 1。

4. 对得数进行幂运算，指数为最初的那个七位数（按下 "*xy*" 键，然后输入最初的那个七位数，再按下等号键）。

最终得数的前几位是不是 2.718？如果得数的前几位与无理数 e = 2.718 281 828 459 045⋯一致，我不会感到奇怪。

这个神秘数字 e 到底有什么特殊之处？它为什么非常重要？在上面的小实验里，你实际上是在计算 $(1 + 1/n)^n$ 的值，且 *n* 是一个比较大的数字。如果 *n* 不断增大，得数又会发生什么变化呢？一方面，随着 *n* 不断增大，数字 $(1 + 1/n)$ 将会越来越接近 1。当 1 为底数时，无论指数是多少，幂运算的结果都是 1。因此，有理由相信，对于大数 *n*，$(1 + 1/n)^n$ 的值约等于 1。例如，$(1.001)^{100} ≈ 1.105$。

另一方面，即使 *n* 非常大，$(1 + 1/n)$ 仍然略大于 1。如果底数是一个大于 1 的值，随着指数不断增大，得数将变成一个任意大的值。例如，$(1.001)^{10\,000}$ 的结果就大于 20 000。

问题是，在指数 *n* 增大的同时，底数 $(1 + 1/n)$ 正在减小。在 1 与无穷大的相持过程中，答案会逐渐接近于 e = 2.718 28⋯。例如，$(1.001)^{1\,000} ≈$ 2.717。下表列出了函数 $(1 + 1/n)^n$ 在 *n* 取较大值时的结果。

n	$(1 + 1/n)^n$
10	$(1.1)^{10} = 2.593\ 742\ 4⋯$
100	$(1.01)^{100} = 2.704\ 813\ 8⋯$
1 000	$(1.001)^{1\,000} = 2.716\ 923\ 9⋯$
10 000	$(1.000\ 1)^{10\,000} = 2.718\ 145\ 9⋯$
100 000	$(1.000\ 01)^{100\,000} = 2.718\ 268\ 2⋯$
1 000 000	$(1.000\ 001)^{1\,000\,000} = 2.718\ 280\ 5⋯$
10 000 000	$(1.000\ 000\ 1)^{10\,000\,000} = 2.718\ 281\ 7⋯$

我们把 e 定义为 $(1 + 1/n)^n$ 在 *n* 不断增大时逐渐接近的数字。数学界把它称作当 *n* 趋于无穷大时 $(1 + 1/n)^n$ 的极限值，记作：

$$e = \lim_{n \to \infty}(1 + 1/n)^n$$

如果用 x/n 替代 $1/n$，其中 x 为任意实数，那么随着 n/x 不断增大，$(1+x/n)^{n/x}$ 这个数字将会不断接近 e。两边同时求 x 次幂 [你还记得这个公式吧：$(a^b)^c=a^{bc}$]，就会得到所谓的"指数公式"（exponential formula）：

$$\lim_{n\to\infty}(1+x/n)^n=\mathrm{e}^x$$

指数公式有很多非常"有利可图"的应用。假设你的储蓄账户里有 10 000 美元，年利率为 0.06。如果每年结算一次利息，那么截至第一年年底，你的账户里将会有 10 000 × 1.06 = 10 600 美元。截至第二年年底，你账户里的钱又会变成 10 000 × $(1.06)^2$ = 11 236 美元。截至第三年年底，你的账户里有 10 000 × $(1.06)^3$ = 11 910.16 美元。以此类推，到第 t 年年底，你的存款将会变成 10 000 × $(1.06)^t$ 美元。一般来说，如果我们用利率 r 来替代 6%，一开始时的本金是 P 美元，那么截至第 t 年年底，你的存款将会变成 $P(1+r)^t$ 美元。

现在，我们假设 6% 的利率是按半年复利的形式计算的，也就是说每 6 个月可得到 3% 的利息。那么，到第一年年底，你的存款为 10 000 × $(1.03)^2$ = 10 609 美元，比年复利时的 10 600 美元多一点儿。如果是季度复利，那么每年可以结算 4 次利息，利率为 1.5%，一年后的账户金额为 10 000 × $(1.015)^4$ = 10 613.63 美元。一般而言，如果每年结算利息 n 次，那么一年后的金额是：

$$10\ 000\ \text{美元} \times \left(1+\frac{0.06}{n}\right)^n \text{美元}$$

当 n 取非常大的值时，就叫作连续复利。如下表所示，根据指数公式，一年后的金额就会变成：

$$10\ 000\lim_{n\to\infty}\left(1+\frac{0.06}{n}\right)^n=10\ 000\mathrm{e}^{0.06}=10\ 618.36\ \text{美元}$$

本金（美元）	利率（%）	复利	一年后的金额（美元）
10 000	6	每年	$10\ 000(1.06) = 10\ 600.00$
10 000	6	每半年	$10\ 000(1.03)^2 = 10\ 609.00$
10 000	6	每季度	$10\ 000(1.015)^4 = 10\ 613.83$
10 000	6	每月	$10\ 000(1.005)^{12} = 10\ 616.77$
10 000	6	每期	$10\ 000\left(1 + \dfrac{0.06}{n}\right)^n$
10 000	6	连续	$10\ 000e^{0.06} = 10\ 618.36$

一般而言，如果你最初的本金是 P 美元，利率为 r，以连续复利的方式结算利息，那么 t 年后，你的存款金额 A 就可以用下面这个美丽的公式计算出来：

$$A = Pe^{rt}$$

从下图可以看出，函数 $y = e^x$ 增长得非常快。同时，我还给出了 e^{2x} 和 $e^{0.06x}$ 的图像。我们说，这些函数呈"指数增长"。函数 $y = e^{-x}$ 的图像趋近 0 的速度非常快，呈"指数衰减"。

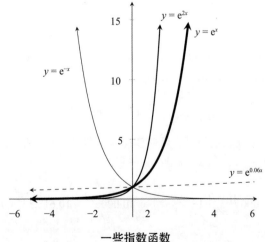

一些指数函数

5^x 的图像有什么特点呢？由于 $e < 5 < e^2$，因此 5^x 的图像肯定位于 e^x 和 e^{2x} 的图像之间。事实的确如此，因为 $e^{1.609\cdots} = 5$，因此 $5^x \approx e^{1.609x}$。一般情况下，只要我们找到指数 k，使 $a = e^k$，函数 a^x 就可以表示成指数函数 e^{kx} 的形式。我们如何才能找到 k 呢？答案是利用"对数"（logarithms）。

就像平方根是平方的反函数（这两个函数相互抵消），对数是指数函数的反函数。最常见的对数是以 10 为底的对数，记作 $\log x$。我们说，如果 $10^y = x$，那么 $y = \log x$，或者 $10^{\log x} = x$。

例如，由于 $10^2 = 100$，因此 $\log 100 = 2$。下面是常用对数表。

对数	原因
$\log 1 = 0$	因为 $10^0 = 1$
$\log 10 = 1$	因为 $10^1 = 10$
$\log 100 = 2$	因为 $10^2 = 100$
$\log 1\,000 = 3$	因为 $10^3 = 1\,000$
$\log (1/10) = -1$	因为 $10^{-1} = 1/10$
$\log 0.01 = -2$	因为 $10^{-2} = 0.01$
$\log \sqrt{10} = 1/2$	因为 $10^{1/2} = \sqrt{10}$
$\log 10^x = x$	因为 $10^x = 10^x$
$\log 0$ 无解	因为不存在满足 $10^y = 0$ 的 y

对数的用途很多，其中之一是可以将大数转化成我们容易理解的小数。例如，里氏震级利用对数将地震的大小分为 1~10 级。对数还可以用来测量声音的强度（分贝）、化学溶液的酸碱度（pH 值），以及通过谷歌的 PageRank 算法来评估网页的受欢迎程度。

$\text{Log } 512$ 是多少呢？利用科学计算器就可以算出 $\log 512 = 2.709\cdots$（大多数的搜索引擎也可以胜任这项工作）。这个得数很容易理解，因为

512 位于 10^2 和 10^3 之间，它的对数肯定在 2 和 3 之间。对数的目的就是将乘法问题转化为简单的加法问题，它依据的是下面这条定理。

定理： 对于任意正数 x 和 y，都有：

$$\log xy = \log x + \log y$$

换句话说，积的对数就是对数的和。

证明： 利用指数法则，很容易就能证明这条定理。因为：

$$10^{\log x + \log y} = 10^{\log x} 10^{\log y} = xy = 10^{\log xy}$$

所以，10 的 $\log x + \log y$ 次幂等于 xy。证明完毕。 □

"指数规则"是另一个有用的特性。

定理： 对于任意正数 x 和 y，都有：

$$\log x^n = n \log x$$

证明： 根据指数法则，$a^{bc} = (a^b)^c$。因此：

$$10^{n \log x} = (10^{\log x})^n = x^n$$

也就是说，x^n 的对数等于 $n \log x$。 □

尽管以 10 为底的对数在化学和物理科学（如地质学）中的应用非常广泛，但是它本身并没有什么特别之处。在计算机科学与离散数学中，以 2 为底的对数受欢迎的程度更高。对于任意 $b > 0$，以 b 为底的对数 $\log_b$ 都要遵循下面这条规则：

$$如果\ b^y = x，那么\ y = \log_b x$$

例如，$\log_2 32 = 5$，因为 $2^5 = 32$。底为任意数字 b 时，前面讨论的对数属性都成立。例如：

$$b^{\log_b x} = x \qquad \log_b xy = \log_b x + \log_b y \qquad \log_b x^n = n \log_b x$$

不过，在数学、物理学和工程学的大多数领域里，应用最广泛的还是以 e 为底的对数。这种对数叫作"自然对数"（natural logarithm），记作 ln x。也就是说：

$$如果\ e^y = x，那么\ y = \ln x$$

或者说，对于任意实数 x：

$$\ln e^x = x$$

例如，利用计算器就可以算出 ln 5 = 1.609…，我们在前文中也算出 $e^{1.609} \approx 5$。在本书第 11 章，我们将更深入地讨论自然对数。

延伸阅读

所有科学计算器都可以计算自然对数和以 10 为底的对数值，但是大多数计算器对其他对数却无能为力。不过，大家不用着急，因为我们可以很轻松地改变对数的底。如果知道某个对数的值，基本上也就知道了所有不同底的对数的值。具体来说，我们可以利用下面这个规则，依据以 10 为底的对数值得出以 b 为底的对数值。

定理：对于任意正数 x 和 y，都有：

$$\log_b x = \frac{\log x}{\log b}$$

证明：令 $y = \log_b x$，则 $b^y = x$。两边取对数，即 $\log b^y = \log x$。根据指数规则，我们可以得出 $y \log b = \log x$。也就是说，$y = (\log x) / (\log b)$。证明完毕。　□

例如，对于任意 $x > 0$，都有：

$$\ln x = (\log x) / (\log e) = (\log x) / (0.434\cdots) \approx 2.30 \log x$$

$$\log_2 x = (\log x) / (\log 2) = (\log x) / (0.301\cdots) \approx 3.32 \log x$$

e 与彩票的中奖概率

同数字 π 一样, 数字 e 在数学领域的应用也极其广泛, 经常会出现在我们意料不到的地方。例如, 我们在第 8 章见过的钟形曲线, 它的公式为:

$$y = \frac{e^{-x^2/2}}{\sqrt{2\pi}}$$

它的图像 (如下图所示) 可能是统计学中最重要的图像。

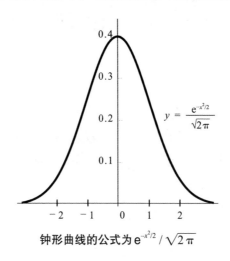

$$y = \frac{e^{-x^2/2}}{\sqrt{2\pi}}$$

钟形曲线的公式为 $e^{-x^2/2}/\sqrt{2\pi}$

在第 8 章, 我们还发现 $n!$ 的斯特林公式中也有 e 的身影:

$$n! \approx \left(\frac{n}{e}\right)^n \sqrt{2\pi n}$$

在第 11 章, 我们将发现 e 与阶乘之间有着极为重要的联系, 我们也将证明 e^x 是无穷级数:

$$e^x = 1 + \frac{x}{1!} + \frac{x^2}{2!} + \frac{x^3}{3!} + \frac{x^4}{4!} + \cdots$$

具体来说，当 $x = 1$ 时，从上述公式可以得到：

$$e = 1 + 1 + \frac{1}{2!} + \frac{1}{3!} + \frac{1}{4!} \cdots$$

据此我们可以迅速算出 e 的数值。

顺便告诉大家，e 的小数点后的几位数出现了循环现象：

$$e = 2.718\ 281\ 828\cdots$$

我的中学老师说："2.7 安德鲁 · 杰克逊，安德鲁 · 杰克逊。"这是因为安德鲁 · 杰克逊于 1828 年当选美国第 7 任总统。（我的记忆方法则正好相反，我是利用 e 的数值来记忆安德鲁 · 杰克逊当选美国总统的年份的。）你也许认为 e 是一个有理数，如果 1828 这几个数字一直循环，那么 e 确实是有理数，但真实情况并非如此。之后的 6 个数字是 $\cdots 459\ 045\cdots$。对于这几个数字，我是借助等腰直角三角形的内角度数来记忆的。

你也许根本想不到，e 还会出现在很多概率问题中。例如，假设你每周都会买彩票，中奖概率是 1%。如果你连续 100 周买彩票，那么至少有一次中奖的概率是多少？每周中奖的概率是 1/100 = 0.01，没中奖的概率是 99/100 = 0.99。由于每周的中奖概率与之前的情况无关，因此，连续 100 周都没有中奖的概率是：

$$(0.99)^{100} \approx 0.366\ 0$$

这个数字非常接近 $1 / e \approx 0.367\ 879\ 4\cdots$，这个结果并不是巧合。大家不妨回想一下我们第一次接触 e^x 时谈及的指数公式：

$$\lim_{n \to \infty} \left(1 + \frac{x}{n}\right)^n = e^x$$

如果令 $x = -1$，那么对于任意大数 n，都有：

$$\left(1 - \frac{1}{n}\right)^n \approx e^{-1} = 1/e$$

当 $n = 100$ 时，$(0.99)^{100} \approx 1/e$，与前面的结果一致。因此，中奖概率约为 $1 - (1/e) \approx 64\%$。

我最喜欢的一个概率问题叫作"匹配问题"（亦称"帽子保管问题"或"错排问题"）。假设有 n 份作业要发给 n 个同学，但是老师比较懒惰，给每名学生随机发了一份作业（这份作业可能是这名学生的，也可能是班上其他同学的）。所有学生都没有拿到自己作业的概率是多少？或者说，如果数字 $1 \sim n$ 被随机打乱，所有数字都不在它原来位置上的概率是多少？例如，如果 $n = 3$，那么数字 1、2、3 有 3! = 6 种排列方式，所有数字都不在原来位置上的情况有两种，即 231 和 312。也就是说，当 $n = 3$ 时，错排的概率是 2 / 6 = 1 / 3。

发 n 份作业共有 $n!$ 种发作业方式。令 D_n 表示错排的种数，那么所有人都没有拿到自己作业的概率是 $p_n = D_n / n!$。例如，如果 $n = 4$，就会有 9 种错排方式：

2143　2341　2413　3142　3412　3421　4123　4312　4321

如下表所示，$p_4 = D_4 / 4! = 9 / 24 = 0.375$。

n	D_n	$p_n = D_n/n!$
1	0	0
2	1	1/2 = 0.500 00
3	2	2/6 = 0.333 33
4	9	9/24 = 0.375 00
5	44	44/120 = 0.366 67
6	265	265/720 = 0.368 06
7	1 856	1 865/5 040 = 0.368 25
8	14 887	14 887/40 320 = 0.368 23

随着 n 不断增大，p_n 逐渐向 $1/e$ 靠拢。这个现象有一个令人吃惊的意义，即无论这个班上有 10 名、100 名还是 100 万名学生，所有人都没有拿到自己作业的概率也不会发生太大变化，都与 $1/e$ 非常接近。

为什么呢？因为在有 n 名学生时，每名学生拿回自己作业的概率是 $1/n$，拿到其他人作业的概率是 $1-(1/n)$。也就是说，n 名学生都拿不到自己作业的概率为：

$$p_n \approx \left(1-\frac{1}{n}\right)^n \approx 1/e$$

这个概率是一个近似值，原因在于它不是独立事件，与彩票的中奖概率问题不同。如果第一个学生拿到的是自己的作业，那么第二个学生拿回自己作业的概率就会略有增加。[概率不再是 $1/n$，而是 $1/(n-1)$。] 同样，如果第一个学生拿到的不是自己的作业，那么第二个学生拿回自己作业的概率就会略微减小。不过，由于概率变化的幅度不大，因此逼近效果很明显。

计算概率 p_n 的精确值需要使用 e^x 的无穷级数展开式：

$$e^x = 1 + x + \frac{x^2}{2!} + \frac{x^3}{3!} + \frac{x^4}{4!} + \cdots$$

把 $x = -1$ 代入方程式，就会得到：

$$1-1+\frac{1}{2!}-\frac{1}{3!}+\frac{1}{4!}-\cdots = e^{-1} = 1/e$$

可以证明，如果有 n 名学生，所有人都没有拿到自己作业的确切概率是：

$$p_n = 1-\frac{1}{1!}+\frac{1}{2!}-\frac{1}{3!}+\frac{1}{4!}-\cdots+(-1)^n\frac{1}{n!}$$

例如，如果有 $n=4$ 名学生，那么 $p_n = 1-1+1/2-1/6+1/24 = 9/24$，这同前面的证明结果一致。$p_n$ 向 $1/e$ 逼近的速度非常快，两者之间的

距离小于 $1/(n+1)!$。也就是说，p_4 与 $1/e$ 的距离小于 $1/5! = 0.008\,3$；p_{10} 与 $1/e$ 的前 7 位数字都相同；p_{100} 与 $1/e$ 相同的数字超过 150 个！

延伸阅读

定理：数字 e 是无理数。

证明：假设 e 不是无理数，而是有理数，就存在正整数 m、n，满足 $e = m/n$。接下来，用整数 n 将 e 的无穷级数展开式分成两个部分 L 和 R，即 $e = L + R$，其中：

$$L = 1 + 1 + \frac{1}{2!} + \frac{1}{3!} + \frac{1}{4!} + \cdots + \frac{1}{(n-1)!} + \frac{1}{n!}$$

$$R = \frac{1}{(n+1)!} + \frac{1}{(n+2)!} + \frac{1}{(n+3)!} + \cdots$$

注意，$n!\,e = en(n-1)! = m(n-1)!$ 肯定是一个整数 [因为 m 和 $(n-1)!$ 都是整数]，$n!\,L$ 也是一个整数（因为只要 $k \leqslant n$，$n!/k!$ 就一定是一个整数）。也就是说，$n!\,R = n!\,e - n!\,L$ 是两个整数的差，因此，它肯定是整数。但这个结果是不可能的，因为当 $n \geqslant 1$ 时：

$$n!R = \frac{1}{n+1} + \frac{1}{(n+1)(n+2)} + \frac{1}{(n+1)(n+2)(n+3)} + \cdots$$

$$\leqslant \frac{1}{2} + \frac{1}{2 \cdot 3} + \frac{1}{2 \cdot 3 \cdot 4} + \cdots$$

$$= \frac{1}{2!} + \frac{1}{3!} + \frac{1}{4!} + \cdots = 0.718\,28\cdots$$

$$< 1$$

由于不存在小于 1 的正整数，所以 $n!\,R$ 不可能是整数。也就是说，假设 $e = m/n$ 会导致自相矛盾的结果，从而证明 e 是无理数。 □

完美至极的欧拉公式

数字 e 的研究与推广得益于伟大的数学家莱昂哈德·欧拉，也是由欧拉来命名的。有人认为，欧拉之所以选择用字母 e 来表示这个数字，是因为这是他姓氏的首字母。尽管大多数数学史研究者都不同意这个说法，但还是有很多人把 e 称为欧拉数字。

我们已经介绍了函数 e^x、$\cos x$ 和 $\sin x$ 的无穷级数展开式，并将在下一章解释这些无穷级数的由来。在这里，我先对这些无穷级数做一个归总：

$$e^x = 1 + x + \frac{x^2}{2!} + \frac{x^3}{3!} + \frac{x^4}{4!} + \cdots$$

$$\cos x = 1 - \frac{x^2}{2!} + \frac{x^4}{4!} - \frac{x^6}{6!} + \cdots$$

$$\sin x = x - \frac{x^3}{3!} + \frac{x^5}{5!} - \frac{x^7}{7!} + \cdots$$

这些公式在 x 为任意实数时均成立，但是欧拉勇于打破常规：如果令 x 为虚数，结果会怎么样？一个数的虚数次幂意味着什么？他的脑洞大开为我们带来了完美的"欧拉定理"。

定理（欧拉定理）：对于任意角 θ（单位为弧度），都有：

$$e^{i\theta} = \cos\theta + i\sin\theta$$

证明：为了证明上式成立，我们将 $x = i\theta$ 代入 e^x 的无穷级数展开式中：

$$e^{i\theta} = 1 + i\theta + \frac{(i\theta)^2}{2!} + \frac{(i\theta)^3}{3!} + \frac{(i\theta)^4}{4!} + \frac{(i\theta)^5}{5!} + \frac{(i\theta)^6}{6!} + \frac{(i\theta)^7}{7!} + \cdots$$

请大家观察 i 的不同次幂的特点：$i^0 = 1$，$i^1 = i$，$i^2 = -1$，$i^3 = -i$（因为 $i^3 = i^2 i = -i$）。随后出现了重复现象：$i^4 = 1$，$i^5 = i$，$i^6 = -1$，$i^7 = -i$，

$i^8 = 1$，以此类推。具体来说，我们可以看出在 i 的不同次幂中，实数与虚数交替出现。因此，我们可以通过下面的代数运算，消去偶数项中的 i。

$$e^{i\theta} = 1 + i\theta - \frac{\theta^2}{2!} - i\frac{\theta^3}{3!} + \frac{\theta^4}{4!} + i\frac{\theta^5}{5!} - \frac{\theta^6}{6!} - i\frac{\theta^7}{7!} + \frac{\theta^8}{8!} + \cdots$$

$$= \left(1 - \frac{\theta^2}{2!} + \frac{\theta^4}{4!} - \frac{\theta^6}{6!} + \cdots\right) + i\left(\theta - \frac{\theta^3}{3!} + \frac{\theta^5}{5!} - \frac{\theta^7}{7!} + \cdots\right)$$

$$= \cos\theta + i\sin\theta \qquad ☺$$

至此，我们就可以证明本章开头介绍的"上帝的公式"了。令 $\theta = \pi$ 弧度（或 180°），就有：

$$e^{i\pi} = \cos\pi + i\sin\pi = -1 + i(0) = -1$$

但是，欧拉定理并没有就此止步。我们在前面已经见过 $\cos\theta + i\sin\theta$ 这个表达式，它是复平面单位圆上的一个点，与 x 轴正方向的夹角为 θ。如下图所示，欧拉定理指出，我们可以用一个非常简单的方式来表示这个点。

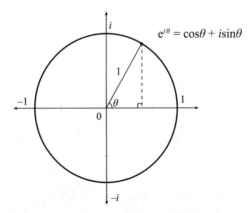

欧拉定理指出，单位圆上的所有点都可以表示成 $e^{i\theta}$ 的形式

惊喜还没有结束！欧拉定理指出，复平面上的所有点都与单位圆上的点成比例关系。具体来说，如果复数 z 的模为 R，角为 θ，那么这个点就是单位圆上对应点的 R 倍，即：

$$z = R\,e^{i\theta}$$

因此，如果复平面上有两个点 $z_1 = R_1 e^{i\theta_1}$ 和 $z_2 = R_2 e^{i\theta_2}$，那么根据指数法则（含有复数），我们可以得到：

$$z_1 z_2 = R_1 e^{i\theta_1} R_2 e^{i\theta_2} = R_1 R_2 e^{i\,(\theta_1 + \theta_2)}$$

上述结果表示的是一个模为 $R_1 R_2$、角为 $\theta_1 + \theta_2$ 的复数，我们再一次证明了复数的乘法运算法则：模相乘，角相加。我们在前文中证明这个定理的时候，用的是代数运算和三角恒等式，证明过程大约有一页纸的篇幅。现在，我们在用欧拉定理证明这个法则时，证明过程只有短短的一行字，因为我们有了 e 这个数字！

最后，我要仿照乔伊斯·基尔默（Joyce Kilmer）的诗作《树》，为我们拥有这个极其重要的数字赋诗一首。同时，我希望乔伊斯·基尔默不要介意我这样做。

我想我永远不会看到

比 e 更受人喜爱的数字。

这个数字永远写不完，

它是 2.718 28…

它有如此神奇的特性，

深受人们喜爱（老师们更是额手称庆）。

e 为我们创造了诸多便利条件

整数处理起来变得非常容易，

定理可以由像我这样的傻瓜来证明，

但 e 只能由欧拉来命名。

第 11 章

快思慢想的微积分

$$y = x^{11} \Rightarrow y' = 11x^{10}$$

"切"出一个体积最大的纸盒

数学是科学的语言，数学中用于表述大多数自然法则的是微积分。微积分是描述事物成长、变化与运动情况的数学分支。本章将讨论如何确定函数变化率，如何利用多项式等简单函数近似表示复杂函数等问题。此外，微积分是一个有效的优化工具，在我们希望某个数量最大化（例如利润或容积）或最小化（例如成本或距离）时，可以帮助我们找到答案。

例如，假设你有一块边长为 12 英寸的正方形硬纸板（如下图所示）。如果你从 4 个角上各切掉一个边长为 x 的正方形，然后把剩余部分做成一个纸盒，那么这个纸盒的最大容积是多少？

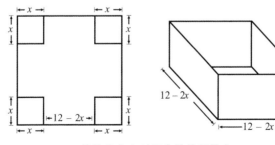

x 的值为多少时纸盒的体积最大？

首先，我们把纸盒的体积表示成 x 的函数。纸盒的底面积为 $(12 - 2x)(12 - 2x)$，高为 x，因此它的体积应该是：

$$V = (12 - 2x)^2 x$$

我们的任务是确定 x 取什么值时纸盒的体积最大。x 的值不能太大，也不能太小。例如，如果 $x = 0$ 或 $x = 6$，纸盒的体积都是 0。因此，x 的值应该在 0 到 6 之间。

我们画出 x 在 0 到 6 之间变化时函数 $y = (12 - 2x)^2 x$ 的图像。当 $x = 1$ 时，我们可以计算出体积 $y = 100$。当 $x = 2$ 时，$y = 128$。当 $x = 3$ 时，$y = 108$。看起来，$x = 2$ 有可能是最佳答案。不过，在 1 和 3 之间会不会有某个实数，让盒子的体积最大呢？

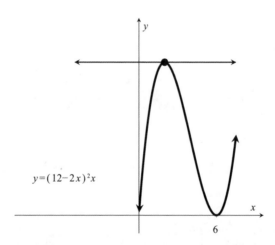

$$y = (12 - 2x)^2 x$$

函数 $y = (12 - 2x)^2 x$ 在最大值处有一条水平切线

在最大值的左侧，函数呈上升趋势，斜率为正值；在最大值的右侧，函数呈下降趋势，斜率为负值。因此，在最大值处，函数值既不再增大，也不再减小。用数学语言表述，就是最大值处有一条水平切线（斜率为 0）。本章将讨论如何利用微积分，在 0 到 6 之间找出有水平切线的那个点。

　　说到切线，我们将在本章看到种类繁多的切线。例如，我们刚才考虑的那个问题是找到切掉正方形硬纸板的四角的最佳方法。事实上，本章中有很多问题都是关于如何切掉边角的。微积分这门课程的内容极其丰富，常用教材的篇幅往往超过 1 000 多页。囿于篇幅，本书只关注其中最重要的内容，主要讨论"微分学"（integral calculus，研究函数的增长与变化情况），而不涉及"积分学"（differential calculus，计算复杂对象的面积与体积）。

　　最容易分析的函数就是直线。我们在本书第 2 章了解到直线 $y = mx + b$ 的斜率为 m。也就是说，如果 x 增加 1，y 增加 m。例如，直线 $y = 2x + 3$ 的斜率为 2，如果 x 的值增加 1（比如从 $x = 10$ 增加到 $x = 11$）时，y 就会增加 2（从 23 增加到 25）。

　　在下图中，我们画出了若干条直线的图像。其中，$y = -x$ 的斜率为 -1，水平直线 $y = 5$ 的斜率为 0。

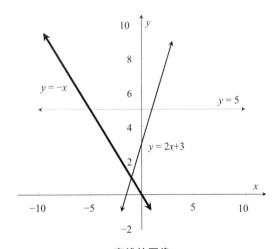

直线的图像

取任意两点，我们都可以画出一条经过这两点的直线。而且，无须知道这条直线的函数表达式，就可以确定它的斜率。如果直线经过点 (x_1, y_1) 和 (x_2, y_2)，我们就可以根据"高度差与水平距离之比"这个公式计算出它的斜率：

$$m = \frac{y_2 - y_1}{x_2 - x_1}$$

在直线 $y = 2x + 3$ 上任取两点，例如$(0, 3)$ 和 $(4, 11)$，那么连接这两点的直线斜率为 $m = \frac{y_2 - y_1}{x_2 - x_1} = (11 - 3)/(4 - 0) = 8 / 4 = 2$。计算结果与我们通过观察方程式得到的结果一致。

接下来，我们考虑函数 $y = x^2 + 1$（如下图所示）。该函数图像不是一条直线，它的斜率一直在变化。请大家计算点 $(1, 2)$处切线的斜率。

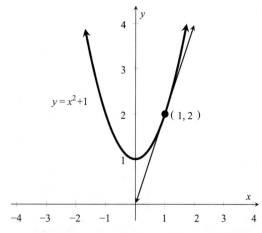

计算函数$y = x^2 + 1$ 在点 $(1, 2)$ 处的切线斜率

　　令我们感到头疼的是，我们需要知道两个点的坐标才能计算切线的斜率，但现在我们只知道一个点 (1, 2)。因此，如上图右侧所示，我们先考虑经过曲线上两点的直线（叫作"割线"），通过这条直线的斜率求出切线斜率的近似值。如果 $x = 1.5$，则 $y =1.5^2 + 1 = 3.25$。接下来，考虑连接点 (1, 2) 与 (1.5, 3.25) 的直线斜率。根据斜率公式，这条割线的斜率为：

$$m = \frac{y_2 - y_1}{x_2 - x_1} = \frac{3.25 - 2}{1.5 - 1} = \frac{1.25}{0.5} = 2.5$$

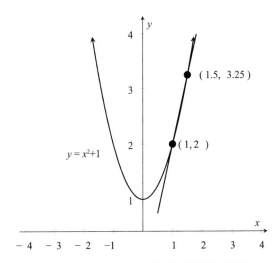

利用割线斜率求出切线斜率的近似值

　　为了更好地求出切线斜率的近似值，我们让第二个点向点 (1, 2) 靠近。例如，如果 $x = 1.1$，则 $y = (1.1)^2 + 1 = 2.21$，于是新的割线斜率为 $m = (2.21 -2)/(1.1-1) = 2.1$。从下表可以看出，随着第二个点不断靠近点 (1, 2)，割线斜率趋近于 2。

(x_1, y_1)	x_2	$y_2 = x_2^2 + 1$	$\dfrac{y_2 - y_1}{x_2 - x_1}$		斜率
(1, 2)	1.5	3.25	$\dfrac{3.25 - 2}{1.5 - 1} = \dfrac{1.25}{0.5}$	=	2.5
(1, 2)	1.1	2.21	$\dfrac{2.21 - 2}{1.1 - 1} = \dfrac{0.21}{0.1}$	=	2.1
(1, 2)	1.01	2.020 1	$\dfrac{2.020\,1 - 2}{1.001 - 1} = \dfrac{0.020\,1}{0.01}$	=	2.01
(1, 2)	1.001	2.002 001	$\dfrac{2.002\,001 - 2}{1.001 - 1} = \dfrac{0.002\,001}{0.01}$	=	2.001
(1, 2)	1 + h	$2 + 2h + h^2$	$\dfrac{(2 + 2h + h^2) - 2}{(1+h) - 1} = \dfrac{2h + h^2}{h}$	=	2 + h

现在，令 $x = 1 + h$（$h \neq 0$），且与 $x = 1$ 非常接近。那么，$y = (1+h)^2 + 1 = 2h + h^2$。于是，这条割线的斜率为：

$$\frac{y_2 - y_1}{x_2 - x_1} = \frac{(2 + 2h + h^2) - 2}{(1 + h) - 1} = \frac{2h + h^2}{h} = 2 + h$$

随着 h 越来越接近 0，割线的斜率也会不断地向 2 靠近。我们把这个现象表示成：

$$\lim_{h \to 0}(2 + h) = 2$$

它的意思是，当 h 趋近于 0 时，$2 + h$ 的极限值是 2。凭直觉我们知道当 h 越来越接近 0 时，$2 + h$ 就会不断地向 2 靠近。由此我们发现，函数 $y = x^2 + 1$ 在点 (1, 2) 处的切线斜率为 2。

接下来，我们讨论一般情况下的切线斜率。对于函数 $y = f(x)$，我们希望找出点 $[x, f(x)]$ 处切线的斜率。如下图所示，经过点 $[x, f(x)]$ 和其邻近点 $[x + h, f(x + h)]$ 的割线斜率为：

$$\frac{y_2 - y_1}{x_2 - x_1} = \frac{f(x+h) - f(x)}{(x+h) - x} = \frac{f(x+h) - f(x)}{h}$$

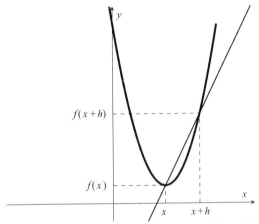

经过点 $[x, f(x)]$ 和 $[x+h, f(x+h)]$ 的割线斜率为 $\dfrac{f(x+h) - f(x)}{h}$

我们用符号 $f'(x)$ 来表示点 $[x, f(x)]$ 处的切线斜率，就有：

$$f'(x) = \lim_{h \to 0} \frac{f(x+h) - f(x)}{h}$$

这个定义比较复杂，我举几个例子加以说明。对于直线 $y = mx + b$，有 $f(x) = mx + b$。要求出 $f(x+h)$ 的值，我们可以用 $x + h$ 替代 x，即 $f(x+h) = m(x+h) + b$。所以，割线的斜率为：

$$\frac{f(x+h) - f(x)}{h} = \frac{m(x+h) + b - (mx + b)}{h} = \frac{mh}{h} = m$$

这表明斜率与 x 的值无关，也就是说 $f'(x) = m$，因为直线 $y = mx + b$ 的斜率一定为 m。

现在，我们利用这个定义求 $y = x^2$ 的"导数"（derivative）。对于这个函数，有：

$$
\begin{aligned}
\frac{f(x+h)-f(x)}{h} &= \frac{(x+h)^2 - x^2}{h} \\
&= \frac{(x^2 + 2xh + h^2) - x^2}{h} \\
&= \frac{2xh + h^2}{h} \\
&= 2x + h
\end{aligned}
$$

所以，当 h 趋近 0 时，我们可以得到 $f'(x) = 2x$。

对于 $f(x) = x^3$：

$$
\begin{aligned}
\frac{f(x+h)-f(x)}{h} &= \frac{(x+h)^3 - x^3}{h} \\
&= \frac{(x^3 + 3x^2 h + 3xh^2 + h^3) - x^3}{h} \\
&= \frac{3x^2 h + 3xh^2 + h^3}{h} \\
&= 3x^2 + 3xh + h^2
\end{aligned}
$$

所以，当 h 趋近 0 时，我们可以得到 $f'(x) = 3x^2$。

求已知函数 $y = f(x)$ 的导函数 $f'(x)$ 的过程叫作"微分"（differentiation）。告诉大家一个好消息：一旦知道了一些简单函数的导数，我们就可以轻松求出某些复杂函数的导数，而无须利用前文中介绍的基于极限的正式定义。下面这条定理十分有用。

定理： 如果 $u(x) = f(x) + g(x)$，那么 $u'(x) = f'(x) + g'(x)$。换言之，和的导数等于导数的和。此外，如果 c 是任意实数，那么 $cf(x)$ 的导数是 $cf'(x)$。

由于 $y = x^3$ 的导数是 $3x^2$，$y = x^2$ 的导数是 $2x$，因此，根据上述定理，$y = x^3 + x^2$ 的导数为 $3x^2 + 2x$。我们再举一个例子，对上述定理的第二句话加以说明，函数 $y = 10x^3$ 的导数为 $30x^2$。

延伸阅读

证明：令 $u(x)=f(x)+g(x)$，那么

$$\frac{u(x+h)-u(x)}{h}=\frac{f(x+h)+g(x+h)-[f(x)+g(x)]}{h}$$

$$=\frac{f(x+h)-f(x)}{h}+\frac{g(x+h)-g(x)}{h}$$

当 h 趋近 0 时，对两边求极限就会得到：

$$u'(x)=f'(x)+g'(x) \qquad \square$$

请大家注意，在对这个方程式右边求极限的时候，我们应用了"和的极限就是极限之和"这条定理。我们不准备给出关于这条定理的严谨的证明过程，但凭直觉就能知道，如果数字 a 趋近 A，b 趋近 B，$a+b$ 就会趋近 $A+B$。我们还注意到，"积的极限就是极限的积"，"商的极限就是极限的商"，这两个说法同样正确。但是，我们也将发现，导数的相关法则不像这样简单直接。例如，积的导数并不是导数的积。

就上述定理的第二句话而言，如果 $v(x)=cf(x)$，那么：

$$v'(x)=\lim_{h\to 0}\frac{v(x+h)-v(x)}{h}=\lim_{h\to 0}\frac{cf(x+h)-cf(x)}{h}$$

$$=c\lim_{h\to 0}\frac{f(x+h)-f(x)}{h}=cf'(x)$$

证明完毕。 $\qquad \square$

在求 $f(x)=x^4$ 的导数时，我们可以先列出函数展开式：$f(x+h)=(x+h)^4=x^4+4x^3h+6x^2h^2+4xh^3+h^4$。这个表达式的系数依次为 1、4、6、4、1。看到这些数字，大家可能会觉得有些眼熟。原来，它们是我们

在本书第 4 章里见过的帕斯卡三角形第 4 行的数字。有了函数展开式之后，我们可以得到：

$$\frac{f(x+h)-f(x)}{h}=\frac{4x^3h+6x^2h^2+4xh^3+h^4}{h}=4x^3+h\times(6x^2+4xh+h^2)$$

所以，当 h 趋近 0 时，就会得到 $f'(x)=4x^3$。看出其中的规律了吗？x、x^2、x^3 和 x^4 的导数分别是 1、$2x$、$3x^2$ 和 $4x^3$。即使指数继续增加，这个规律仍然成立，因此我们可以得出下面这个非常有用的定理。另一个常用的导数符号是 y'，从现在开始，我们就使用这个符号。

定理（幂函数求导公式）： 对于 $n\geq0$，

$$y=x^n \text{ 的导数为 } y'=nx^{n-1}$$

例如：

$$\text{如果 } y=x^5\text{，那么 } y'=5x^4$$

再例如：

$$\text{如果 } y=x^{10}\text{，那么 } y'=10x^9$$

常数函数，例如 $y=1$，也可以根据这个规则求导。因为 $1=x^0$，因此，无论 x 的值是多少，$y=x^0$ 的导数都是 $0x^{-1}=0$。这个结果不难理解，因为直线 $y=1$ 是一条水平线。结合幂函数求导公式和前文中给出的那条定理，我们可以求出任意多项式的导数。例如：

$$y=x^{10}+3x^5-x^3-7x+2\,520$$
$$y'=10x^9+15x^4-3x^2-7$$

即使 n 不是正整数，幂函数求导公式也成立。例如：

$$y=\frac{1}{x}=x^{-1}$$
$$y'=-1x^{-2}=\frac{-1}{x^2}$$

再例如：

$$y = \sqrt{x} = x^{1/2}$$

$$y' = \frac{1}{2}x^{-1/2} = \frac{1}{2\sqrt{x}}$$

但是，我们目前还无法给出证明过程。接下来，我们利用已学到的知识，解决一些有趣又实用的最优化问题。

最大值、最小值与临界点

求导运算可以帮助我们确定函数值在何时达到最大或最小。例如，试求抛物线 $y = x^2 - 8x + 10$ 的最低点的 x 值。

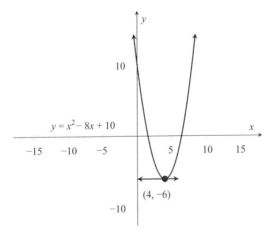

当 $y' = 0$ 时抛物线 $y = x^2 - 8x + 10$ 处于最低点

抛物线最低点处的切线斜率必然等于 0。由于 $y' = 2x - 8$，解方程式 $2x - 8 = 0$ 可知，当 $x = 4$ 时函数的值最小（$y = 16 - 32 + 10 = -6$）。对于函数 $y = f(x)$，满足 $f'(x) = 0$ 的 x 值叫作函数 f 的"临界点"（critical point）。例如，函数 $y = x^2 - 8x + 10$ 只有一个临界点：$x = 4$。

函数值在什么时候最大呢？在上述问题中，由于$y = x^2 - 8x + 10$ 的值可以任意大，因此该函数没有最大值。但是，如果 x 位于某个区间内，例如，$0 \leqslant x \leqslant 6$，那么 y 值将在其中一个端点处达到最大。在这个例子中，我们发现当 $x = 0$ 时，$y = 10$；当 $x = 6$ 时，$y = -2$。因此，该函数值在端点 $x = 0$ 处达到最大。在一般情况下，我们有下面这条重要定理。

定理（最优化定理）：如果可导函数 $y = f(x)$ 在点 x^* 处达到最大或最小值，那么 x^* 一定是函数 f 的临界点或者一个端点。

我们再思考一下本章开头提出的纸盒体积问题。要解决这个问题，就需要求出下列函数的最大值（x 的值必须在 0 至 6 之间）：

$$y = (12 - 2x)^2 x = 4x^3 - 48x^2 + 144x$$

也就是说，我们希望找出 y 值最大时 x 的值。由于这个函数是一个多项式，因此我们可以求出它的导数：

$$y' = 12x^2 - 96x + 144 = 12(x^2 - 8x + 12) = 12(x - 2)(x - 6)$$

也就是说，该函数有两个临界点：$x = 2$ 和 $x = 6$。

在端点 $x = 0$ 和 $x = 6$ 处，纸盒的体积为 0，也就是说，体积最小。在另外一个临界点 $x = 2$，体积最大，即 $y = 128$ 立方英寸[①]。

一个关于奶牛的微积分问题

可以求导的函数越多，我们能够解决的问题就越多。微积分中最重要的函数可能是指数函数 $y = e^x$。这个函数之所以十分特殊，是因为它的导数与原函数相同。

---

① 1 立方英寸 ≈ 16.387 立方厘米。——编者注

定理： 如果 $y = e^x$，那么 $y' = e^x$。

延伸阅读

$f(x) = e^x$ 为什么满足 $f'(x) = e^x$ 呢？现在，我们来探讨其中的原因。我们注意到：

$$\frac{f(x+h) - f(x)}{h} = \frac{e^{x+h} - e^x}{h} = \frac{e^x(e^h - 1)}{h}$$

现在，请大家回想一下 e 的定义：

$$e = \lim_{n \to \infty} \left(1 + \frac{1}{n}\right)^n$$

从定义可以看出，随着 n 不断增大，$(1 + 1/n)^n$ 将会趋近 e。现在，令 $h = 1/n$。当 n 非常大时，$h = 1/n$ 就会趋近 0。也就是说，当 h 趋近 0 时：

$$e \approx (1 + h)^{1/h}$$

等式两边同时求 h 次幂，根据指数法则 $(a^b)^c = a^{bc}$，可以得到：

$$e^h \approx 1 + h$$

也就是说：

$$\frac{e^h - 1}{h} \approx 1$$

因此，当 h 趋近 0 时，$\dfrac{e^h - 1}{h}$ 趋近 1，$\dfrac{f(x+h) - f(x)}{h}$ 趋近 e^x。证明完毕。　□

是否还有其他函数与它们的导函数相同呢？有，但所有符合条件

的都是 $y = c\mathrm{e}^x$（x 为实数）这种形式的函数。（注意，$c = 0$ 时函数也符合条件，我们得到的是常数函数 $y = 0$。）

我们已经知道，函数相加时，和的导数就是导数的和。函数乘积的导数呢？千万注意，乘积的导数并不是导数的乘积。不过，从下面的定理可以看出，乘积的导数也不难求。

定理（函数积求导法则）：如果 $y = f(x) g(x)$，那么：

$$y' = f(x) g'(x) + f'(x) g(x)$$

例如，在求 $y = x^3 \mathrm{e}^x$ 的导数时，我们令 $f(x) = x^3$，$g(x) = \mathrm{e}^x$，就有：

$$y' = f(x) g'(x) + f'(x) g(x)$$
$$= x^3 \mathrm{e}^x + 3x^2 \mathrm{e}^x$$

注意，当 $f(x) = x^3$，$g(x) = x^5$ 时，根据函数积求导法则，$x^3 x^5 = x^8$ 的导数为：

$$y' = x^3(5x^4) + 3x^2(x^5)$$
$$= 5x^7 + 3x^7 = 8x^7$$

这与幂函数求导公式一致。

延伸阅读

证明（函数积求导法则）：令 $u(x) = f(x) g(x)$，就有：

$$\frac{u(x+h) - u(x)}{h} = \frac{f(x+h) g(x+h) - f(x) g(x)}{h}$$

接下来，我们采用一个巧妙的方法：在分子上先减去再加上 $f(x+h) g(x)$。这样一来，在分子保持不变的情况下，我们把上式变成：

$$\frac{f(x+h)g(x+h)-f(x+h)g(x)+f(x+h)g(x)-f(x)g(x)}{h}$$

$$=f(x+h)\left[\frac{g(x+h)-g(x)}{h}\right]+\left[\frac{f(x+h)-f(x)}{h}\right]g(x)$$

当 h 趋近 0 时，上式就会变成 $f(x)g'(x)+f'(x)g(x)$。证明完毕。 □

　　函数积求导法则不仅可以用于计算，还可以帮助我们求出其他函数的导数。例如，我们在前文中证明当指数为正时，幂函数求导公式成立，现在我们可以证明当指数为分数和负数时，该公式也成立。

　　例如，幂函数求导公式表明：

$$如果 y=\sqrt{x}=x^{1/2}，那么 y'=\frac{1}{2}x^{-1/2}=\frac{1}{2\sqrt{x}}$$

　　我们现在用函数积求导法则来证明上述结果。假设 $u(x)=\sqrt{x}$，那么：

$$u(x)u(x)=\sqrt{x}\sqrt{x}=x$$

　　对等式两边进行求导运算，根据函数积求导法则，我们可以得到：

$$u(x)u'(x)+u'(x)u(x)=1$$

　　也就是说，$2u(x)u'(x)=1$，因此 $u'(x)=\frac{1}{2u(x)}=\frac{1}{2\sqrt{x}}$，这同上述结果一致。

延伸阅读

如果幂函数求导公式还可以用于指数为负数的情况，那么根据该公式，$y = x^{-n}$ 应该有导数 $y' = -nx^{-n-1} = \dfrac{-n}{x^{n+1}}$。为了证明这个结论，我们令 $u(x) = x^{-n}$，其中 $n \geq 1$。根据定义，当 $x \neq 0$ 时，有：

$$u(x)\,x^n = x^{-n}x^n = x^0 = 1$$

运用函数积求导法则，对等于两边进行求导运算：

$$u(x)(nx^{n-1}) + u'(x)x^n = 0$$

两边同时除以 x^n，并将等式左边的第一项移到等式右边，就会得到：

$$u'(x) = -n\,\frac{u(x)}{x} = \frac{-n}{x^{n+1}}$$

证明完毕。 □

因此，如果 $y = 1/x = x^{-1}$，那么 $y' = -1/x^2$。

如果 $y = 1/x^2 = x^{-2}$，那么 $y' = -2x^{-3} = -2/x^3$。以此类推。

在本书第 7 章，我们希望找到一个正数 x，使函数 $y = x + 1/x$ 的值最小。当时我们利用几何知识，巧妙地证明了 $x = 1$ 满足条件。但是，有了微积分之后，我们就不再需要绞尽脑汁了。由 $y' = 0$ 可知 $1 - 1/x^2 = 0$，所以满足这个方程式的唯一正数就是 $x = 1$。

三角函数求导也非常简单。注意，下面这条定理成立的条件是所有角必须用弧度来表示。

定理：如果 $y = \sin x$，那么 $y' = \cos x$；如果 $y = \cos x$，那么 $y' =$

$-\sin x$。换言之，正弦函数的导数是余弦函数，余弦函数的导数是正弦函数的相反数。

延伸阅读

证明：要证明上述定理，需要使用下面这个"引理"（Lemma）。（引理的作用就是辅助证明定理）。

引理：

$$\lim_{h\to 0}\frac{\sin h}{h}=1 \text{ 且 } \lim_{h\to 0}\frac{\cos h-1}{h}=0$$

这个引理的意思是，对于大小（弧度）接近于 0 的任意角 h，其正弦函数接近于 h，余弦函数接近于 1。例如，我们利用计算器可以算出 $\sin 0.012\ 3 = 0.012\ 299\ 6\cdots$；$\cos 0.012\ 3 = 0.999\ 924\ 3\cdots$。暂且假设这条引理是正确的，我们就可以对正弦函数和余弦函数求导了。利用第 9 章介绍的 $\sin(A+B)$ 恒等式，得出：

$$\frac{\sin(x+h)-\sin x}{h}=\frac{\sin x\cos h+\sin h\cos x-\sin x}{h}$$
$$=\sin x\left(\frac{\cos h-1}{h}\right)+\cos x\left(\frac{\sin h}{h}\right)$$

根据引理，当 h 趋近 0 时，上式就会变成 $(\sin x)(0)+(\cos x)(1)=\cos x$。同理，我们可以得到：

$$\frac{\cos(x+h)-\cos x}{h}=\frac{\cos x\cos h+\sin x\sin h-\cos x}{h}$$
$$=\cos x\left(\frac{\cos h-1}{h}\right)+\sin x\left(\frac{\sin h}{h}\right)$$

当 h 趋近 0 时，上式就会变成 $(\cos x)(0)-(\sin x)(1)=-\sin x$。证明完毕。 □

延伸阅读

利用下图，可以证明 $\lim\limits_{h \to 0} \dfrac{\sin h}{h} = 1$。

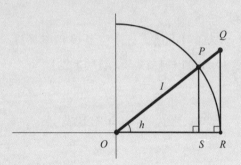

该单位圆上有两个点，分别为 $R\,(1, 0)$ 和 $P\,(\cos h, \sin h)$，其中 h 是一个非常小的正数角。同时，在直角三角形 OQR 中：

$$\tan h = \frac{QR}{OR} = \frac{QR}{1} = QR$$

由此可知，直角三角形 OPS 的面积是 $\dfrac{1}{2}\cos h \sin h$，直角三角形 OQR 的面积是 $\dfrac{1}{2}OR\,QR = \dfrac{1}{2}\tan h = \dfrac{\sin h}{2\cos h}$。

现在，来看扇形 OPR。单位圆的面积是 $\pi 1^2 = \pi$，扇形 OPS 是单位圆的 $h/(2\pi)$ 倍。因此，扇形 OPR 的面积为 $\pi(h/2\pi) = h/2$。

由于扇形 OPR 包含三角形 OPS，同时被包含在三角形 OQR 中，因此这三个图形面积的关系满足：

$$\frac{1}{2}\cos h \sin h < \frac{h}{2} < \frac{\sin h}{2\cos h}$$

同时乘以 $\dfrac{2}{\sin h} > 0$，就会得到：

$$\cos h < \frac{h}{\sin h} < \frac{1}{\cos h}$$

如果正数 a、b、c 满足 $a < b < c$，那么 $1/c < 1/b < 1/a$。因此：

$$\cos h < \frac{\sin h}{h} < \frac{1}{\cos h}$$

由于 h 趋近 0，所以 $\cos h$ 与 $1 / \cos h$ 都趋近 1。这与我们想要的结果一致。

也就是说，$\lim\limits_{h \to 0} \dfrac{\sin h}{h} = 1$。　□

延伸阅读

有了上述结果，再通过代数运算（包括 $\cos^2 h + \sin^2 h = 1$），就可以证明 $\lim\limits_{h \to 0} \dfrac{\cos h - 1}{h} = 0$。

证明过程如下：

$$\frac{\cos h - 1}{h} = \frac{\cos h - 1}{h} \cdot \frac{\cos h + 1}{\cos h + 1} = \frac{\cos^2 h - 1}{h(\cos h + 1)}$$

$$= \frac{-\sin^2 h}{h(\cos h + 1)} = -\frac{\sin h}{h} \cdot \frac{\sin h}{\cos h + 1}$$

由于 h 趋近 0，因此 $\dfrac{\sin h}{h}$ 趋近 1，且 $\dfrac{\sin h}{\cos h + 1}$ 趋近 $\dfrac{0}{2} = 0$。

也就是说，$\lim\limits_{h \to 0} \dfrac{\cos h - 1}{h} = 0$。□

知道正弦函数和余弦函数的导数之后，就可以求出正切函数的导数了。

定理： 对于 $y = \tan x$，$y' = 1 / \cos^2 x = \sec^2 x$。

证明： 令 $u(x) = \tan x = (\sin x) / (\cos x)$，就有：

$$\tan x \cdot \cos x = \sin x$$

根据函数积求导法则，对等式两边同时求导：

$$\tan x \cdot (-\sin x) + \tan' x \cdot \cos x = \cos x$$

等式两边同时除以 $\cos x$，即可求出 $\tan' x$：

$$\tan' x = 1 + \tan x \cdot \tan x = 1 + \tan^2 x = \frac{1}{\cos^2 x} = \sec^2 x$$

上面倒数第二步是通过恒等式 $\cos^2 x + \sin^2 x = 1$ 两边同时除以 $\cos^2 x$ 后实现的。

利用同样方法可以证明函数商求导法则。

定理（函数商求导法则）：如果 $u(x) = f(x) / g(x)$，那么：

$$u'(x) = \frac{g(x)f'(x) - f(x)g'(x)}{g(x)g(x)}$$

延伸阅读

函数商求导法则证明过程如下：

因为 $u(x)g(x) = f(x)$，等式两边同时进行求导运算，根据函数积求导法则，可以得到：

$$u(x)g'(x) + u'(x)g(x) = f'(x)$$

等式两边同时乘以 $g(x)$：

$$g(x)u(x)g'(x) + u'(x)g(x)g(x) = g(x)f'(x)$$

把 $g(x)u(x)$ 替换成 $f(x)$，求出 $u'(x)$ 的值，就会发现它与我们想要的结果一致。 □

我们已经知道如何对多项式、指数函数、三角函数等求导，还学会了函数和、积与商的求导方法，"链式法则"（chain rule）（本书将给出这条法则，但不提供证明过程）则会告诉我们如何对复合函数求导。例如，如果 $f(x) = \sin x$，$g(x) = x^3$，那么：

$$f[g(x)] = \sin[g(x)] = \sin(x^3)$$

请注意，该函数不同于函数 $g[f(x)] = g(\sin x) = (\sin x)^3$。

定理（链式法则）：如果 $y = f[g(x)]$，那么 $y' = f'[g(x)]g'(x)$。

例如，如果 $f(x) = \sin x$，$g(x) = x^3$，那么 $f'(x) = \cos x$，$g'(x) = 3x^2$。根据链式法则，如果 $y = f[g(x)] = \sin(x^3)$，那么：

$$y' = f'[g(x)]g'(x) = \cos[g(x)]\,g'(x) = 3x^2\cos(x^3)$$

一般来说，根据链式法则，如果 $y = \sin[g(x)]$，那么 $y' = g'(x)\cos[g(x)]$。同理，如果 $y = \cos[g(x)]$，那么 $y' = -g'(x)\sin[g(x)]$。

另一方面，对于函数 $y = g[f(x)] = (\sin x)^3$，由链式法则可知：

$$y' = g'[f(x)]f'(x) = 3[f(x)^2]f'(x) = 3\sin^2 x\cos x$$

推而广之，如果 $y = [g(x)]^n$，那么 $y' = n[g(x)]^{n-1}g'(x)$。根据链式法则，如何对 $y = (x^3)^5$ 求导呢？

$$y' = 5(x^3)^4(3x^2) = 5x^{12}(3x^2) = 15x^{14}$$

这与幂函数求导公式得出的结果一致。

请大家计算 $y = \sqrt{x^2+1} = (x^2+1)^{1/2}$ 的导数。根据链式法则：

$$y' = \frac{1}{2}(x^2+1)^{-1/2}(2x) = \frac{x}{\sqrt{x^2+1}}$$

指数函数的求导运算同样非常简单。由于 e^x 的导数就是它本身，因此，当 $y = e^{g(x)}$ 时，根据链式法则：

$$y' = g'(x)\,e^{g(x)}$$

例如，$y = e^{x^3}$ 的导数为 $y' = (3x^2) e^{x^3}$。

请大家注意，函数 $y = e^{kx}$ 的导函数为 $y' = ke^{kx} = ky$。指数函数之所以非常重要，这个属性是原因之一。只要函数的增长速度与函数值的大小成比例关系，就会产生指数函数，指数函数在金融、生物领域中的出现频率特别高。

对于任意 $x > 0$，自然对数函数 $\ln x$ 都具有以下特性：

$$e^{\ln x} = x$$

下面，我们利用链式法则来求它的导数。令 $u(x) = \ln x$，则 $e^{u(x)} = x$。对方程式两边求导，就会得到 $u'(x) e^{u(x)} = 1$。由于 $e^{u(x)} = x$，因此 $u'(x) = 1/x$。换句话说，如果 $y = \ln x$，那么 $y' = 1/x$。根据链式法则，如果 $y = \ln[g(x)]$，则 $y' = \dfrac{g'(x)}{g(x)}$。

我们把根据链式法则得出的这些结论汇总如下：

$y = f[g(x)]$	$y' = f'[g(x)] g'(x)$
$y = \sin[g(x)]$	$y' = g'(x) \cos[g(x)]$
$y = \cos[g(x)]$	$y' = -g'(x) \sin[g(x)]$
$y = [g(x)]^n$	$y' = n[g(x)]^{n-1} g'(x)$
$y = e^{g(x)}$	$y' = g'(x) e^{g(x)}$
$y = \ln[g(x)]$	$y' = g'(x)/g(x)$

接下来，我们利用链式法则来解决"奶牛微积分"问题！一条小河由东向西流淌（x 轴），奶牛克莱拉站在小河北边 1 英里的地方，牛棚在克莱拉东边 3 英里、北边 1 英里的地方。克莱拉想去小河边喝完水后回到牛棚。请问，要使克莱拉行走的路程最短，我们如何帮它找到饮水点的位置？

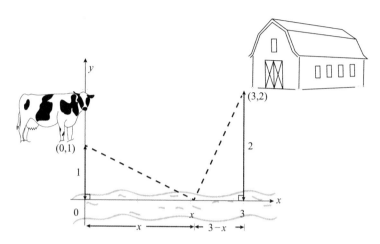

奶牛微积分：要使奶牛行走的路程最短，如何确定饮水点的位置？

假设克莱拉从它所在的位置(0, 1) 出发，沿上图左边的那条虚线走到饮水点 $(x, 0)$，那么根据勾股定理（或距离公式）可以算出它到饮水点的距离为$\sqrt{x^2+1}$，它到牛棚 $B = (3, 2)$ 的距离为 $\sqrt{(3-x)^2+4} = \sqrt{x^2-6x+13}$。于是，这道题变成：确定$x$的值（在 0 到 3 之间），满足：

$$y = \sqrt{x^2+1} + \sqrt{x^2-6x+13} = (x^2+1)^{1/2} + (x^2-6x+13)^{1/2}$$

对上式求导（利用链式法则），并令所得结果等于 0，即：

$$\frac{x}{\sqrt{x^2+1}} + \frac{x-3}{\sqrt{x^2-6x+13}} = 0$$

当$x = 1$ 时，上式左边是 $1/\sqrt{2} - 2/\sqrt{8}$，正好等于 0。大家可以自行验证这个结果，也可以直接解出这个方程式（先将 $x/\sqrt{x^2+1}$ 移到方程式的右边，然后两边同时平方，再交叉相乘。在消除了很多项之后，你就会发现在 0 到 3 之间只有一个解，即$x = 1$）。

我们还可以用第 7 章介绍的"映像法"来验证这个答案。我们假设克莱拉喝完水之后，不是回到点(3, 2)处的牛棚，而是如下图所示走到牛棚的映像点 B' (3, –2)处。

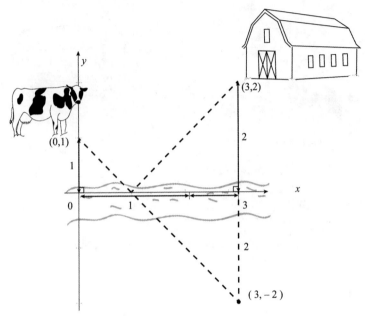

利用映像法，也可以解决这个问题

　　饮水点到点 *B'* 的距离与到点 *B* 的距离正好相等。从小河北边的任意位置走到小河南边都必须越过 x 轴，其中距离最短的路线是点 $(0, 1)$ 和点 $(3, -2)$ 的连线。这条直线的斜率是 $-3/3 = -1$，与 x 轴相交于 $x = 1$ 的位置。这种方法既不需要使用微积分，也不需要开平方！

泰勒级数与你的银行存款

　　在上一章的结尾部分证明欧拉公式的过程中，我们使用了下面这些神秘的公式：

$$e^x = 1 + x + \frac{x^2}{2!} + \frac{x^3}{3!} \frac{x^4}{4!} + \cdots$$

$$\cos x = 1 - \frac{x^2}{2!} + \frac{x^4}{4!} \quad \frac{x^6}{6!} + \cdots$$

$$\sin x = x - \frac{x^3}{3!} + \frac{x^5}{5!} \quad \frac{x^7}{7!} + \cdots$$

我们先针对这些公式做一些小游戏，再探究它们的由来。请大家对 e^x 级数中的各项求导，并观察得到的结果。例如，根据幂函数求导公式，$x^4 / 4!$ 的导数是 $(4x^3) / 4! = x^3 / 3!$，正好是它的前一项。换句话说，如果对 e^x 级数求导，结果仍然是这个级数，这与我们了解到的 e^x 的特性一致。

对 $x - x^3/3! + x^5/5! - x^7/7! + \cdots$ 这个级数逐项求导，就会得到 $1 - x^2/2! + x^4/4! - x^6/6! + \cdots$，与正弦函数的导数是余弦函数这个结论一致。同样，对余弦级数求导，就会得到正弦级数的相反数。此外，请大家注意，我们从余弦级数可以得出 $\cos 0 = 1$，而且由于所有的指数都是偶数，因此 $\cos(-x)$ 的值与 $\cos x$ 相等，这与我们了解到的余弦函数的特性一致。[例如，$(-x)^4/4! = x^4/4!$。] 正弦级数的情况与之相似，我们发现 $\sin 0 = 0$，同时，由于所有指数都是奇数，因此 $\sin(-x) = -\sin x$。

现在，我们来研究这些公式是如何产生的。本章已经介绍了大多数常用函数的求导方法，但有时候我们需要对函数进行多次求导，计算该函数的二阶、三阶甚至多阶导数，记作 $f''(x)$、$f'''(x)$ 等。二阶导数 $f''(x)$ 表示点 $[x, f(x)]$ 处函数斜率的变化率（亦称函数的凹凸性）。三阶导数表示二阶导数斜率的变化率，以此类推。

上面这些神秘的公式以英国数学家布鲁克·泰勒（Brook Taylor，1685—1731）的名字命名，叫作"泰勒级数"。如果函数 $f(x)$ 有导数 $f'(x)$、$f''(x)$、$f'''(x)$ 等，那么在 x 取任意"十分接近" 0 的值时，都有：

$$f(x) = f(0) + f'(0)x + f''(0)\frac{x^2}{2!} + f'''(0)\frac{x^3}{3!} + f''''(0)\frac{x^4}{4!} + \cdots$$

"十分接近"是什么意思？对于某些函数而言，例如 e^x、$\sin x$ 和 $\cos x$，x 的所有值都十分接近 0。但我们以后会发现，对于某些函数而言，x 的值必须非常小，泰勒级数才会十分接近函数值。

我们来看幂函数 $f(x) = e^x$ 的泰勒级数。由于 e^x 就是它自身的一阶（二阶、三阶……）导数，因此：

$$f(0) = f'(0) = f''(0) = f'''(0) = \cdots = e^0 = 1$$

也就是说，e^x 的泰勒级数是 $1 + x + x^2/2! + x^3/3! + x^4/4! + \cdots$，这与前面给出的结果一致。当 x 比较小时，我们只需计算为数不多的几项，就可以得出与确切答案非常接近的结果了。

我们用泰勒级数来计算存款的复利。在上一章，如果我们在银行里存 1 000 美元，年利率为 5%，按连续复利的方式结算利息，那么到年底时，银行账户的金额就会变成 $1\,000e^{0.05} = 1\,051.27$ 美元。利用泰勒多项式得到的二阶近似值是：

$$1\,000\,[1 + 0.05 + (0.05)^2/2!] = 1\,051.25 \text{ 美元}$$

三阶近似值是 1 051.27 美元。

下图是函数 $y = e^x$ 以及它的前三阶泰勒多项式的图像，以展现泰勒级数逼近函数值的效果。

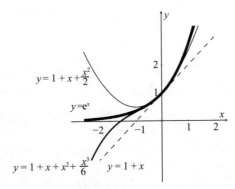

泰勒级数逼近 $y = e^x$ 的函数值

随着我们增加泰勒多项式的阶数，近似值会越来越接近函数值，在 x 取接近于 0 的值时，近似效果最好。泰勒多项式为什么有这样的作用呢？一阶逼近（亦称线性逼近）的意思是，对于接近 0 的任意 x，都有：

$$f(x) \approx f(0) + f'(0)x$$

这是一条经过点 $[0, f(0)]$ 的直线，斜率为 $f'(0)$。同理，我们可以证明，n 阶泰勒多项式在点 $[0, f(0)]$ 处的一阶导数、二阶导数、三阶导数直至 n 阶导数都与原函数 $f(x)$ 相同。

延伸阅读

我们还可以通过 x 接近除 0 以外的其他数字，来定义泰勒多项式和泰勒级数。具体来说，函数 $f(x)$ 在基点 a 处的泰勒级数为：

$$f(a) + f'(a)(x-a) + f''(a)\frac{(x-a)^2}{2!} + f'''(a)\frac{(x-a)^3}{3!} + \cdots$$

它与 $x = 0$ 时的情况一样，对于十分接近 a 的 x，无论 x 是实数还是复数，泰勒级数都等于 $f(x)$。

接下来，我们来看函数 $f(x) = \sin x$ 的泰勒级数。再次提醒大家，$f'(x) = \cos x$，$f''(x) = -\sin x$，$f'''(x) = -\cos x$，$f''''(x) = \sin x = f(x)$。在 x 取 0 时，$f(x)$ 的 n 阶导数会从 $f(0)$ 开始出现循环现象：0，1，0，-1，0，1，0，-1…。因此，x 的所有偶数次幂都不会出现在泰勒级数中。也就是说，对于取任意值的 x（单位为弧度），都有：

$$\sin x = x - \frac{x^3}{3!} + \frac{x^5}{5!} - \frac{x^7}{7!} + \cdots$$

同理，当 $f(x) = \cos x$ 时，都有：

$$\cos x = 1 - \frac{x^2}{2!} + \frac{x^4}{4!} - \frac{x^6}{6!} + \cdots$$

最后，我再举一例。在这个例子中，当 x 取某些值而不是所有值时，泰勒级数等于函数本身。我们来看函数 $f(x) = \dfrac{1}{1-x} = (1-x)^{-1}$，$f(0) = 1$。根据链式法则，我们可以算出该函数的前几阶导数：

$$f'(x) = (-1)(1-x)^{-2}(-1) = (1-x)^{-2}$$
$$f''(x) = (-2)(1-x)^{-3}(-1) = 2(1-x)^{-3}$$
$$f'''(x) = (-6)(1-x)^{-4}(-1) = 3!(1-x)^{-4}$$
$$f''''(x) = (-4!)(1-x)^{-5}(-1) = 4!(1-x)^{-5}$$

按照这个规律（或者使用归纳性证明法），就会发现 $(1-x)^{-1}$ 的 n 阶导数为 $n!\,(1-x)^{-(n+1)}$。当 $x = 0$ 时，该 n 阶导数就是 $n!$。也就是说，根据泰勒级数，我们可以得出：

$$\frac{1}{1-x} = 1 + x + x^2 + x^3 + x^4 + \cdots$$

但是，这个等式只在 x 取 -1 到 1 之间的值时才成立。例如，如果 x 大于 1，右边各项的值会越来越大，它的和无法确定。

我们将在下一章继续讨论泰勒级数。大家可能会想，把无穷多个数字加在一起，到底有什么意义呢？如何能求出它们的和呢？你有这样的想法很正常。在研究无穷大的本质时，我会尝试回答这个问题。与此同时，你还将接触到大量你意想不到、让你困惑、无法凭直觉理解但又充满美感的内容。

第 12 章

比宇宙还大的无穷大

$$1 + 2 + 3 + \cdots = \infty$$

神秘莫测的无穷大

我把无穷大这个概念放到最后讲，并不是说这个概念不重要。在第 1 章开始数学世界的探索之旅时，我们研究了 1~100 的求和问题：

$$1 + 2 + 3 + 4 + \cdots + 100 = 5\,050$$

最后，我们得出了 1~n 的求和公式：

$$1 + 2 + 3 + \cdots + n = \frac{n(n+1)}{2}$$

还得出了有限个数字的其他求和公式。本章将探究无穷级数求和问题，例如：

$$1 + \frac{1}{2} + \frac{1}{4} + \frac{1}{8} + \frac{1}{16} + \cdots$$

我来告诉大家，上面这道题的答案是 2。而且，2 不是近似答案，而是确切得数。有的无穷级数求和非常有意思，例如：

$$1 - \frac{1}{3} + \frac{1}{5} - \frac{1}{7} + \frac{1}{9} - \frac{1}{11} + \cdots = \frac{\pi}{4}$$

有的无穷级求和则无法给出确切答案，例如：

$$1 + \frac{1}{2} + \frac{1}{3} + \frac{1}{4} + \frac{1}{5} + \frac{1}{6} + \cdots$$

我们把所有正数的和定义为"无穷大"，记作：

$$1 + 2 + 3 + 4 + 5 + \cdots = \infty$$

它的意思是，这个和将不断增加，没有上限。换句话说，这个和最终将超过你能想到的所有数字：100、100 万、10^{15}，或者其他大数。不过，在本章结尾部分，我们将看到有人可以证明：

$$1 + 2 + 3 + 4 + 5 + \cdots = \frac{-1}{12}$$

你是不是觉得很奇怪？我希望如此！一旦走进无穷大这个光怪陆离的领域，你就会发现各种各样稀奇古怪的现象。数学之所以引人入胜、充满乐趣，这也是其中一个原因。

无穷大是不是一个数字呢？尽管我们有时候把它当作一个数字，但实际上它并不是数字。粗略地说，数学界可能会这样理解无穷大的概念：

$$\infty + 1 = \infty \qquad \infty + \infty = \infty \qquad 5 \times \infty = \infty \qquad \frac{1}{\infty} = 0$$

从技术上讲，最大的数字是不存在的，因为我们总是可以加上 1，得到一个更大的数字。从本质上讲，∞ 这个符号的意思是"任意大"，或者说大于所有正数。同理，$-\infty$ 的意思是这个数字比所有负数都小。顺便告诉大家，$\infty - \infty$（无穷大减去无穷大）和 1/0 都无解。大家可能会认为 $1/0 = \infty$，因为 1 被越来越小的数除，商应该越来越大。但是，如果我们用越来越接近 0 的负数去除 1，商就会朝着负数的方向渐行渐远。

等比数列和喝啤酒的数学家

先来思考一个数学界普遍认可，但大多数人第一眼见到时都觉得不正确的命题：

$$0.999\,99\cdots = 1$$

所有人都承认这两个数字非常接近，也可以说是无比接近，但很多人仍然认为不应该把它们视为同一个数。下面，我将提供不同的证据，证明这两个数字其实相等。我希望其中至少有一个解释可以让你感到满意。

如果大家认为下面这个等式成立

$$\frac{1}{3} = 0.333\,33\cdots$$

那么，最简便的证明方法可能就是在上式两边同时乘以 3，然后得到：

$$1 = \frac{3}{3} = 0.999\,99\cdots$$

第二种证明方法是本书第 6 章用过的循环小数计算方法。我们用变量 w 来表示无穷小数展开式：

$$w = 0.999\,99\cdots$$

在等式两边同时乘以 10，就会得到：

$$10w = 9.999\,99\cdots$$

再用第二个等式减去第一个等式：

$$9w = 9.000\,00\cdots$$

由此得到：$w = 1$。

下面这种证明方法无须使用任何代数运算。如果两个数字不相等，那么它们中间必然存在一个不等于它们的数字（例如平均数）。大家对于这句话应该没有异议吧？我们采用反证法，假设 0.999 99…与 1 是两个不相等的数字。在这种情况下，它们中间是否存在其他数字呢？如果无法找到这样的数字，就说明 0.999 99…与 1 不可能是两个不相等的数字。

如果两个数字或者两个无穷和彼此之间无限接近，我们就说这两个数字或无穷和相等。换句话说，你随便选一个正数，比如 0.01、0.000 000 1 或者十亿分之一，这两个数字之间的差都比你选的这个数字小。由于 1 和 0.999 99…的差小于任意正数，因此数学界一致认为这两个数字是相等的。

同理，我们可以算出下面这个无穷级数的和：

$$1 + \frac{1}{2} + \frac{1}{4} + \frac{1}{8} + \frac{1}{16} + \cdots = 2$$

我们用一个具体的方式来解释这个和。假设你朝着 2 米外的一堵墙壁走过去，第一步正好是 1 米，第二步是 0.5 米，然后是 1/4 米、1/8 米，以此类推。每走一步，你与墙壁之间的距离就缩短 1/2。不考虑在实际情况下步幅下限的问题，最后你如愿以偿地无限接近那堵墙。也就是说，所有步幅的总和正好等于 2 米。

如下图所示，我们还可以用几何方法来表示这个和。假设我们有一个 1×2 的矩形，面积为 2。然后，我们将它切去 1/2，再切去 1/2，就这样不停地切下去。第一次切完后矩形的面积是 1，接下来依次是 1/2、1/4……随着 n 趋于无穷大，这些切掉的部分就会组成整个矩形，因此它们的总面积为 2。

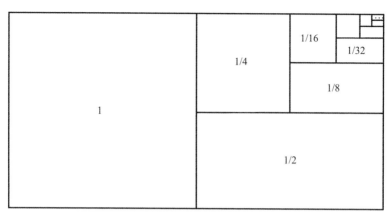

$$1 + \frac{1}{2} + \frac{1}{4} + \frac{1}{8} + \frac{1}{16} + \cdots = 2 \text{ 的几何证明法}$$

下面再介绍一种基于代数运算的解释方法。观察下表给出的"部分和"（partial sums）公式。

$1 + \frac{1}{2} + \frac{1}{4} + \frac{1}{8} + \cdots$ 的部分和		
1	$= 1$	$= 2 - 1$
$1 + \frac{1}{2}$	$= 1\frac{1}{2}$	$= 2 - \frac{1}{2}$
$1 + \frac{1}{2} + \frac{1}{4}$	$= 1\frac{3}{4}$	$= 2 - \frac{1}{4}$
$1 + \frac{1}{2} + \frac{1}{4} + \frac{1}{8}$	$= 1\frac{7}{8}$	$= 2 - \frac{1}{8}$
$1 + \frac{1}{2} + \frac{1}{4} + \frac{1}{8} + \frac{1}{16}$	$= 1\frac{15}{16}$	$= 2 - \frac{1}{16}$
$1 + \frac{1}{2} + \frac{1}{4} + \frac{1}{8} + \frac{1}{16} + \frac{1}{32}$	$= 1\frac{31}{32}$	$= 2 - \frac{1}{32}$
...	...	...

表中给出的部分和似乎表明，对于 $n \geqslant 0$，有：

$$1 + \frac{1}{2} + \frac{1}{4} + \frac{1}{8} \cdots + \frac{1}{2^n} = 2 - \frac{1}{2^n}$$

我们可以通过归纳性证明法（参见本书第6章）验证上述结论，也可以把它视为下面给出的有穷等比数列求和公式的一个特例。

定理（有穷等比数列）：对于 $x \neq 1$ 且 $n \geqslant 0$，有：

$$1 + x + x^2 + x^3 + \cdots + x^n = \frac{1 - x^{n+1}}{1 - x}$$

证明方法 1：这条定理可以按照以下方式，利用归纳性证明法来验证。当 $n = 0$ 时，该公式可以简化为 $1 = \frac{1 - x^1}{1 - x}$，这个等式毫无疑问是成立的。现在，我们假设当 $n = k$ 时公式成立，就有：

$$1 + x + x^2 + x^3 + \cdots + x^k = \frac{1 - x^{k+1}}{1 - x}$$

当 $n = k + 1$ 时，即在上式左右两边同时加上 x^{k+1}，就会得到：

$$
\begin{aligned}
1 + x + x^2 + x^3 + \cdots + x^k + x^{k+1} &= \frac{1 - x^{k+1}}{1 - x} + x^{k+1} \\
&= \frac{1 - x^{k+1}}{1 - x} + \frac{x^{k+1}(1-x)}{1 - x} \\
&= \frac{1 - x^{k+1} + x^{k+1} - x^{k+2}}{1 - x} \\
&= \frac{1 - x^{k+2}}{1 - x}
\end{aligned}
$$

也就是说，当 $n = k + 1$ 时，公式仍然成立。证明完毕。 □

或者，我们也可以采用下面这种代数证明法。

证明方法 2：令

$$S = 1 + x + x^2 + x^3 + \cdots + x^n$$

两边同时乘以 x，就会得到：

$$xS = x + x^2 + x^3 + \cdots + x^n + x^{n+1}$$

用第一个等式减去第二个等式，可以消去很多项，得到：

$$S - xS = 1 - x^{n+1}$$

也就是说，$S(1-x) = 1 - x^{n+1}$，即 $S = \dfrac{1 - x^{n+1}}{1 - x}$。

请大家注意，当 $x = 1/2$ 时，有穷等比数列的和与我们前文中发现的规律一致：

$$1 + \frac{1}{2} + \frac{1}{4} + \frac{1}{8} \cdots + \frac{1}{2^n} = \frac{1 - \left(\dfrac{1}{2}\right)^{n+1}}{1 - \dfrac{1}{2}} = 2 - \frac{1}{2^n}$$

当 n 不断增大时，$(1/2)^n$ 将会趋近于 0。因此，当 $n \to \infty$ 时，就有：

$$1 + \frac{1}{2} + \frac{1}{4} + \frac{1}{8} + \frac{1}{16} + \cdots = \lim_{n \to \infty}\left(1 + \frac{1}{2} + \frac{1}{4} + \frac{1}{8} \cdots + \frac{1}{2^n}\right)$$

$$= \lim_{n \to \infty}\left(2 - \frac{1}{2^n}\right)$$

$$= 2$$

延伸阅读

跟大家讲一个只有数学界人士才会觉得有趣的笑话。一大群数学家走进一间酒吧。第一个人说："我要一杯啤酒。"第二个人说："我要半杯啤酒。"第三个人说："我要 1/4 杯啤酒。"第四个人说："我要 1/8 杯啤酒。"酒吧招待一边给他们递来两杯啤酒，一边大声说道："我知道你们的极限！"

一般地，对于任意一个 –1~1 之间的数字而言，如果不断增加它的幂，它就会越来越趋近 0。由此，我们便有了非常重要的（无穷）等比数列。

定理（等比数列）：对于 $-1 < x < 1$，有：

$$1 + x + x^2 + x^3 + x^4 + \cdots = \frac{1}{1-x}$$

令 $x = 1/2$，就可以用等比数列解决上面的最后一个问题：

$$1 + \frac{1}{2} + \frac{1}{4} + \frac{1}{8} + \frac{1}{16} + \cdots = \frac{1}{1-1/2} = 2$$

等比数列看上去是不是有些眼熟？这是因为在上一章的结尾部分，我们曾用微积分证明函数 $y = 1/(1-x)$ 等于泰勒级数 $1 + x + x^2 + x^3 + x^4 + \cdots$

利用等比数列，还可以得出什么结果？请大家思考下面这个求和问题：

$$\frac{1}{4} + \frac{1}{16} + \frac{1}{64} + \frac{1}{256} + \cdots$$

从各项中分别提取 1/4，上式就会变成：

$$\frac{1}{4}\left(1 + \frac{1}{4} + \frac{1}{16} + \frac{1}{64} + \cdots\right)$$

根据等比数列公式（令 $x = 1/4$），上式可以简化为：

$$\frac{1}{4}\left(\frac{1}{1-1/4}\right) = \frac{1}{4} \times \frac{4}{3} = \frac{1}{3}$$

这个级数有一个无须只言片语并且充满美感的证明方法（如下图所示）。注意，图中黑色方块正好占大方块面积的 1/3。

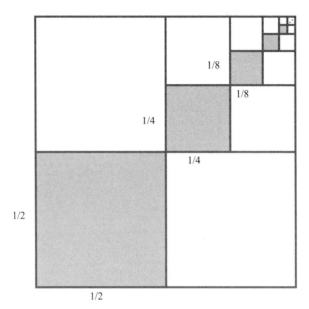

无须任何语言即可证明 1/4 + 1/16 +1/64 + 1/256 + ⋯= 1/3

我们甚至还可以用等比数列来解决 0.999 99⋯问题，这是因为无穷小数展开式其实就是伪装后的无穷级数。具体来说，我们可以用 $x = 1/10$ 的等比数列加以证明：

$$0.999\ 99\cdots = \frac{9}{10} + \frac{9}{100} + \frac{9}{1\ 000} + \frac{9}{10\ 000} + \cdots$$

$$= \frac{9}{10}\left(1 + \frac{1}{10} + \frac{1}{100} + \frac{1}{1\ 000} + \cdots\right)$$

$$= \frac{9}{10}\left(\frac{1}{1 - 1/10}\right)$$

$$= \frac{9}{10 - 1}$$

$$= 1$$

即使 x 为复数，只要它的模小于 1，等比数列公式同样成立。例如，虚数 $i/2$ 的模为 $1/2$，根据等比级数公式，我们可以得到：

$$1 + i/2 + (i/2)^2 + (i/2)^3 + (i/2)^4 + \cdots = \frac{1}{1 - i/2}$$

$$= \frac{2}{2 - i} = \frac{2}{2 - i} \times \frac{2 + i}{2 + i} = \frac{4 + 2i}{4 - i^2} = \frac{4 + 2i}{5} = \frac{4}{5} + \frac{2}{5}i$$

展现在复平面上的情况如下图所示。

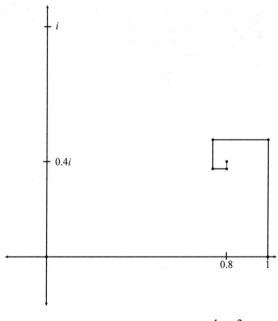

$$1 + i/2 + (i/2)^2 + (i/2)^3 + (i/2)^4 + \ldots = \frac{4}{5} + \frac{2}{5}i$$

有穷等比数列公式成立的条件是 $x \neq 1$，而（无穷）等比数列则要求 $|x| < 1$。例如，当 $x = 2$ 时，有穷等比数列的和为：

$$1 + 2 + 4 + 8 + 16 + \cdots + 2^n = \frac{1 - 2^{n+1}}{1 - 2} = 2^{n+1} - 1$$

但是，将 $x = 2$ 代入等比数列公式，却会得到：

$$1 + 2 + 4 + 8 + 16 + \cdots = \frac{1}{1-2} = -1$$

这个结果荒谬可笑。（不过，我们的眼睛有时也会欺骗我们。在本章的最后一节，我们就会发现这个结果其实有一个可以让我们接受的理由。）

延伸阅读

正整数有无穷多个：

1，2，3，4，5…

正偶数也有无穷多个：

2，4，6，8，10…

数学家说，正整数集与正偶数集的大小（或者叫作基数、无穷大阶数）是相同的，因为这两个集合可以形成一一对应的关系：

1　2　3　4　5　　…
↕　↕　↕　↕　↕　　…
2　4　6　8　10　…

可以与正整数集形成一一对应关系的集合叫作"可列集"，可列集的无穷大阶数最低。元素可以一一排序的集合都是可列集，因为在排列时，第一个元素对应 1，第二个元素对应 2，以此类推。

包含所有整数的集无法按照由小到大的顺序一一排列（哪个数字应该排在第一位？）：

···–3, –2, –1, 0, 1, 2, 3···

但是，这些数字可以下面这种方式排列：

0, 1, –1, 2, –2, 3, –3···

也就是说，整数集是可列集，它的大小与正整数集相同。

正有理数集呢？该集合的所有元素都是 m/n 形式的数字，其中 m 和 n 是正整数。也许你不相信，但正有理数集确实是可列集，因为它的元素可以按照下面这种方式排列：

$$\frac{1}{1}, \quad \frac{1}{2}, \frac{2}{1}, \quad \frac{1}{3}, \frac{2}{2}, \frac{3}{1}, \quad \frac{1}{4}, \frac{2}{3}, \frac{3}{2}, \frac{4}{1}\cdots$$

在排列时，我们按照分子、分母的和来确定各个元素的先后次序。由于这个排列方式可将所有有理数都涵盖在内，因此正有理数集也是可列集。

延伸阅读

是否存在不是可列集的无穷数字集呢？德国数学家格奥尔格·康托尔（Georg Cantor，1845~1918）证明，0~1 之间的所有实数构成的集合是不可列集。你也许想按照下列方式或者其他类似方式来列举这些实数：

0.1, 0.2,···, 0.9, 0.01, 0.02,···, 0.99, 0.001, 0.002,··· 0.999,···

但是，只有那些位数有限的数字才会被列举出来，而像 1/3 = 0.333···这样的数字永远也不会出现。是不是可以想出更有创意的办法，列举出所有实数呢？康托尔通过以下方法证明这是不可能做到的。他先假设实数可以一一排列，然后他给出了一个具体的例子，比如这个排列的前几个元素是：

$$0.314\ 159\ 265\cdots$$
$$0.271\ 828\ 459\cdots$$
$$0.618\ 033\ 988\cdots$$
$$0.123\ 581\ 321\cdots$$
$$\cdots$$

我们可以找出一个不属于这个排列的实数，从而证明这个排列是不完整的。具体来说，这个实数就是 $0.r_1r_2r_3r_4\cdots$，其中 r_1 是 0~9 的整数且不同于该排列的第一个数字的第一位数（在本例中，$r_1 \neq 3$），r_2 则不同于该排列的第二个数字的第二位数（在本例中，$r_2 \neq 7$），以此类推。比如，这个数字可以是 0.267 4…。这样的数字是不可能出现在上述排列中的，这个数字与排列中的第 100 万个数字有什么不同？答案是它们的第 100 万位数字不相同。因此，无论你想出什么样的排列方法，都必然会遗漏某些数字，从而证明实数是不可列集。这个证明方法被称为"康托尔对角线证明法"，不过我宁愿称之为"康托尔举例证明法"。（抱歉。）

从本质上讲，我们已经证明无理数远比有理数多，尽管有理数也有无穷多个。你在实数线上随机选择一个实数，几乎可以肯定这个数字是无理数。

概率问题中经常出现无穷级数。假设你投掷两枚 6 面色子。如果投掷的结果不是 6 点，也不是 7 点，就需要继续投掷。如果先掷出 6 点，你就赢了，否则你就输了。你在游戏中获胜的概率是多少？每次投掷都有 6×6 个概率相同的可能结果。当然，其中有 5 个可能的结果是 6[即(1, 5)、(2, 4)、(3, 3)、(4, 2)和(5, 1)], 有 6 个可能的结果是 7[即(1, 6)、(2, 5)、(3, 4)、(4, 3)、(5, 2)和(6, 1)]。如此看来, 你获胜的概率不到 50%。直觉告诉我们, 在 36 个可能的结果中, 只有 5 + 6 = 11 个有效结果, 如果出现其他结果, 就都需要重新投掷。而在这 11 个结果中, 有 5 个意味着你赢了, 有 6 个意味着你输了。因此, 你获胜的概率似乎是 5/11。

利用等比数列, 我们可以证明你获胜的概率的确是 5/11。第一次投掷时, 你获胜的概率是 5/36。第二次投掷呢?要在第二次投掷时获胜, 第一次投掷时就不能出现 6 或 7, 而且第二次必须掷出 6 点。第一次投掷时出现 6 或 7 的概率是 5/36 + 6/36 = 11/36, 也就是说, 既不是 6 又不是 7 的概率是 25/36。第二次投掷获胜的概率是 25/36 与 5/36 (独立投掷情况下出现 6 的概率) 的乘积, 也就是 (25/36) × (5/36)。要在第三次投掷时获胜, 前两次投掷就不能掷出 6 或 7, 而且第三次必须掷出 6。因此, 第三次投掷获胜的概率为 (25/36) × (25/36) × (5/36)。第四次投掷获胜的概率是 $(25/36)^3 \times (5/36)$, 以此类推。把所有这些概率加到一起, 就是你获胜的概率:

$$\frac{5}{36} + \left(\frac{25}{36}\right)\left(\frac{5}{36}\right) + \left(\frac{25}{36}\right)^2\left(\frac{5}{36}\right) + \left(\frac{25}{36}\right)^3\left(\frac{5}{36}\right) + \cdots$$

$$= \frac{5}{36}\left[1 + \frac{25}{36} + \left(\frac{25}{36}\right)^2 + \left(\frac{25}{36}\right)^3 + \cdots\right]$$

$$= \frac{5}{36}\left(\frac{1}{1 - \frac{25}{36}}\right)$$

$$= \frac{5}{36 - 25}$$

$$= \frac{5}{11}$$

证明完毕。 □

调和级数奏出的优美乐曲

如果无穷级数的和是一个（有限）数，我们就说它收敛（converge）于该数。如果某个无穷级数不收敛，我们就说它是一个发散（diverge）级数。在一个收敛的无穷级数中，所有数字必须趋近 0。例如，无穷级数 $1 + 1/2 + 1/4 + 1/8 + \cdots$ 收敛于 2。请大家注意观察，该级数的各个项，即 1、1/2、1/4、1/8 等越来越接近 0。

但是，这句话反过来说却不成立。即使各项都趋近 0，级数本身仍然有可能是发散的。这方面的一个重要实例就是"调和级数"（harmonic series）。调和级数之所以得此名称，是因为古希腊人发现，如果琴弦长度与 1、1/2、1/3、1/4、1/5… 成比例关系，就可以弹奏出悦耳动听的音乐。

定理：对于调和级数，有：

$$1 + \frac{1}{2} + \frac{1}{3} + \frac{1}{4} + \frac{1}{5} + \cdots = \infty$$

证明：要证明调和级数的和为无穷大，就需要证明它的和可以是任意大的数字。我们先根据分母，将各项分到不同的组中。可以看出，调和级数的前 9 项都大于 1/10，因此：

$$1 + \frac{1}{2} + \frac{1}{3} + \frac{1}{4} + \frac{1}{5} + \frac{1}{6} + \frac{1}{7} + \frac{1}{8} + \frac{1}{9} > \frac{9}{10}$$

接下来的 90 项都大于 1/100，因此：

$$\frac{1}{10} + \frac{1}{11} + \frac{1}{12} + \cdots + \frac{1}{99} > 90 \times \frac{1}{100} = \frac{9}{10}$$

同理，再接下来的 900 项都大于 1/1 000，因此：

$$\frac{1}{100} + \frac{1}{101} + \frac{1}{102} + \cdots + \frac{1}{999} > \frac{900}{1\,000} = \frac{9}{10}$$

之后还有：

$$\frac{1}{1\,000} + \frac{1}{1\,001} + \frac{1}{1\,002} + \cdots + \frac{1}{9\,999} > \frac{9\,000}{10\,000} = \frac{9}{10}$$

以此类推，所有数字的和至少为：

$$\frac{9}{10} + \frac{9}{10} + \frac{9}{10} + \frac{9}{10} + \cdots$$

而且，这个和可以无限增加。证明完毕。 ☺

延伸阅读

跟大家分享一个有趣的现象：

$$1 + \frac{1}{2} + \frac{1}{3} + \cdots \frac{1}{n} \approx \gamma + \ln n$$

其中 γ（即欧拉–马歇罗尼常数，读作 "gama"）为 0.577 215 564 9…，$\ln n$ 是 n 的自然对数（参见本书第 10 章）。（至于 γ 是不是有理数，目前还不知道。）随着 n 不断增大，上式左右两边的值的近似程度越来越高。下面是和的确切值与近似值的对比表。

n	$1 + \frac{1}{2} + \frac{1}{3} + \cdots \frac{1}{n}$	$\gamma + \ln n$	误差
10	2.928 97	2.879 80	0.049 17
100	5.187 38	5.182 39	0.004 99
1 000	7.485 47	7.484 97	0.000 50
10 000	9.787 61	9.787 56	0.000 05

下面这个现象同样有趣。如果我们仅考虑分母为质数的项，那么对于较大的质数 p，有：

$$\frac{1}{2} + \frac{1}{3} + \frac{1}{5} + \frac{1}{7} + \frac{1}{11} + \frac{1}{13} + \cdots \frac{1}{p} \approx M + \ln \ln p$$

其中 $M = 0.261\,497\,2\cdots$，被称为"梅尔滕斯常数"。随着 p 不断增大，等式两边值的近似程度也会越来越高。

根据上式，我们可以得出：

$$\frac{1}{2} + \frac{1}{3} + \frac{1}{5} + \frac{1}{7} + \frac{1}{11} + \frac{1}{13} + \cdots = \infty$$

但是，这个级数趋于无穷大的速度非常慢，这是因为 p 的对数的对数值比较小，尽管 p 本身非常大。比如，以小于古戈尔（googol，即 10^{100}）的质数为分母的所有数字的和小于 6。

接下来，我们对调和级数稍加改动，看看会有什么现象发生。我们从调和级数中删掉一些项，只要这些项的个数是一个有限数，该级数就仍然是发散级数。例如，我们删掉前 100 万项（即 $1 + \frac{1}{2} + \cdots + \frac{1}{10^6}$，这些项的和略大于 14），那么剩余各项之和仍然无穷大。

增大调和级数的各个项，它们的和也是发散的。例如，对于 $n > 1$，有 $\frac{1}{\sqrt{n}} > \frac{1}{n}$，因此：

$$1 + \frac{1}{\sqrt{2}} + \frac{1}{\sqrt{3}} + \frac{1}{\sqrt{4}} + \cdots = \infty$$

但是，即使让各项变小，和也不一定会收敛。例如，让调和级数的所有项都除以 100，它仍然是一个发散级数，因为：

$$\frac{1}{100} + \frac{1}{200} + \frac{1}{300} + \cdots = \frac{1}{100}(1 + 1/2 + 1/3 + 1/4 + \cdots) = \infty$$

不过，把各项变小，也有可能得到一个收敛级数。例如，让所有项进行平方运算，它们的和就会收敛。根据欧拉的证明：

$$1 + \frac{1}{2^2} + \frac{1}{3^2} + \frac{1}{4^2} + \cdots = \frac{\pi^2}{6}$$

事实上，我们利用积分就可以证明对于任意的 $p > 1$，$1 + \frac{1}{2^p} + \frac{1}{3^p} + \frac{1}{4^p} + \cdots$ 都会收敛于某个小于 $\frac{p}{p-1}$ 的数。例如，如果 $p = 1.01$，那么下式的各项都会略微小于调和级数的各项。但是，即便如此，它也是一个收敛级数。

$$1 + \frac{1}{2^{1.01}} + \frac{1}{3^{1.01}} + \frac{1}{4^{1.01}} + \cdots < 101$$

假设我们从调和级数中删掉所有包含 9 的项，会有什么结果呢？可以证明，在这种情况下，这个级数的和不是无穷大（它肯定收敛于某个数字）。在证明时，我们根据分母的长度把不含有 9 的项分别相加。例如，我们先计算分母只有一位数的 8 个分数（$\frac{1}{1}, \frac{1}{2}, \frac{1}{3}, \cdots, \frac{1}{8}$）之和。分母是两位数且不包含 9 的项一共有 $8 \times 9 = 72$ 个，这是因为第一位数有 8 种选择（不能是 0 或 9），第二位数有 9 种选择。同理，分母是三位数且不包含 9 的项有 $8 \times 9 \times 9$ 个。一般地，分母是 n 位数且不包含 9 的项有 $8 \times 9^{n-1}$ 个。注意，分母是一位数的最大分数是 1，分母是两位数的最大分数是 $\frac{1}{10}$，分母是三位数的最大分数是 $\frac{1}{100}$。因此，我们可以将这个无穷级数按照以下方式分成几组：

$$1 + \frac{1}{2} + \frac{1}{3} + \frac{1}{4} + \frac{1}{5} + \frac{1}{6} + \frac{1}{7} + \frac{1}{8} < 8$$

$$\frac{1}{10} + \frac{1}{11} + \frac{1}{12} + \cdots + \frac{1}{88} < (8 \times 9) \times \frac{1}{10} = 8 \left(\frac{9}{10} \right)$$

$$\frac{1}{100} + \frac{1}{101} + \frac{1}{102} + \cdots + \frac{1}{888} < (8 \times 9^2) \times \frac{1}{100} = 8 \left(\frac{9}{10} \right)^2$$

以此类推，根据等比数列公式，所有数字的和最多为：

$$8 \left[1 + \frac{9}{10} + \left(\frac{9}{10} \right)^2 + \left(\frac{9}{10} \right)^3 + \cdots \right] = \frac{8}{1 - \frac{9}{10}} = 80$$

也就是说，各项中不包含 9 的无穷级数收敛于某个小于 80 的数字。□

在理解这个无穷级数的收敛性时，我们可以考虑一个事实：几乎所有大数都包含 9。的确，如果大家随意写下一个数字，它的每个数位上的数字都可以从 0 到 9 中随机选择，那么这个数字的前 n 位数中不包含 9 的概率是 $(9/10)^n$。随着 n 不断增大，这个概率将趋近 0。

延伸阅读

如果我们把 π 和 e 的值视为随机排列的数字串，那么你最喜欢的整数几乎肯定会出现在其中。例如，我最喜欢的四位数 2 520 就出现在 π 的第 1845~1848 位上。斐波那契数列的前 6 个数字（1，1，2，3，5，8）与从 π 的第 820390 位开始的 6 个数字一致。这 6 个数字出现在 π 的前 100 万位中并不令人吃惊，一方面，因为在随机生成的数字中，有 6 个连续数位上的数字与你给出的六位数相同的概率是百万分之一。因此，在 π 的前 100 万位数中找到与斐波那契数列的前 6 项相同的数字的可能性本来就存在。另一方面，999 999 在 π 中出现得非常早（开始于第763位），真的十分令人吃惊。物理学家理查德·费曼说过，在背诵圆周率的过程中，如果你只背到第767位，人们说不定会以为 π 是有理数呢，因为他们最后听到的是"999999…"。

借助网站或者某些应用程序，就可以在 π 和 e 中找出我们喜欢的数字串。我就用过某个类似程序，结果发现在 π 的前3 000位数中，最后5位数是31961。这个数字对于我来说十分特别，因为1961年3月19日是我的出生日期！

不可思议的无穷和

回顾一下到目前为止我们接触到的无穷和。

在本章开头，我们讨论了：

$$1 + \frac{1}{2} + \frac{1}{4} + \frac{1}{8} + \frac{1}{16} + \cdots = 2$$

我们发现，这是等比数列的一个特例。等比数列公式指出，对于任意 x，只要 $-1 < x < 1$，就有

$$1 + x + x^2 + x^3 + x^4 + \cdots = \frac{1}{1-x}$$

注意，当 x 为0到 -1 之间的负数时，等比数列公式同样有效。例如，如果 $x = -1/2$，则：

$$1 - \frac{1}{2} + \frac{1}{4} - \frac{1}{8} + \frac{1}{16} - \cdots = \frac{1}{1-(-1/2)} = \frac{2}{3}$$

各项交替为正负数且趋于0的级数叫作"交错级数"，交错级数一定会收敛于某个数。在理解上面这个交错级数时，我们可以画一条

实数线，并把手指放在数字 0 的位置上。然后，把手指向右移动 1 个单位，再向左移动 1/2 个单位，再向右移动 1/4 个单位（这时候，你的手指应该在 3/4 的位置上），再向左移动 1/8 个单位（此时，你的手指该在 5/8 的位置上）。以此类推，你的手指将在某个数字附近来回移动（在本例中，这个数字是 2/3）。

现在，请大家观察下面这个交错级数：

$$1 - \frac{1}{2} + \frac{1}{3} - \frac{1}{4} + \frac{1}{5} - \frac{1}{6} + \cdots$$

看完前 4 项之后，我们知道这个无穷级数的和至少是 1–1/2 + 1/3 – 1/4 = 7/12 = 0.583…；看完前 5 项之后，我们知道这个无穷级数的和至多是 1–1/2 + 1/3 – 1/4 + 1/5 = 47/60 = 0.783…。这个级数的和是 0.693 147…，在上述两个数字中间偏右的位置。利用微积分，我们可以算出这个和的确切值。

我们先上一道"开胃小菜"。请大家写出等比数列：

$$1 + x + x^2 + x^3 + x^4 + \cdots = \frac{1}{1-x}$$

想一想，如果两边同时求导，会出现什么情况？本书第 11 章告诉我们：1，x，x^2，x^3，x^4…的导数分别是 0，1，$2x$，$3x^2$，$4x^3$…。因此，如果我们假设无穷级数和的导数就是导数的和，那么利用链式法则对 $(1-x)^{-1}$ 求导，我们可以得出：对于 –1 < x < 1，有：

$$1 + 2x + 3x^2 + 4x^3 + 5x^4 + \cdots = \frac{1}{(1-x)^2}$$

我们把等比数列中的 x 替换成 $-x$，就会发现：对于 –1 < x < 1，有：

$$1 - x + x^2 - x^3 + x^4 - \cdots = \frac{1}{1+x}$$

现在，求等式两边的反导数（微积分学称之为"不定积分"）。不定积分是求导的逆运算，例如，x^2 的导数是 $2x$，反过来，$2x$ 的不定积分是 x^2。[$x^2 + 5$，$x^2 + \pi$ 或 $x^2 + c$（c 为任意数）的导数同样是 $2x$，所以 $2x$ 的不定积分其实是 $x^2 + c$。]1，x，x^2，x^3，$x^4 \cdots$ 的不定积分分别是 x，$x^2/2$，$x^3/3$，$x^4/4$，$x^5/5 \cdots$；$1/(1 + x)$ 的不定积分是 $1 + x$ 的自然对数。也就是说，对于 $-1 < x < 1$，有：

$$x - \frac{x^2}{2} + \frac{x^3}{3} - \frac{x^4}{4} + \frac{x^5}{5} - \cdots = \ln(1 + x)$$

等式左边的常数项为 0，这是因为当 $x = 0$ 时，我们希望右边的值为 $\ln 1 = 0$。当 x 逐渐接近 1 时，我们就会发现 $0.693\ 147\cdots$ 的自然含义，即：

$$1 - \frac{1}{2} + \frac{1}{3} - \frac{1}{4} + \frac{1}{5} - \frac{1}{6} + \cdots = \ln 2$$

延伸阅读

如果我们将等比数列中的 x 替换成 $-x^2$，当 x 在 $-1 \sim 1$ 之间时，就有：

$$1 - x^2 + x^4 - x^6 + x^8 - \cdots = \frac{1}{1 + x^2}$$

大多数微积分教科书都会证明 $y = \arctan x$ 的导数为 $y' = \dfrac{1}{1 + x^2}$。对等式两边同时求不定积分（注意，$\arctan 0 = 0$），就会得到：

$$x - \frac{x^3}{3} + \frac{x^5}{5} - \frac{x^7}{7} + \frac{x^9}{9} - \cdots = \arctan x$$

令 x 趋近 0，就会得到：

$$1 - \frac{1}{3} + \frac{1}{5} - \frac{1}{7} + \frac{1}{9} - \frac{1}{11} + \cdots = \arctan 1 = \frac{\pi}{4}$$

在研究了等比数列的应用之后，我们接下来讨论等比数列在应用过程中容易出现的错误。等比数列的定义指出，对于任意 x，只要 $-1 < x < 1$，就有：

$$1 + x + x^2 + x^3 + x^4 + \cdots = \frac{1}{1-x}$$

我们来看当 $x = -1$ 时会出现什么结果。根据等比数列公式，有：

$$1 - 1 + 1 - 1 + 1 - \cdots = \frac{1}{1-(-1)} = \frac{1}{2}$$

这个答案不可能是正确的。因为我们加、减的都是整数，所以最后结果不可能是像 1/2 这样的分数。即使这个级数收敛于某个数字，也不会是 1/2。不过，这个答案并不是完全没有道理。观察该级数的部分和，就会发现：

$$1 = 1$$
$$1 - 1 = 0$$
$$1 - 1 + 1 = 1$$
$$1 - 1 + 1 - 1 = 0$$

以此类推，由于部分和中有一半是 1，还有一半是 0，因此 1/2 这个答案似乎不无道理。

如果 x 取不符合条件要求的值，比如 $x = 2$，根据等比数列，就会得出：

$$1 + 2 + 4 + 8 + 16 + \cdots = \frac{1}{1-2} = -1$$

这个答案似乎比 1/2 更荒谬。多个正数的和怎么可能是负数呢？不过，这个答案也许同样可以找到一个合理的解释。比如，我们在本书第 3 章见过，在类似于 $10 \equiv -1 \pmod{11}$ 的关系中，$10^k \equiv (-1)^k \pmod{}$

11)这个等式是成立的。也就是说，正数也可以表现出负数的特性。

让我们打破常规，以一种创造性思维去理解 $1+2+4+8+16+\cdots$ 的意义。我们在本书第 4 章讨论过，每一个正整数都可以表示成 2 的幂次方之和的唯一形式，这是计算机采用的二进制的基础。每个整数都是有限个 2 的幂次方之和。比如，$106=2+8+32+64$ 中包含 4 个 2 的幂次方。现在，我们假设无穷大的整数也可以表示成这种形式，其中 2 的幂次方的个数可以根据需要，想用多少个就用多少个。那么，无穷大的整数就会具有以下这种典型的表现形式：

$$1+2+8+16+64+256+2\,048+\cdots$$

其中，2 的幂次方连续不断地出现。我们不清楚这些数字有什么含义，但我们可以建立高度一致的运算规则。比如，只要我们确定一种自然的进位方式，就可以对这些数字进行加法运算。比如，在上面这个无穷级数的基础上加上 106 的 2 的幂次方表达式，就会得到：

$$
\begin{array}{l}
1+2\quad\ +8+16\quad\ +64\quad\ +256+\cdots\\
\underline{\ +2\quad\ +8\quad\ +32+64}\\
1\qquad\ \ +4\qquad\qquad\ +64+128+256+\cdots
\end{array}
$$

其中，$2+2$ 得 4；接下来，$8+8$ 得 16，它与后面的 16 相加得 32，32 又与后面一个 32 相加得 64；两个 64 相加得 128，而从 256 往后的所有项都保持不变。现在，我们给"最大"的无穷大整数加上 1：

$$
\begin{array}{l}
1+2+4+8+16+32+64+128+256+\cdots\\
\underline{+1}
\end{array}
$$

在这种情况下会发生一连串的如上所述的加法运算，而横线下面看不到一个 2 的幂次方。也就是说，和可以视为 0。既然 $(1+2+4+8+16+\cdots)+1=0$，那么在等式两边同时减去 1，就会发现这个无穷级数

的和似乎真的等于 –1。

下面这个匪夷所思的无穷级数求和是我的最爱：

$$1 + 2 + 3 + 4 + 5 + \cdots = \frac{-1}{12}$$

在证明有穷等比数列和的时候，我们在第二种证法里使用了代数的移项法。现在，我们用同样的方法来"证明"上式。这种方法适用于有穷级数求和，如果应用于无穷级数求和，就可能导致荒谬的结果。我们先用代数的移项法来解释前文中的一个恒等式。我们按下列方式把这个等式写两遍，但在写第二遍时每项向后移动一个位置：

$$S = 1 - 1 + 1 - 1 + 1 - 1 + \cdots$$
$$S = \quad\ 1 - 1 + 1 - 1 + 1 - \cdots$$

将两个等式相加，可以得到：

$$2S = 1$$

因此，$S = 1/2$。这跟我们在前文中令 $x = -1$ 时根据等比数列公式得到的结果一致。

延伸阅读

利用代数移项法，我们可以轻而易举地证明等比数列公式，不过证明过程不太严谨。

$$S = 1 + x + x^2 + x^3 + x^4 + x^5 + \cdots$$
$$xS = \quad\ x + x^2 + x^3 + x^4 + x^5 + \cdots$$

两式相减，就会得到：

$$S(1 - x) = 1$$
$$S = \frac{1}{1 - x}$$

如果把我们最渴望知道答案的无穷级数求和问题变成一个正负项交错排列的形式，就会得出一个非常有趣的答案：

$$1 - 2 + 3 - 4 + 5 - 6 + 7 - 8 + \cdots = \frac{1}{4}$$

下面，我们用移项法来证明这个结论。先把等式写两遍：

$$T = 1 - 2 + 3 - 4 + 5 - 6 + 7 - 8 + \cdots$$
$$T = \quad\ 1 - 2 + 3 - 4 + 5 - 6 + 7 - \cdots$$

两式相加，就会得到：

$$2T = 1 - 1 + 1 - 1 + 1 - 1 + 1 - 1 + \cdots$$

也就是说，$2T = S = 1/2$。所以，$T = 1/4$。证明完毕。

最后，我们再做一个实验。把所有正整数的和记作 U，然后在它的下面列出 T 的算式（不用移位）。

$$U = 1 + 2 + 3 + 4 + 5 + 6 + 7 + 8 + \cdots$$
$$T = 1 - 2 + 3 - 4 + 5 - 6 + 7 - 8 + \cdots$$

用第一个等式减去第二个等式，就会得到：

$$U - T = 4 + 8 + 12 + 16 + \cdots = 4\,(1 + 2 + 3 + 4 + \cdots)$$

也就是说：

$$U - T = 4U$$

求 U 的值，因为 $3U = -T = -1/4$ 所以：

$$U = -1/12$$

证明完毕。

必须指出，无穷多个正整数的和必然趋向无穷大。但是，不要简单地把上面这些有穷数答案全部视为噱头，因为在某些情况下，它们其实是有道理的。在理解数字时，如果我们拓展思路，就会发现 1 + 2 + 4 + 8 + 16 + ⋯ = –1 并非毫无道理。回想一下，如果我们对数的理解仅限于实数线，就不可能找到二次幂等于 –1 的数字。但是，如果我们把复数看作复平面上的"居民"，而且为它们建立一套严格统一的运算法则，就可以找到二次幂等于–1 的数字了。事实上，研究弦理论的理论物理学家在计算时就会用到 1 + 2 + 3 + 4 + ⋯ = –1/12 这个结果。如果遇到某些看似荒谬的计算结果，例如上面给出的这些无穷级数的和，大家尽可以一笑置之，但是，如果我们充分发挥自己的想象力，思考各种可能性，说不定这个世界就会多出一个严谨统一、充满美感的数字系统。

　　在结束本书的写作之前，我再向大家介绍一个看上去荒诞不经的计算结果。在本节开头，我告诉大家下面这个交错级数收敛于 ln 2 = 0.693 147⋯。

$$1 - \frac{1}{2} + \frac{1}{3} - \frac{1}{4} + \frac{1}{5} - \frac{1}{6} + \cdots$$

　　改变这些数字的先后次序，它的和应该不会发生变化，因为根据加法交换律，对于任意数字 A 和数字 B，都有：

$$A + B = B + A$$

　　但是，如果把这些数字按照下面这种次序重新排列，会出现什么结果呢？

$$1 - \frac{1}{2} - \frac{1}{4} + \frac{1}{3} - \frac{1}{6} - \frac{1}{8} + \frac{1}{5} - \frac{1}{10} - \frac{1}{12} + \cdots$$

　　注意，加在一起的还是那些数字，因为所有分母为奇数的数字都带有正号，所有分母为偶数的数字都带有负号。尽管算式中偶数的出现频率是奇数的两倍，但无论奇数还是偶数都用之不竭，而且原算式中的所有项在新算式中都只出现一次。大家对此没有异议吧？那么，请大家算出这个和：

$$1 - \frac{1}{2} - \frac{1}{4} + \frac{1}{3} - \frac{1}{6} - \frac{1}{8} + \frac{1}{5} - \frac{1}{10} - \frac{1}{12} + \cdots$$

$$= \left(1 - \frac{1}{2}\right) - \frac{1}{4} + \left(\frac{1}{3} - \frac{1}{6}\right) - \frac{1}{8} + \left(\frac{1}{5} - \frac{1}{10}\right) - \frac{1}{12} + \cdots$$

$$= \quad \frac{1}{2} - \frac{1}{4} + \frac{1}{6} \quad - \frac{1}{8} + \frac{1}{10} \quad - \frac{1}{12} + \cdots$$

$$= \frac{1}{2}\left(\quad 1 - \frac{1}{2} + \frac{1}{3} \quad - \frac{1}{4} + \frac{1}{5} \quad - \frac{1}{6} \cdots \right)$$

结果我们发现它竟然是原无穷和的一半！怎么会出现这种情况呢？把各项数字重新排列，计算结果竟然变得不一样了。之所以出现这个令人惊讶的结果，是因为在无穷多个数字相加时不可以使用加法交换律。

如果收敛级数中的正数项和负数项分别构成发散级数（也就是说，正数项的和为∞，负数项的和为 –∞），就会出现这样的问题。我们给出的最后一个例子就是这种情况。这样的级数被称为"条件收敛级数"。令人吃惊的是，对条件收敛级数重新排序，可以得出我们想要得到的任意结果。比如，如何排列上面这个级数，让它最后的得数为 42 呢？首先，让正数项相加，使它们的和刚好超过 42，然后减去第一个负数项。再加上一个正数项，使和再次超过 42，然后减去第二个负数项。重复上述步骤，最终的和就会越来越接近 42。（比如，减去第 5 个负数项 –1/10 之后的计算结果，与 42 的差会始终保持在 0.1 以下。减去第 50 个负数项 –1/100 后的计算结果与 42 的差会始终保持在 0.01 以下，以此类推。）

我们在实践中遇到的无穷级数大多不会表现出这种奇怪的特性。如果某个无穷级数的所有项在取绝对值（将负数项全部变成正数项）之后具有收敛性，我们就称这是一个"绝对收敛级数"。例如，我们在前文中见过的交错级数：

$$1 - \frac{1}{2} + \frac{1}{4} - \frac{1}{8} + \frac{1}{16} - \cdots = \frac{2}{3}$$

它就是一个绝对收敛级数，因为各项的绝对值相加可以得到一个我们非常熟悉的收敛级数：

$$1 + \frac{1}{2} + \frac{1}{4} + \frac{1}{8} + \frac{1}{16} + \cdots = 2$$

绝对收敛级数虽然有无穷多项，但它们可以应用加法交换律。因此，在上面那个交错级数中，无论我们如何打乱 1、–1/2、1/4、–1/8 等项的先后次序，它们的和一定收敛于 2/3。

无穷级数可以无休止地写下去，但是写作总有结束的一天，我也必须遵从这个规律。现在，我似乎应该跟大家说再见了，但是，我仍然希望把握最后的机会，继续带领大家遨游数学的魔法王国。

一玩就停不下来的幻方游戏！

为了感谢大家的一路相伴，在本书即将结束之际，我请大家再感受一次数学的神奇。这次体验与无穷大无关，但同样神奇，它就是"幻方"（magic square）。幻方是由数字组成的方形表格，每行、每列和对角线上的数字之和都相等。下图是众所周知的 3×3 幻方，其中每行、每列和每条对角线上的数字之和都等于 15。

4	9	2
3	5	7
8	1	6

幻和值为 15 的 3×3 幻方

幻方还有一个不为人所知的特性,我称为"平方回文特性"。首先,把各行与各列的三个数字分别看成三位数,然后求它们的平方和,就会发现:

$$492^2 + 357^2 + 816^2 = 294^2 + 753^2 + 618^2$$
$$438^2 + 951^2 + 276^2 = 834^2 + 159^2 + 672^2$$

某些"泛"对角线也有类似现象,例如:

$$456^2 + 312^2 + 897^2 = 654^2 + 213^2 + 798^2$$

这真是太神奇了!

最简单的 4×4 幻方(如下图所示)使用的是 1~16 的数字,所有行、列及对角线的幻和值都是 34。数学家和魔术师都喜欢 4×4 幻方,因为他们可以通过几十种方法算出幻和值。比如,在下图这个幻方中,所有行、列和对角线的和都是 34。同时,幻方中所有的 2×2 正方形[包括左上角的 1/4 区域(8,11,13,2)、中间四格、幻方的四个角,等等]中的 4 个数字的和也是 34。此外,就连泛对角线以及幻方内所有 3×3 正方形的顶点之和也是 34。

8	11	14	1
13	2	7	12
3	16	9	6
10	5	4	15

幻和值为 34 的幻方。不仅各行、各列、各条对角线的数字之和为 34,几乎所有的 2×2 正方形中的数字之和也都等于 34

你是不是对某个大于 20 的两位数情有独钟?你可以用这个数字 T 作为幻和值,轻而易举地设计一个幻方。选择 1~12 的数字,再加上

$T - 18$、$T - 19$、$T - 20$ 和 $T - 21$ 这 4 个数字，按下图所示方式填入各个方格，就搞定了。

8	11	$T - 20$	1
$T - 21$	2	7	12
3	$T-18$	9	6
10	5	4	$T - 19$

幻和值为 T 的幻方速成法

以幻和值 $T = 55$ 的幻方为例（如下图所示）。上例中和为 34 的所有四数集合，只要这 4 个数字中正好包含一个（而不能是两个或 0 个）含有变量 T 的方格，它们的和就一定是 55。因此，右上角的正方形符合条件（35 + 1 + 7 + 12 = 55），而中间偏左的正方形则不符合条件（34 + 2 + 3 + 37 ≠ 55）。

8	11	35	1
34	2	7	12
3	37	9	6
10	5	4	36

幻和值为 55 的幻方

并不是所有人都喜欢某个两位数，但是所有人都会记住自己的生日，而且我发现很多人喜欢用生日数字作为幻和值，设计出个性化的幻方。下面，我向大家介绍一种"双生日"幻方设计法，让自己的生日出现两次，分别位于第一行和 4 个角。假设你的生日是由 A、B、C、D 这 4 个数字构成的，我们可以按照下述方式设计这个幻方。请大家注意观察，幻方的各行、各列、各条对角线和几乎所有的 2×2 正方形中的数字之和，都是幻和值 $A + B + C + D$。

A	B	C	D
$C-1$	$D+1$	$A-1$	$B+1$
$D+1$	$C+1$	$B-1$	$A-1$
B	$A-2$	$D+2$	C

双生日幻方。日期 A、B、C、D 位于在第一行以及 4 个角

我的母亲是 1936 年 11 月 18 日出生的，用这些数字可以设计出下面这个幻方：

11	18	3	6
2	7	10	19
7	4	17	10
18	9	8	3

用我母亲的出生日期设计的幻方，幻和值为 38

现在，请大家用自己的出生日期设计一个幻方吧。按照上面的介绍，实现的方法应该超过 36 种，试试看你能找出多少种吧。

4×4 幻方的组合方式最多，不过，运用特定的方法，人们可以设计出更高阶的幻方。例如，下面是一个 10×10 幻方，使用了 1~100 的所有数字。

92	99	1	8	15	67	74	51	58	40
98	80	7	14	16	73	55	57	64	41
79	6	88	20	22	54	56	63	70	47
85	87	19	21	3	60	62	69	71	28
86	93	25	2	9	61	68	75	52	34
17	24	76	83	90	42	49	26	33	65
23	5	82	89	91	48	30	32	39	66
4	81	13	95	97	29	31	38	45	72
10	12	94	96	78	35	37	44	46	53
11	18	100	77	84	36	43	50	27	59

包含 1~100 的所有数字的 10 × 10 幻方

如果不进行计算，你能说出这个幻方的各行、各列和各条对角线的数字之和是多少吗？当然可以！我们早就证明了 1~100 的数字之和为 5 050，那么幻方的各行之和必然是 5 050 的 1/10。因此，这个幻方的幻和值肯定是 5 050/10 = 505。本书从讨论 1~100 的数字求和问题开始，现在又以同样的问题结束，似乎是一个不错的选择。恭喜你已经读完了这本书，对此我深表感谢。本书探讨了数学领域的大量内容、观点和解决问题的方法。当你再一次通读本书或者阅读涉及数学思维的其他著作时，如果你觉得我介绍的知识对你有帮助、值得研究，或者让你感受到了数学的神奇和美丽，我将深感欣慰。

后　记

我希望大家读完本书之后，会对数学方面的书籍产生兴趣，因为这类好书真的很多。实际上，有很多非常有趣的数学知识，包括本书中的许多内容，都是我在课堂以外的地方学到的。

本书是我的视频课程"数学的乐趣"（*The Joy of Mathematics*）的衍生品。该课程由"精品课程"（The Great Courses）出品，共 24 节，每节 30 分钟。除了本书介绍的所有内容，还包括"概率的乐趣"、"数学游戏与魔术"等。"精品课程"有 30 多种数学课（包括音频、视频，还提供下载服务），涉及面非常广，包括代数学、几何学、微积分、数学史等内容。他们精挑细选，邀请全美最优秀的教师来讲授这些课程。除了"数学的乐趣"以外，我还帮助他们录制了"离散数学"、"心算的秘密"、"游戏与智力测试中的数学"三门课程。

如果大家想阅读心算方面的书，可以考虑我与迈克尔·舍默（Michael Shermer）合著的《心算的秘密》。这本书详细介绍了各种心算技巧，可以帮大家快速、准确地完成计算。只要你掌握了 10 以内的乘法表，就可以理解这本书中介绍的所有心算技巧。

针对更高水平的读者，我编写了另外三本数学书。美国数学协会（MAA）出版了我与詹妮弗·奎恩（Jennifer J.Quinn）合著的《真正有用的证明方法：组合性证明的艺术》，以及我与埃兹·布朗（Ezra

Brown）合编的《数论点心》。最近出版的《引人入胜的图论世界》一书是我与加里·查特兰德（Gary Chartrand）、张平（音）合作完成的，由普林斯顿大学出版社出版。

诚挚感谢马丁·伽德纳（Martin Gardner），这位有史以来最伟大的数学家出版了 200 多部著作，其中大多都是趣味数学。他的作品（以及他在《科学美国人》杂志上的"数学游戏"专栏文章）影响了一代又一代人，激发了他们学习数学的热情和兴趣。此外，亚历克斯·贝洛（Alex Bellos）、伊瓦斯·彼得森（Ivars Peterson）和伊恩·斯图尔特（Ian Stewart）也继承了伽德纳的衣钵，他们的所有著作都值得一读。在这种风格的作品中，史蒂夫·斯托加茨（Steven Strogatz）的《x 的奇幻之旅》是一本非常优秀的数学普及读物，值得推荐。

在以培养高阶数学能力为目的的教科书方面，我大力推荐理查德·鲁斯克（Richard Rusczyk）的《解题的艺术》丛书。这套书分门别类、深入浅出地讨论了代数学、几何学、微积分、难题解答等内容。同时，他们还在网站上为数学爱好者和准备参加数学竞赛的学生提供在线课程。

互联上还有其他一些有意思的资源。我的同事弗朗西斯·苏（Francis Su）在他的趣味数学网站上提供了数百个实例。他设计这些问题的初衷是为教师服务，帮助他们用 5 分钟的时间快速搞活课堂气氛。亚历克斯·博格莫尔尼（Alex Bogomolny）在他的网站"快刀斩乱麻"上发布了"互动式数学问题与难题集锦"，足以让你在相当长的时间里都能体验到数学的乐趣。他还在一篇文章中列出了 100 多种证明勾股定理的方法。"数学狂"网站是一个充满欢乐的免费网站，那里有大量关于趣味数学的内容。

以上是我的诚挚推荐，祝大家阅读愉快！

致 谢

如果没有我的图书经纪人卡伦·甘茨·扎勒（Karen Gantz Zahler）坚持不懈的鼓励，如果没有基础读物（Basic Books）出版社编辑凯莱赫（Kelleher）的热心支持，本书英文版就不可能顺利出版。

如果娜塔莉亚·圣克莱尔（Natalya St. Clair）没有帮助我制作完成大量图表、插图和数学图形，很难想象我将面临什么样的困难。娜塔莉亚独具匠心，把数学装扮得赏心悦目，与她合作是一件非常愉快的事。

我曾经的学生萨姆·古特孔斯特（Sam Gutekunst）认真阅读了本书的所有章节，为我提供了许多有价值的意见和建议，并帮助编辑凯莱赫解决了很多难题。此外，艾米·谢尔-加拉施（Amy hell-Gellasch)和文森特·马茨科（Vencent Matsko）也阅读了本书，并从数学专业人士的角度提出了大量独到的见解，对本书的定稿起到了积极的推动作用。

我在哈维姆德学院的同事和学生为我提供了大量帮助。特别感谢弗朗西斯·苏教授，与他的交谈以及他的"趣味数学"网站给了我许多灵感。感谢斯科特（Scott）与卡洛尔·安·斯莫尔伍德（Carol Ann Smallwood）捐资设立的斯莫尔伍德家族数学教席。同时，还要感谢克里斯托弗·布朗（Christopher Brown）、加里·查特兰德（Gary

Chartrand）、杰伊·考迪斯（Jay Cordes）、约翰·福特（John Fort）、罗恩·格拉汉姆（Ron Graham）、穆罕默德·奥马尔（Mohamed Omar）、詹森·罗森豪斯（Jason Rosenhouse）与娜塔莉亚·圣克莱尔，他们为我提供了大量有益的想法。

伊森·布朗与我分享了他记忆的秘诀，道格拉斯·邓汉姆同意我引用他创作的图案，戴尔·戈德曼（Dale Gerdemann）为我绘制了谢尔宾斯基三角形，迈克·基斯同意我引用他仿写的用于记忆 π 的诗作，数学音乐家拉里·莱塞与丹·坎普同意我在书中引用他们创作的关于归纳性证明法的歌曲，娜塔莉亚·圣克莱尔同意我使用她拍摄的照片《黄金玫瑰》。我在此对他们的热情帮助表示感谢。

感谢珀修斯图书集团的专业团队，能够与琼多（Quynh Do）、凯莱赫、凯西·尼尔森（Cassie Nelson）、梅丽莎·维洛内西（Melissa Veronesi）、苏·瓦尔哈（Sue Varga）、杰夫·威廉姆斯（Jeff Williams）等人合作，我深感荣幸。

"精品课程"非常出色，让我可以用一种之前不敢想象的方式普及数学知识。在我创作本书时，他们还允许我大量引用"数学的乐趣"课程的内容。对于他们的帮助，我无比感激。

我要感谢我出色的父母拉里·本杰明（Larry Benjamin）和勒诺·本杰明（Lenore Benjamin），还要感谢谆谆教导我的所有老师。我永远也忘不了我的小学老师贝蒂·戈尔德（Betty Gold）、玛丽·安·斯帕克斯（Mary Ann Sparks）、珍妮·菲斯勒（Jean Fisler），还有梅菲尔德中学、卡内基–梅隆大学、约翰·霍普金斯大学以及哈维姆德学院的同学们以及数学与应用数学系的教职员工们。

最后，我要把最真诚的谢意献给我的妻子迪娜（Deena）和我的两个女儿劳瑞尔（Laurel）、爱丽尔（Ariel），感谢她们对我的爱，以及对我埋头创作的包容和耐心。迪娜，你总是一丝不苟地校对我的所有书稿，我永远爱你，感激你！感谢你们，有了你们，我的生活才变得如此多姿多彩！

阿瑟·本杰明
于美国加州克莱蒙特市